Kibana数据可视化

Learning Kibana 5.0

[法] 巴阿尔丁·阿扎米（Bahaaldine Azarmi）著
谢人强 方延风 译

人民邮电出版社
北京

图书在版编目（C I P）数据

Kibana数据可视化 / （法）巴阿尔丁·阿扎米（Bahaaldine Azarmi）著；谢人强，方延风译. -- 北京：人民邮电出版社，2018.11（2023.7重印）
书名原文：Learning Kibana 5.0
ISBN 978-7-115-49312-5

Ⅰ. ①K… Ⅱ. ①巴… ②谢… ③方… Ⅲ. ①数据处理 Ⅳ. ①TP274

中国版本图书馆CIP数据核字(2018)第208130号

版权声明

◆ 著　　[法] 巴阿尔丁·阿扎米（Bahaaldine Azarmi）
　译　　谢人强　方延风
　责任编辑　杨海玲
　责任印制　焦志炜
◆ 人民邮电出版社出版发行　　北京市丰台区成寿寺路 11 号
　邮编　100164　　电子邮件　315@ptpress.com.cn
　网址　https://www.ptpress.com.cn
　固安县铭成印刷有限公司印刷
◆ 开本：800×1000　1/16
　印张：13.25　　2018 年 11 月第 1 版
　字数：248 千字　　2023 年 7 月河北第 6 次印刷
著作权合同登记号　图字：01-2017-9030 号

定价：59.00 元

读者服务热线：(010) 81055410　印装质量热线：(010) 81055316
反盗版热线：(010) 81055315
广告经营许可证：京东市监广登字 20170147 号

内容提要

Kibana 是广泛地应用在数据检索和数据可视化领域的 ELK 中的一员。本书专门介绍 Kibana，通过不同的用例场景，带领读者全面体验 Kibana 的可视化功能。全书共 9 章，主要包括数据驱动架构简介、安装和配置 Kibana 5.0、用 Kibana 进行业务分析、用 Kibana 进行日志分析、用 Kibana 和 Metricbeat 进行指标分析、探索 Kibana 中的 Graph、定制 Kibana 的 Timelion、用 Kibana 进行异常检测、为 Kibana 开发自定义插件等内容。书中包括丰富的示例，可以帮助读者解决各种常见的数据可视化问题。

本书适合想要学习如何用 Elastic Stack 部署数据驱动架构，特别是如何用 Kibana 对那些 Elasticsearch 索引的数据进行可视化的开发人员、运维团队、业务分析师和数据架构师阅读。

译者序

当前，数据可视化是一个极为活跃而又关键的技术领域，它通过计算机图形化技术，清晰有效地表达信息，让人直观地识别出特征，从而实现对数据集的深入洞察，就是所谓“好的图表自己会说话”。而 Kibana 就是一款优秀的数据可视化工具软件。

Kibana 是 Elastic 公司的 Elastic Stack 中的一个组件，是该公司大名鼎鼎的 ELK 中的一员，在 Elastic 的网站页面上是这样介绍 Kibana 的：“Kibana 给你自由塑造数据的选择，你甚至都不一定要预判你在找什么。通过它的交互可视化，从一个问题开始，看看它能引导你到哪里。”

ELK 被广泛地应用在数据检索和数据可视化领域，但是介绍 ELK 特别是专门介绍 Kibana 的中文书籍极少。本书是一部专门介绍 Kibana 的著作，它并不局限于讲解如何绘制各种酷炫的可视化图形，更重要的是，本书让我们了解在不同的用户场景下，如何用正确的图形实现数据的可视化。本书包括了许多图的介绍以及丰富的示例，相信读者会从本书中获益良多，能够应对各种常见的数据可视化问题。

在这里，要特别感谢福州外语外贸学院，因为本书获福州外语外贸学院学术著作出版基金资助，还要感谢人民邮电出版社杨海玲编辑专业细心的审核，与她的合作很轻松、很开心。

此外，由于译者水平有限，书中错误和失误在所难免，如有任何意见和建议，请不吝指正，我们将感激不尽。我们的邮箱分别是 vhope@163.com 和 afang@fjinfo.org.cn。

译者简介

谢人强，副教授，现任福州外语外贸学院电子商务系主任。美国西俄勒冈（Western Oregon Univerisity）访问学者，发表学术论文 20 余篇，目前的研究方向是信息生态、电子商务等。他主要翻译了第 1 章至第 5 章的内容，并对全书内容进行了校译。

方延风，高级工程师，现在福建省科学技术信息研究所任职。毕业于清华大学，获得计算机技术工程硕士学位，美国俄勒冈大学访问学者，曾出版过多本计算机图书，目前的研究方向是文本数据挖掘、自然语言处理（NLP）、信息检索技术等。他主要翻译了第 6 章至第 9 章的内容。

作者简介

Bahaaldine Azarmi 是 Elastic 公司的解决方案架构师。在此之前，他与人联合创立了 Reachfive 公司——一家专注于构建用户行为和社会分析的营销数据平台公司。他还曾就职于不同的软件公司，如 Talend 和 Oracle 等，分别担任解决方案架构师和架构师等职位。在本书之前，他在 Apress 出版社出版了 *Scalable Big Data Architecture*，在 Packt Publishing 出版社出版了 *Talend for Big Data* 等书。他现居于巴黎，拥有巴黎理工大学（Polytech'Paris）计算机科学硕士学位。

这里作者想感谢一些人，因为本书不单由作者一个人写就，还有 Elastic 公司的许多人参与。

- Alan Hardy，EMEA 解决方案架构总监，他给本书许多指导和支持，并进行了出色的审阅。
- Steve Mayzak，解决方案架构副总裁，他为 SA 团队和我的写作过程提供了许多创新的思路。
- Christian Dahlqvist，解决方案架构师，为本书第 4 章提供了 Apache Web 日志的案例。
- Rich Collier、Steve Dodson 和 Sophie Chang，分别是解决方案架构师、机器学习技术总监和团队主管，帮助我理解异常检测的概念，还为本书第 8 章提供了案例。
- Court Ewing 和 Spencer Alger，分别是技术主管和 JavaScript 开发人员，其实还包括整个 Kibana 团队，热诚解答我的疑问。

审阅人简介

Alan Hardy 在软件行业已经浸淫 20 多年，具有不同行业和环境的丰富经验，从跨国公司，到软件初创公司，到金融机构，包括全球性的贸易公司和交易所。他出道时，是实时、监控和警报系统的开发人员，后来转向 C、C++和 Java 环境下的分组交换技术和金融数据处理等领域。Alan 现在在 Elastic 工作，在这里，他得以充分发挥在数据探索方面的激情，领导着 EMEA 解决方案架构。

Bharvi Dixit 是一位 IT 专家，也是一位在搜索服务器、NoSQL 数据库和云服务方面有着丰富经验的工程师。他拥有计算机科学硕士学位，目前就职于 Sentieo——一个美国支持的金融数据和股权研究平台，他领导公司的整个平台和架构，掌控数以百计的服务器。他在 Sentieo 的搜索和数据团队中也扮演着关键的角色。

他也是 Delhi 的 Elasticsearch Meepup 小组的组织者，他常常做关于 Elasticsearch 和 Lucene 的演讲，长期致力于这些技术社区的构建。

Bharvi 还担任 Elasticsearch 的自由撰稿顾问，他帮助许多组织在不同的用例中采用 Elasticsearch 解决复杂的搜索问题，例如，为反恐和风险管理领域以及其他领域（如招聘、电子商务、金融、社会搜索和日志监控等）大数据自动化智能平台创建搜索解决方案。

他对创建可扩展的后端平台有着浓厚的兴趣。他感兴趣的领域还有搜索工程、数据分析和分布式计算。他写代码时喜欢用的主要语言是 Java 和 Python，他还为咨询公司开发产权软件。

2013 年，他开始研究 Lucene 和 Elasticsearch，并撰写了两本关于 Elasticsearch 的书 *Elasticsearch Essentials* 和 *Mastering Elasticsearch 5.0* 均由 Packt Publishing 出版。

你可以通过领英（LinkedIn）与他联系，或者在 Twitter 上关注他的账号@d_bharv。

前言

如今，想要理解数据，无论它的性质如何，都越来越难。这有多方面的原因，比如容量、数据的多样性、数据的来源以及将异源数据关联起来而带来的复杂性等。

所有人都很难应对这种不断增加的挑战，这就是为什么越来越多的应用被开发出来以便于数据管理，它们涵盖了不同的层面：采集数据，处理数据，存储数据，最终为了帮助理解而对数据进行可视化。

上述这些层面的问题汇总起来，构成了一个数据驱动架构所需的基础层，这种架构必须具备可扩展的能力，以满足用户日益增长的需求和期望。

当前有无数的软件和应用可以响应这些挑战，但你很难找到一个全栈方案能超越所有类型的用例，完全满足所有的需求。

幸而，Elastic Stack 就是这样的一个全栈方案，它为用户提供了一种敏捷的、可扩展的访问数据方式。Kibana 是这个栈的一个组成部分，它属于可视化层，为在 Elasticsearch 存储层上被索引的数据提供可视化。

在本书中，我们将全面体验 Kibana 带来的可视化功能，通过不同的用例场景，如用事故数据创建可视化仪表板，或者对最重要的系统数据进行统计，又或者在数据中检测异常点，等等。

本书不会采用一个一个进行罗列的方式，而是在实践的基础上，基于具体的例子和动手实验来进行学习。

本书的主要内容

第 1 章给出数据驱动架构简介，讲述构建一个数据驱动架构的基础层，以及 Elastic Stack 是如何实现这一点的。

第 2 章介绍如何安装和设置 Kibana 5.0，内容涵盖 Elasticsearch 和 Kibana 的安装，并对 Kibana 进行全面的剖析。

第 3 章介绍如何用 Kibana 5.0 进行业务分析，本书处理的第一个用例，即业务分析，采用的数据是巴黎的事故数据。

第 4 章介绍如何用 Kibana 5.0 进行日志分析，主要以 Apache 日志数据为例，讲解技术日志的用例。

第 5 章介绍如何用 Metricbeat 和 Kibana 5.0 进行指标分析，利用从 Metricbeat 获取的系统数据，和读者一起了解 Kibana 5.0 指标分析的全新功能。

第 6 章探索 Kibana 中的 Graph，讲解 Elastic Stack 中图的概念，介绍基于 Stack Overflow 数据的取证图分析。

第 7 章介绍如何定制 Kibana 5.0 的 Timelion，讲解如何扩展 Timelion 的功能以及如何从 Google Analytics 中抓取数据进行扩展。

第 8 章介绍如何用 Kibana 5.0 进行异常检测，介绍 Elastic Stack 的机器学习特性以及用 Kibana 可视化系统数据中的异常。

第 9 章介绍如何为 Kibana 5.0 开发自定义插件，讲解如何开发一个插件来可视化 Elasticsearch 的集群拓扑。

读者须知

为配合本书，读者必须下载并安装 Elastic Stack，特别是 Elasticsearch、Kibana、Metricbeat、Logstash 和 X-pack。这些软件都可以从 http://www.elastic.co/download 下载。

Elastic Stack 可以在多种环境多种机型上运行，https://www.elastic.co/support/matrix 列出了其支持的各类平台。

本书的目标读者

本书适合想要学习如何用 Elastic Stack 5.0 部署一个数据驱动架构，特别是如何用 Kibana 5.0 对那些 Elasticsearch 索引的数据进行可视化的开发人员、运维团队、业务分析师和数据架构师阅读。

本书的排版约定

在本书中，读者会发现一些文本样式被用来区别不同种类的信息，下面是一些样式例子及其各自的含义。

在文本、数据库表名、目录名、文件名、文件扩展名、路径名、虚拟 URL、用户输入、Twitter 条目等中出现的代码关键词用这样的方式展示：“我们可以通过 `include` 指令包含其他上下文。”

代码块的格式设置如下：

```
PUT /_snapshot/basic_logstash_repository
{
    "type": "fs",
    "settings": {
    "location":
        "/Users/bahaaldine/Dropbox/Packt/sources/chapter3/basic_logstash_repository",
        "compress": true
    }
}
```

命令行输入或输出的格式如下：

```
GET _cat/indices/basic*
```

新词和**重要的关键词**用**黑体**显示，在屏幕上看到的词，例如，在菜单或对话框中显示的类似文本会加粗显示："点击 **Next** 按钮进入下一屏。"

这里出现的是警告或者重要的注意点。

这里出现的是提示和技巧。

资源与支持

本书由异步社区出品，社区（https://www.epubit.com/）为您提供相关资源和后续服务。

配套资源

本书提供如下资源：

- 本书源代码；
- 书中彩图文件。

要获得以上配套资源，请在异步社区本书页面中点击 配套资源 ，跳转到下载界面，按提示进行操作即可。注意：为保证购书读者的权益，该操作会给出相关提示，要求输入提取码进行验证。

如果您是教师，希望获得教学配套资源，请在社区本书页面中直接联系本书的责任编辑。

提交勘误

作者和编辑尽最大努力来确保书中内容的准确性，但难免会存在疏漏。欢迎您将发现的问题反馈给我们，帮助我们提升图书的质量。

当您发现错误时，请登录异步社区，按书名搜索，进入本书页面，点击“提交勘误”，输入勘误信息，点击“提交”按钮即可。本书的作者和编辑会对您提交的勘误进行审核，确认并接受后，您将获赠异步社区的100积分。积分可用于在异步社区兑换优惠券、样书或奖品。

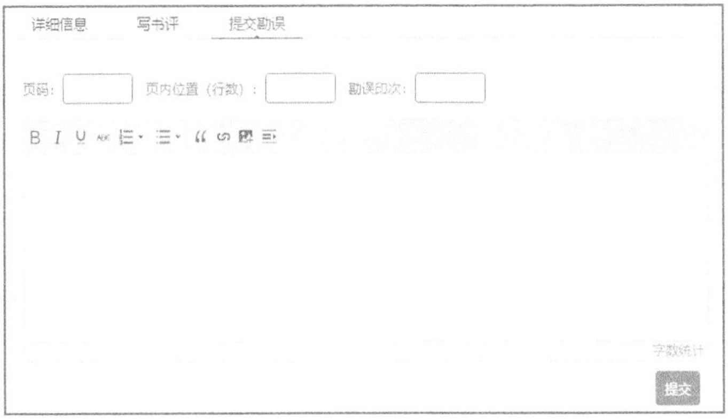

扫码关注本书

扫描下方二维码，您将会在异步社区微信服务号中看到本书信息及相关的服务提示。

与我们联系

我们的联系邮箱是 contact@epubit.com.cn。

如果您对本书有任何疑问或建议，请您发邮件给我们，并请在邮件标题中注明本书书名，以便我们更高效地做出反馈。

如果您有兴趣出版图书、录制教学视频，或者参与图书翻译、技术审校等工作，可以发邮件给我们；有意出版图书的作者也可以到异步社区在线提交投稿（直接访问 www.epubit.com/selfpublish/submission 即可）。

如果您是学校、培训机构或企业，想批量购买本书或异步社区出版的其他图书，也可以发邮件给我们。

如果您在网上发现有针对异步社区出品图书的各种形式的盗版行为，包括对图书全部或部分内容的非授权传播，请您将怀疑有侵权行为的链接发邮件给我们。您的这一举动是对作者权益的保护，也是我们持续为您提供有价值的内容的动力之源。

关于异步社区和异步图书

“异步社区”是人民邮电出版社旗下 IT 专业图书社区，致力于出版精品 IT 技术图书和相关学习产品，为作译者提供优质出版服务。异步社区创办于 2015 年 8 月，提供大量精品 IT 技术图书和电子书，以及高品质技术文章和视频课程。更多详情请访问异步社区官网 https://www.epubit.com。

“异步图书”是由异步社区编辑团队策划出版的精品 IT 专业图书的品牌，依托于人民邮电出版社近 30 年的计算机图书出版积累和专业编辑团队，相关图书在封面上印有异步图书的 LOGO。异步图书的出版领域包括软件开发、大数据、AI、测试、前端、网络技术等。

异步社区

微信服务号

目录

第1章 数据驱动架构简介

如果你正在阅读本书，那说明你我有这样的共通之处：我们都在寻找高效的可视化方案，并试图理解我们的数据。

数据可以是任何形式的，可以是业务数据、基础架构数据、会计数据、数字、字符串、结构化数据或非结构化数据等。无论任何情况，所有的组织都在试图理解数据，发掘数据的价值，这确实是一个困难的挑战，原因有很多。

- **数据带来了复杂性**：我们以电子商务的 IT 运维团队为例，他们必须找出为什么订单数突然减少，要从纷繁的日志中找出线索，这是非常棘手的。
- **数据来源各不相同**：基础架构、应用程序、设备、遗留系统、数据库……大多数时候，得把它们关联起来。在上面提到的电子商务问题中，订单数下降也可能是因为数据库的问题？
- **数据增长速度太快**：数据增长意味着一些新的问题，如应该保留哪些数据？或者该如何扩展数据管理的基础设施？

这里有一个好消息：你不用太费劲学这些了！因为我准备通过本书，把我多年的经验传授给你，告诉你如何处理不同用例和不同类型下的数据分析项目。

还有一个好消息，我是 Elastic 公司的**解决方案架构**（Solutions Architecture，SA）团队的成员，如你所猜，我们将使用 Elastic Stack。作为 SA 团队的一员，我在不同的行业遇到过各种用例，有小有大，要达成的主要目标始终是让我们的用户能对数据进行更好的管理和访问，并用更好的方式理解数据。

在本书中，我们将深入讨论 Kibana 的应用，它是 Elastic Stack 中的数据分析层，也是总体数据驱动架构上使用的数据可视化层。

但什么是数据驱动架构呢？通过了解行业挑战以及用于满足相关需求的通用技术，本章将会解析这个概念，然后我们再介绍一下 Elastic Stack。

1.1 行业挑战

对于不同的行业，数据的情况可能会有很大不同。即使是给定的行业，目的不同，数据的使用形式也不一样，无论它是用于安全分析还是用于订单管理。

数据呈现的形式表现为不同的格式和不同的容量。在电信行业，一种常见数据是从 10 万台网络设备中获取的关于服务质量的项目信息。

每种情况都能被归结为相同的规范问题。

- 如何降低处理快速增长的数据的复杂性。
- 如何使组织能够以最高效和实时的方式进行数据可视化。

解决了这些基本问题，组织就不必承担探索海量数据的负担，而只需要简单地识别可视化的模式。

为了更好地了解实际的挑战，我们先来介绍在行业中常常遇到的用例，看看使用了哪些技术，以及它们应对这些挑战时会有哪些限制。

1.1.1 用例

每个应用都会生成数据，无论是在日常生活中用你最喜欢的地图应用进行位置定位，寻找周围最好的餐厅，还是在 IT 组织中，根据你的位置和画像构建基于不同技术层的推荐系统。

在 CPU 分片或用户点击的瞬间，所有计算机及其运行的进程和应用都在源源不断地生成数据，高效地捕获系统的“当前”状态。

这些数据流常常存在于难以定位的文件里，从物理位置来说，它们被保存在计算机上，并深深地藏匿于数据中心内部。我们需要一种方法来提取（传送）这些数据，把不规范的数据格式转为规范格式（转换），并最终将其存储起来以便进行集中访问。

在这样的系统中，有很多数据流来自事件触发的功能进程，这就需要一个适当的架构，使之能以可扩展、分布式的方式对数据进行传送、转换、存储和访问。

我们与应用交互的方式与过去相比发生了巨大的改变，这也改变了传统的架构范型。现在该抛弃关系型数据库了，我们要的是基于吞吐量、按需扩展的分布式数据存储；不仅要能彻夜批量处理数据，更要在实时和机器学习方面让数据处理达到前所未有的高度；我们不再需要依赖复杂的商业智能工具来构建报告，更要能采用迭代方法接近实时地洞察数据可视化。

最终用户需要处理越来越多的数据，由此产生了迫切的需求，希望能维护实时的查询响应，这就得摆脱更多传统的关系型数据库或数据仓库解决方案的束缚。由于可扩展性或性能不佳，新的解决方案越来越多地往高度分布式、集群数据存储等方向发展。

以应用监控为例，这是我们在各个行业中最常见的用例之一。不同的应用，有时以集中方式记录日志数据，如使用 syslog，有时却将日志分散在基础架构的不同角落，这样就不会存在一个可以访问全部数据流的单点。

当事件发生时，或者在访问数据时，都可能需要下列项目。

- **位置**：日志保存在哪里。
- **权限**：是否有访问日志的权限？如果没有，该如何联系以获取这一权限？
- **对日志结构的理解**：可以用 Tuxedo 的多行日志作为示例，这可不是一项简单的任务。

绝大多数大型组织在超过日志文件循环时间段（几个小时甚至几分钟）后，就不再保留已记录的日志。这意味着在发现出现问题的时候，原本可以提供答案的数据已经丢失。

当真的有许多数据的时候，你该做什么？实际上，有很多不同的方法来提取日志的要点，如许多人使用简单的字符串模式搜索（GREP）。本质上，他们是在试图用正则表达式在日志中找到匹配的模式。这种方式对单个日志文件来说是有效的，但却没法扩展到循环产生的日志文件上。因为你要的是在任意时间都能获取相关信息，再说，你可能要面对的是多个应用，并在它们之间建立起关联。

如果没有任何关于问题的上下文（没有时间范围，没有应用的关键点，没有洞察力），用户只能使用简单粗暴的方法。设想一下，你还待在最初始的地方，苦苦找寻正确的文件。

GREP 很方便，但显然满足不了对故障快速做出反应，以减少**平均恢复时间**（Mean Time To Recovery，MTTR）的需要。想想看：对于电子商务网站的购买 API 中存在的主要问题，我们该关注什么呢？如果用户体验的是页面上的高延迟，或者更糟，无法进入购买的最后一步流程会怎样？在你试图从数 GB 的日志里恢复应用的同时，正在损失大笔大笔的金钱。

另一个潜在的问题可能是缺乏安全性分析，因而无法将那些企图暴力攻击应用的 IP 列入黑名单。在相同的场景下，我发现很多人甚至都不知道每晚都有成群的 IP 试图侵入系统，导致这种情况的原因在于：他们无法在地图上看到这些 IP，并根据其设定的阈值触发警报。

为了保护系统，一个简单而有效的模式就是限制访问内部系统的资源或服务的权限。必不可少的工作是将已知的 IP 地址集访问权限加入白名单。

如果有一个良好的数据驱动架构，并且构建了一个完善的可视化层，带给你的将是梦幻般的结果。所有下列问题都将被解决：缺乏可见性和控制、MTTR 不断增长、客户不满、财务影响、安全漏洞、糟糕的响应时间和不良的用户体验。

1.1.2　基础步骤

我们的目标是避免前面提到过的那些后果，建立一个能满足以下各方面需求的架构。

1. 数据传送

我们构建的架构应能够传输任何类型的数据/事件，不论它是结构化的还是非结构化的；换句话说，就是将数据从远程计算机移动到一个集中的位置。这通常由部署在靠近数据源的轻量级代理完成，它可能和数据源在同一主机上，也可能在不同用途的远程主机上。

- 轻量级，因为在理想的情况下，它不应与产生实际数据的进程争夺资源，否则就可能降低预期的性能。
- 数据传送的技术有很多种，有的与特定技术紧密相关，有的则基于可扩展的框架，能够和数据源适应匹配。
- 传送数据可不是简单地从网线传送数据，它还包括数据安全性，要确保将数据通过端到端安全管道发送到正确的目的地。
- 数据传送的另一个方面是数据负载管理。传送数据应该与终端目标能够承受的负载能力相对应，这种特性被称为反向压力管理。

数据可视化必须依赖可靠的数据传送。举例来说，数据在金融交易机器中流动，如果丢失了数据，它就可能无法检测到安全漏洞，这就可能导致非常严重的后果。

2. 数据采集

采集层主要用于接收数据，涵盖了尽可能多的常用传输协议和数据格式，同时提供在最终存储之前提取和转换这些数据的能力。

处理数据可以被视为**提取**、**转换**和**加载**（ETL）数据，也常被称为接收管道，本质上，它是接收来自传送层的数据，然后将其推送到存储层。它具有以下特点。

- 通常，采集层具有可插拔的架构，它借助于一系列插件，可以方便地集成各种数据源和目标。有些插件用来接收来自托运人的数据，这意味着并不总是从托运人那里收到数据，数据也可以直接来自数据源，如文件、网络甚至数据库。在有些情况下，它可能是模棱两可的：我该使用托运人从文件中采集数据呢还是管道？显然，这取决于使用的情况以及预期的服务层级协议（SLA）。
- 采集层应该用来准备数据，例如，解析数据、格式化数据、与其他数据源进行关联以及在存储前对数据进行规范化和充实化。这样做有许多优点，最重要的是可以提高数据的质量，提供更好的可视化洞察力。另一个优点是可以通过预先计算值或查找参考点来降低处理开销。这样做也会带来一些缺点，如果数据尚未针对可视化被正确地格式化或充实化，可能需要再次采集数据。幸运的是，数据采集之后，我们仍还有一些对其进行处理的方法。

- 采集和转换数据消耗计算资源。这一点是我们必须要考虑的，通常以单位的最大数据吞吐量为依据，通过在多个采集实例中分配负载来规划采集工作。这对于实时可视化来说，是一个非常重要的方面，或更精确地说，是接近实时的。如果采集分布在多个实例中，就可以加速存储数据，从而使其更快地用于可视化。

3. 规模存储数据

存储无疑是数据驱动架构的杰作。它是基础性的，可以长期保留数据，还提供了搜索、分析和发现数据中的洞察力的核心功能。它是全流程的核心，它的操作取决于技术的本质。下面是存储层带来的重要功能。

- 可伸缩性是极重要的方面，存储要应用于各种规模的数据，从 GB、TB 到 PB 级的数据。可伸缩性是水平的，这意味着随着需求和数量的增长，你应该能够通过增加更多的机器的方式来扩大存储容量。
- 大多数情况下，一个非关系型、高度分布式的数据存储，允许在高容量和多种数据类型上进行快速数据访问和分析，就是所谓 NoSQL 数据存储。为了在读取或写入数据时进行负载平衡，数据被分区并分布在一群机器上。
- 对于数据可视化，存储层必须发布一个 API，用来对数据进行分析。用可视化层进行统计分析时，如给定维度（聚合）对数据进行分组，则无须缩放。
- API 的性质取决于对可视化层的期望，但是在大部分情况下，都和聚合有关。在存储层完成高负载的任务后，可视化只需呈现结果即可。
- 数据驱动架构可以为许多不同的应用程序和用户提供数据，并提供不同级别的 SLA。在这个架构中，高可用性成为标准，它和可伸缩性一样，必须是解决方案的组成部分。

4. 数据可视化

可视化层是数据的窗口，它提供了一组工具，能够构建生动的图形和图表，使数据显得生活化，让用户可以建立丰富的、有见地的仪表板，可以用来回答类似这样的问题：现在正发生着什么？业务健康吗？市场情绪怎么样？

数据驱动架构中的可视化层是潜在的数据消费者之一，主要关注基于存储的数据带来的 KPI。它附带以下基本特点。

- 它应该是轻量级的，只对存储层完成的处理结果进行渲染。
- 它允许用户探查数据，并从外部快速了解数据。
- 它带来了一种直观的方式来向数据提出意想不到的问题，而不是通过实现固有的请求来做到这一点。
- 在现代数据架构下，必须尽可能快地定位操作 KPI 的需求，可视化层应该以接近实时的速度渲染数据。
- 可视化框架应该是可扩展的，允许用户自定义现有资产或根据需要添加新功能。
- 用户应该能够向可视化应用外部分享仪表板的功能。

正如所见，这不仅仅是一个可视化的问题，要实现目标，还需要了解一些基础的概念。

我们将在本书里这样讲解 Kibana 的使用：我们将专注于用例，根据不同的用例和背景，看看使用 Kibana 特性的最好方法是什么。

Kibana 和其他可视化工具的主要区别在于，它来自 Elastic Stack——一个全栈套件，与套件的每一层都可以无缝集成，这样可以简化此类架构的部署。

它还包含很多其他的技术，我们将探讨它们擅长的是什么，局限于何处。

1.1.3　技术局限

在这部分里，我们将尝试分析为什么有些技术在构建数据驱动架构的过程中会有一定的局限性。

1．关系型数据库

直到现在，我仍会遇到一些人使用关系数据库将数据存储在数据驱动架构的上下文中。例如，在应用程序监控的用例中，将日志存储在 MySQL 里。但是涉及数据可视化时，它就会破坏我们前面提到的基本特性。

- **关系数据库管理系统**（Relational Database Management System，RDBMS）只管理固定的模式，它并不是专为处理动态数据模型和非结构化数据设计的。正如大家所知，对数据进行任何关于模式/表的结构更改都需要高昂的代价。
- RDBMS 不允许大规模实时访问数据。例如，在 RDBMS 里，为每个模式的每个表的每个列创建一个索引，是不现实的，而这却是实时访问所必需的。
- 对 RDBMS 来说，可伸缩性不是件容易的事，它可能是复杂而沉重的。在数据爆炸的情况下无法进行扩展来应对。

RDBMS 应该用来作为采集之前的数据源，对数据进行关联或丰富，这样能让可视化数据拥有更好的粒度。

可视化为用户提供了创建多种视图的灵活性，使他们能够探索和提出自己的问题，而不需要预先定义的模式或者在存储层中构建一个视图。

2. Hadoop

Hadoop 生态系统在项目方面相当丰富。我们往往很难挑选或理解哪个项目适合当前的需求，不过要是退后一步，我们可以考虑 Hadoop 实现的以下几个方面。

- 它适合大规模数据架构，有助于存储和处理任何类型、任何容量级别的数据。
- 它提供了开箱即用的批处理和流媒体技术，有助于在原始数据之上创建迭代视图的时候处理数据，或花更长的时间处理更大规模的数据。
- 底层架构设计得很容易集成处理引擎，因此可以采用不同的框架插入并处理你的数据。
- 它实现了数据湖范型，为了处理数据，可以对数据进行彻底删除。

但是可视化呢？确实有很多倡议，但问题是没有一个能不违背 Hadoop 的真实本质，对大规模数据实时可视化没有任何帮助。

- Hadoop 分布式文件系统（HDFS）是一个连续的读写文件系统，不利于随机访问。
- 与可视化应用程序集成，即使是交互式的临时查询或现有的实时 API 也不能扩展。大多数情况下，用户必须将其数据导出到 Hadoop 外部才能实现可视化。有些可视化声称能与 HDFS 实现透明集成，而实际是将数据导出并批量加载到内存中，这使得用户体验相当沉重和缓慢。
- 数据可视化关心的是 API 和对数据易于访问，而 Hadoop 并不擅长于此，因为它总是需要用户进行部署。

Hadoop 擅长处理数据，并经常与其他实时技术（如 Elastic）协同工作来构建图 1-1 所示的 Lambda 架构。

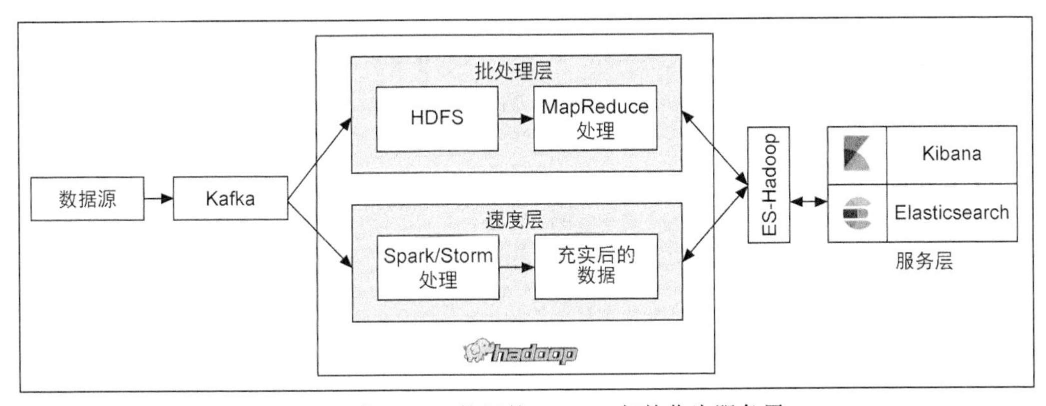

图 1-1　与 Elasitc 协同的 Lambda 架构作为服务层

在这个架构中，你会看到 Hadoop 要么从长进程区域，要么从近实时区域来聚合加载的数据。最后，为了在 Kibana 中实现可视化，结果数据会在 Elasticsearch 中进行索引。这种方式说明一种技术无法完全替代另一种，但是可以博采众长。

3. NoSQL

现在有很多各种各样非常高效、可大规模扩展的 NoSQL 技术，如键值存储、文档存储和列存储，但它们大多都不提供分析 API，或者没有附带一个开箱即用的可视化应用程序。

在大多数情况下，这些技术采用的数据采集自一个索引引擎，如 Elasticsearch，这样就可以提供可视化分析功能或用于搜索目的。

讨论了数据驱动架构应该具备的基本层，以及市场上已有的技术的局限性，我们现在介绍 Elastic Stack，它基本上能克服这些缺点。

1.2 Elastic Stack 总览

Elastic Stack，以前称为 ELK，提供了实现数据驱动架构所需的不同层。

它从采集层开始，主要是 **Beats**、**Logstash** 和 **ES-Hadoop** 连接器，接着进入 Elasticsearch 分布式数据存储，最后到用 **Kibana** 实现可视化，如图 1-2 所示。

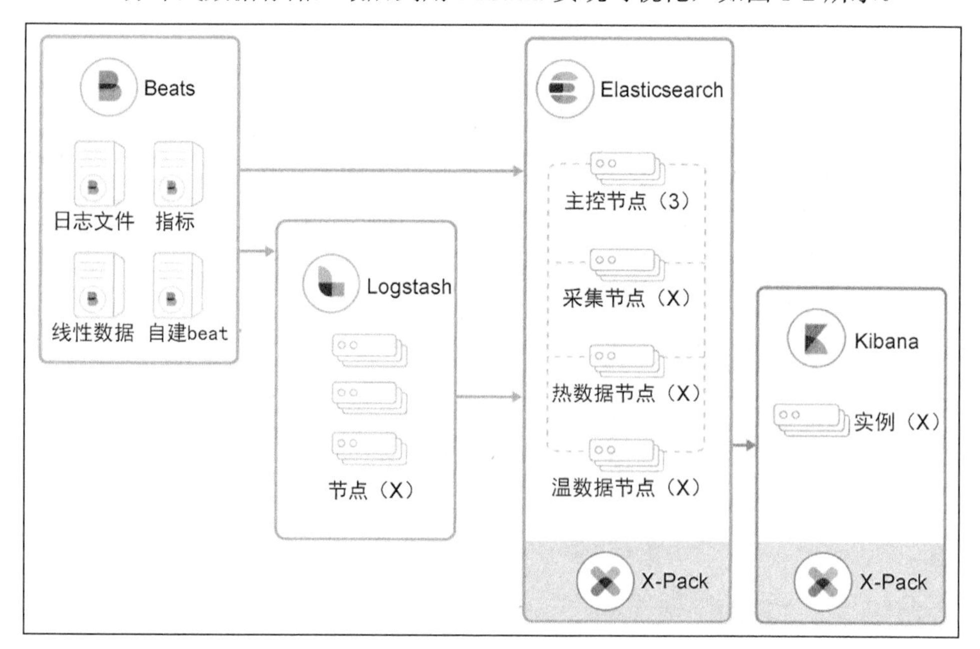

图 1-2　Elastic Stack 结构

如图 1-2 所示，Kibana 只是其中的一个组件。

接下来的几节，我们将重点放在如何在不同的上下文中使用 Kibana，不过我们也会经常涉及其他组件。这也是本章中读者需要了解它们扮演的角色的原因。

还有另一件重要的事情，本书描述的是如何使用 Kibana 5.0，因此，我们将使用 Elastic Stack 5.0.0。

1.2.1 Elasticsearch

Elasticsearch 是一个可扩展的分布式数据存储，Kibana 从中抽取用于可视化的聚合结果。Elasticsearch 天生具有弹性，被设计成可以适应大规模应用，这就意味着可以根据需求，将节点以非常简单的方式添加到 Elasticsearch 集群中。

Elasticsearch 是一种高可用的技术，这意味着，首先，数据在集群中被复制成多份，这样在发生故障的时候，至少还有一个副本的数据仍然存在；其次，由于其分布式的性质，Elasticsearch 将索引和搜索的负载分散到各个集群节点上，保证服务的连续性，并遵循用户的服务等级协议。

Elasticsearch 可以处理结构化数据和非结构化数据，在 Kibana 中对数据进行可视化的时候，用户会注意到，那些采用 Elastic 词表的数据或者文档，会被以 JSON 文档形式进行索引。JSON 使复杂数据结构的处理变得非常方便，它支持嵌套文档、数组等。

Elasticsearch 是一个开发者友好的解决方案，提供了大量的 REST API 来和数据进行交互，或对集群本身进行设置。这些 API 文档可以在 https://www.elastic.co/guide/en/elasticsearch/reference/current/docs.html 找到。

本书里有趣的部分主要是聚合和图，分别用来对索引数据进行分析（https://www.elastic.co/guide/en/elasticsearch/reference/current/search-aggregations.html）和在文档之间创建关联（https://www.elastic.co/guide/en/graph/current//graph-api-rest.html）。

基于这些 API 以及客户端 API，Elasticsearch 可以和大多数技术（如 Java、Python、Go 等）进行集成（参见 https://www.elastic.co/guide/en/elasticsearch/client/index.html）。

对于每个可视化，Kibana 产生相应的请求，并提交给集群。我们将在本书里对此进行深入的讲解，并讨论使用的特性和 API。

最后，Elasticsearch 还有一个重要的方面，它采用不同的 API，适应范围从 GB 到 PB，都可以提供实时技术。

除了 Kibana，还有很多不同的解决方案可以利用 Elasticsearch 提供的开放 API 在数据上建立可视化，但 Kibana 是唯一的专用于 Elasticsearch 的技术。

1.2.2　Beats

Beats 是一个轻量级的数据托运人，它从不同的源（如应用程序、服务器或网络）传输数据。Beats 基于 **libbeat**——一个开放源库，它可以让 beat 系列的每个构件向 Elasticsearch 发送数据，如图 1-3 所示。

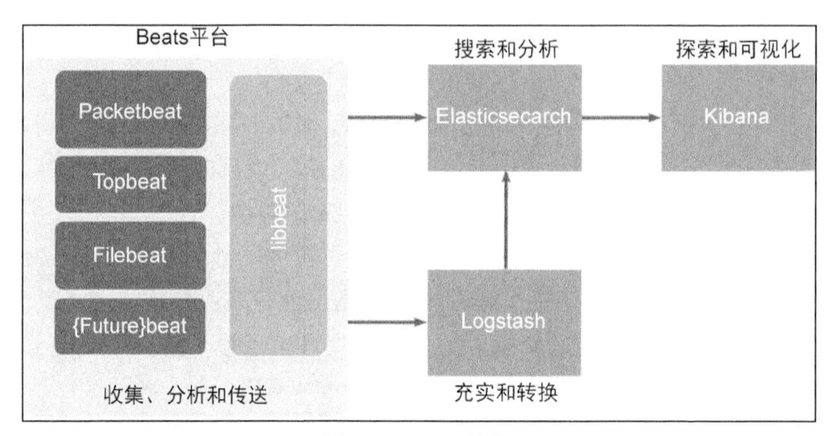

图 1-3　Beats 结构

图 1-3 展示了 Beats 的多个构件。

- **Packetbeat**：主要在网络线路上嗅探特定协议的数据包，如 MySQL 和 HTTP 等。基本上，它能抓住所有基础性指标，这些指标可以用来监控问题相关的协议。例如，在 HTTP 的场景下，它将抓取请求、响应，将其包装成文档，然后送往 Elasticsearch 进行索引。本书中不会使用 beat，因为它需要一本完整的书来阐述，所以我建议读者到 http://demo.elastic.co 去看看能用它构建哪些类型的 Kibana 仪表板。
- **Filebeat**：类似于 `tail` 命令，它的目的是将文件内容安全地在点 A 到点 B 之间传输。我们将在新的采集节点（https://www.elastic.co/guide/en/elasticsearch/reference/master/ingest.html）联合使用这个 beat 将数据从文件直接推送到 Elasticsearch，并在数据被索引之前进行一些处理。这个架构可以被简化，如图 1-4 所示。

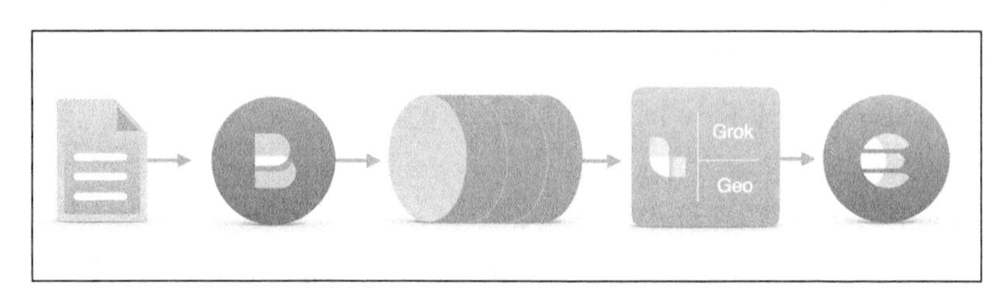

图 1-4　无须采集的采集管道

在图 1-4 中，数据先被 Beats 传送，然后放入一个消息代理（本书稍后会回到这个概念），在进入 Elasticsearch 被索引之前，先由 Logstash 进行处理。在这个用例中，采集节点将整个用例的架构大大简化了，如图 1-5 所示。

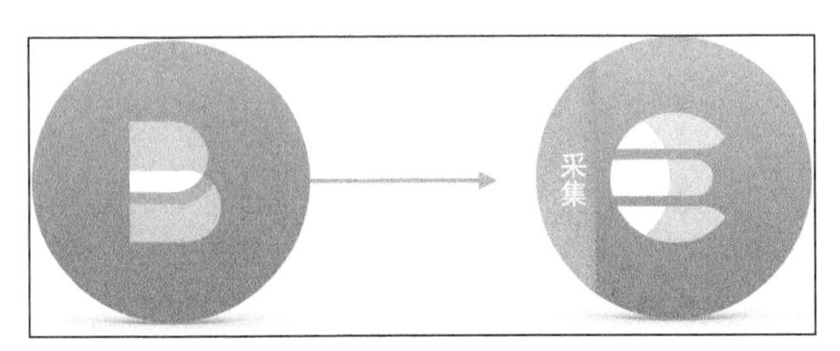

图 1-5　具有采集节点的采集管道

如图 1-5 所示，这一架构被简化成两个组件，一个是 Filebeat，另一个是采集节点。然后我们就可以在 Kibana 中将内容进行可视化。

- **Topbeat** 是 Metricbeat 中第一种可以将服务器或应用程序的执行指标传送到 Elasticsearch 的 Beat。本书后面还会用它来传送我们计算机上的数据，然后在 Kibana 里可视化。这个 Beat 有个很好的特性，就是自带了许多预先构建好的模板，只需将其导入 Kibana 即可，因为 Beat 产生的文档是标准化的。

各个社区还研发了很多不同的 Beats，都可以用来做有趣的数据可视化。可以到以下地址查看它们的清单：https://www.elastic.co/guide/en/beats/libbeat/current/index.html。

虽然 Beats 提供了一些基本的过滤特性，但其水平和 Logstash 提供的转换功能还无法相提并论。

1.2.3 Logstash

Logstash 是一个数据处理器，它包括了集中式的数据处理模式。它拥有 200 多个插件，在这些插件的帮助下，它可以让用户收集、增强/转换数据，并将其传输到目的地，它的特性如图 1-6 所示。

Logstash 能够从任何来源收集数据，包括各种类型 Beats，因为 Beats 生来就集成于 Logstash，开箱即用。两者的角色区分很清楚：Beats 负责传送数据，Logstash 可以在数据被索引之前对其进行处理。

从数据可视化的角度来看，Logstash 应该是用于准备数据，例如，我们将在本书后面看到，它可以在日志中接收 IP 地址，以便从中推断地理位置，这个功能可以用新的 geoip 插件来完成，详见 https://www.elastic.co/guide/en/logstash/current/plugins-filters-geoip.html。这有助于获得如图 1-7 所示的可视化。

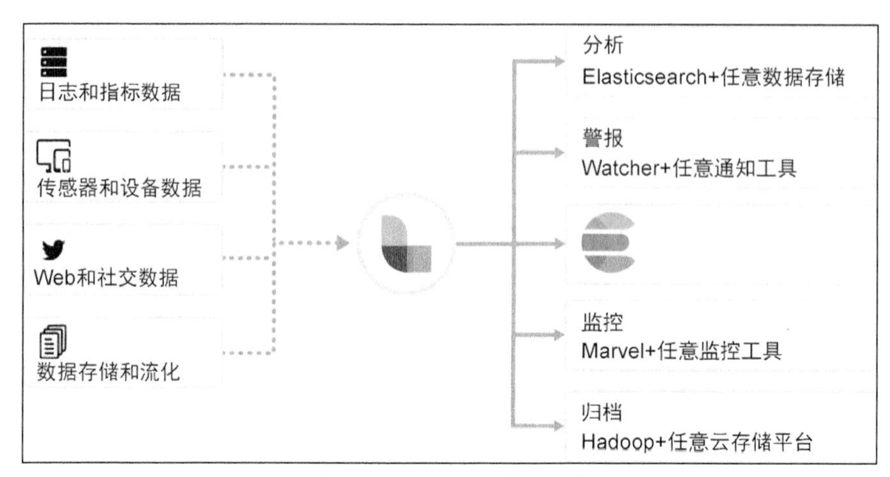

图 1-6　Logstash，处理流程

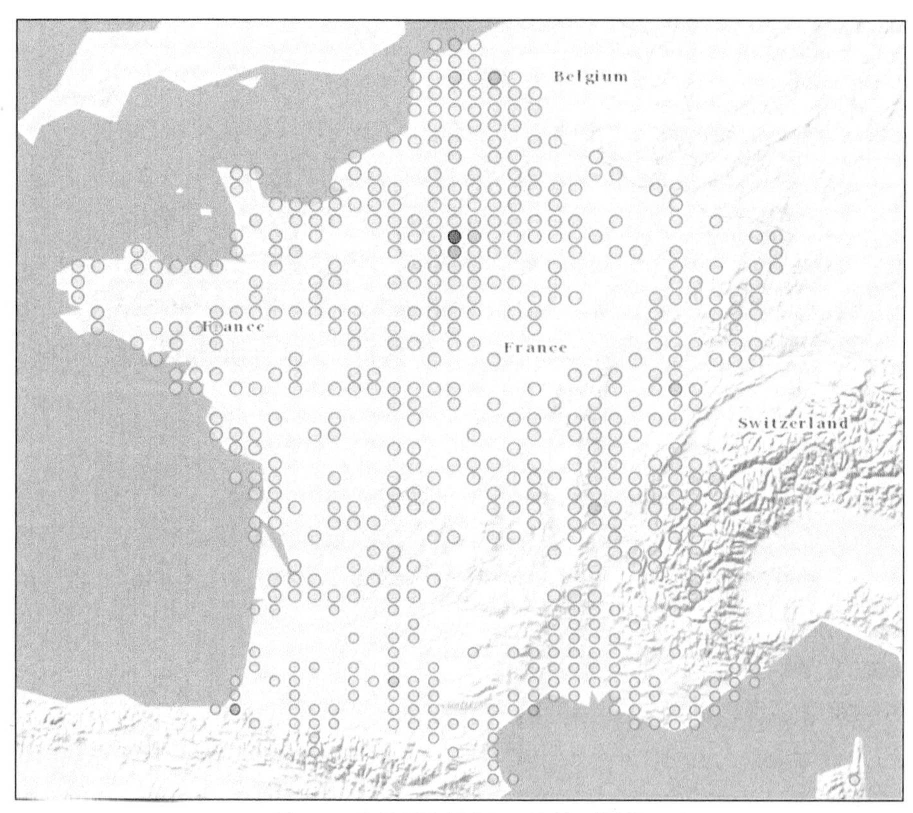

图 1-7　在地图上进行 IP 地址可视化

从这个用例中我们可以看到数据准备对于适配 Kibana 里的可视化是十分重要的。

1.2.4 Kibana

Kibana 是本书描述的核心产品，所有用户交互行为都发生在这里。大多数可视化技术都要处理分析流程，而 Kibana 只是一个 Web 应用程序，只渲染由 Elasticsearch 分析处理完的结果。它不从 Elasticsearch 加载数据进行处理，只是利用 Elasticsearch 的能力完成繁重的任务。这样基本上就能在大规模数据上实现实时可视化：随着数据的增长，Elasticsearch 集群规模也随之相应扩大，根据 SLA 的要求提供最佳的延迟时间。

Kibana 为 Elasticsearch 聚合提供了视觉冲击，让用户可以对时间序列数据集进行切片，或像切馅饼那样轻松地细分数据字段。

Kibana 十分适合基于时间的可视化，即使数据中没有任何时间戳，它还带来了 Elasticsearch 聚合的可视化渲染框架。图 1-8 展示的是 Kibana 中内置的仪表板示例。

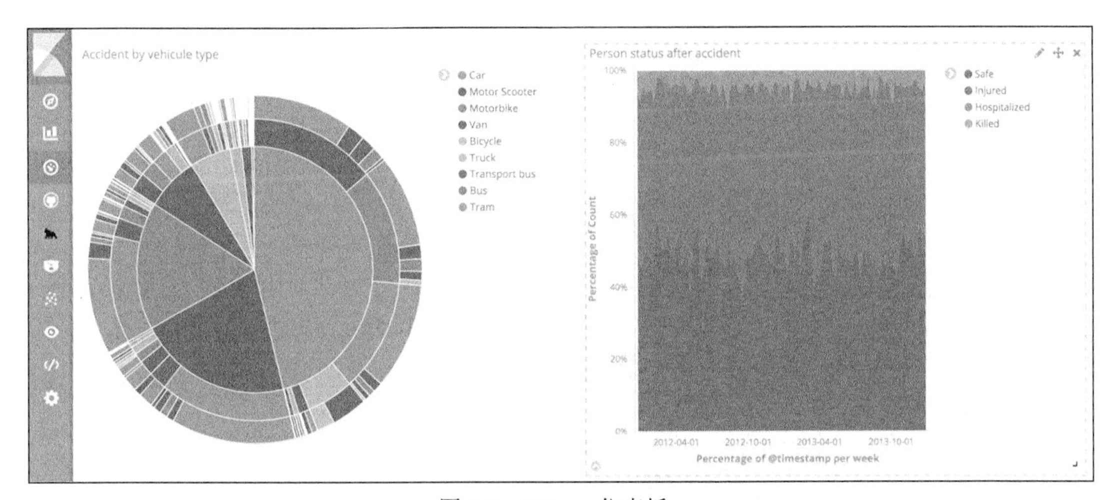

图 1-8　Kibana 仪表板

正如所见，仪表板中包含了一个或多个可视化，我们将在用例的场景中逐一详细分析。为了构建仪表板，将引导用户掌握数据勘探经验。

- 通过对索引文档进行挖掘来探查数据，如图 1-9 所示。
- 基于用户对数据提出的问题，在一个综合调色板的帮助下建立可视化，如图 1-10 所示。

  图 1-10 所示的可视化展示了巴黎发生的交通事故中涉及的车辆情况。在本例中，第一种车型是 **Car**（小汽车），第二种是 **Motor Scooter**（小摩托车），最后一种是 **Van**（厢式货车）。我们会在第 4 章中详细讨论这个事故数据集。
- 通过在一个仪表板里组合不同的可视化，我们能获取分析的经验。

Kibana 的插件结构使它能够无限扩展。Kibana 不是只能基于数据进行分析，它还可

以监控 Elastic Stack，构建文档之间的关联，还可以做指标分析，如图 1-11 所示。

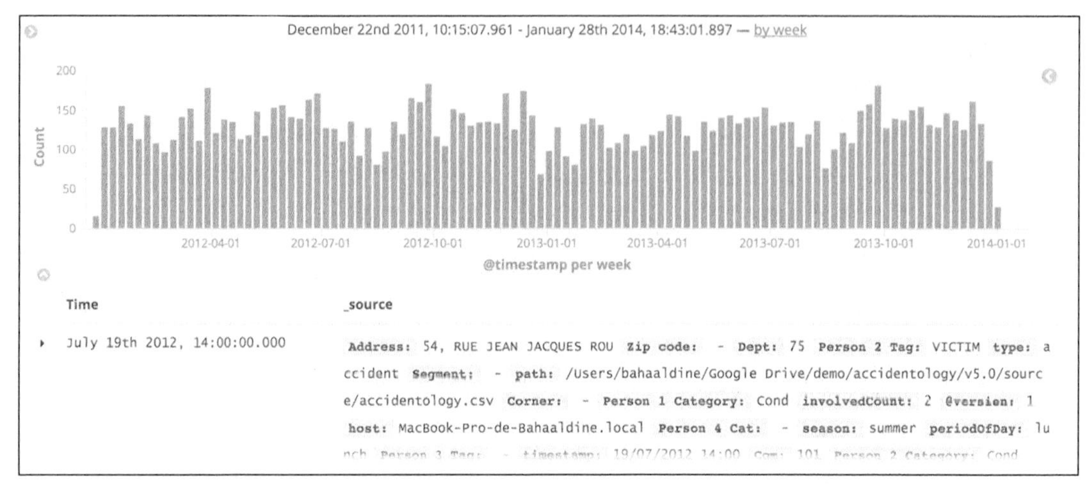

图 1-9　探查数据视图

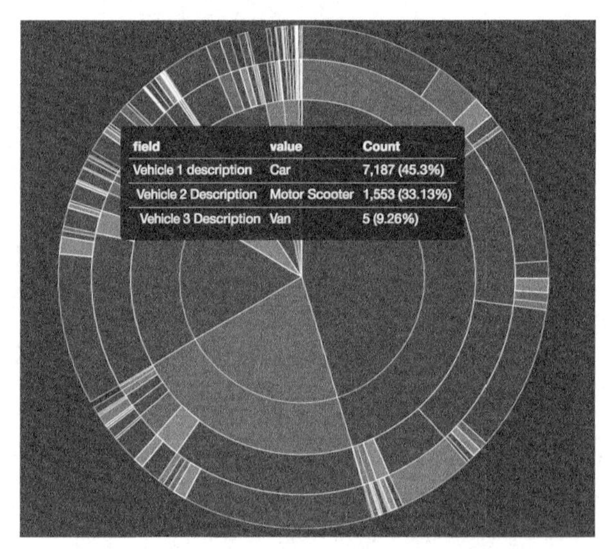

图 1-10　Kibana 的饼图可视化

图 1-11　Kibana 5 的插件选择器

1.2.5　X-Pack

最后要介绍的是 X-Pack 的概念，本书会用到它。X-Pack 是订阅服务的一部分，读者可以从 Elastic 网站上下载，并使用试用许可证来体验它。

X-Pack 是为 Elasticsearch 和 Kibana 提供的一个插件集，它提供了以下企业特性。

1. 安全性

安全性有助于确保架构的数据和访问级别上的安全。在访问方面，Elasticsearch 集群可以与 LDAP、Active Directory 和 PKI 集成，在集群上启用基于角色的访问控制。还有更多的访问控制方法，如通过所谓的本地领域（https://www.elastic.co/guide/en/shield/current/native-realm.html）、本地到集群或者自定义领域（https://www.elastic.co/guide/en/shield/current/custom-realms.html）来与其他的身份验证源集成。

向集群添加基于角色的访问控制后，用户将只能看到被允许的数据，权限可以被设置在索引级别、文档级别和字段级别。

从数据可视化的角度来看，这意味着，例如，多个群组的用户在同一索引中共享数据，但一个组只被允许查看法国数据，而另一组只能看德国的数据。那么，虽然他们都有一个 Kibana 实例指向索引，但在底层权限配置的帮助下，呈现给他们的是各自国家的数据。

从数据方面来看，Elasticsearch 节点之间的传输层也可以进行加密，同样 Elasticsearch 和 Kibana 之间的传输也可以进行加密，这意味着 Kibana 的 URL 可以采用 HTTPS 协议。

最后，安全插件还提供了 IP 过滤功能，不过对于数据可视化来说，更重要的是审计日志，它能追踪对集群的所有访问行为，并能将其轻松地渲染为 Kibana 仪表板。

2. 监控

监控是一个 Kibana 的插件，提供了对基础设施的监测功能。虽然它主要是为 Elasticsearch 而设计的，但是 Elastic 公司将它扩展给架构的其他部分使用，如 Kibana 或 Logstash。这样，用户可以在单一的监测点上监控所有的 Elastic 组件，并进行追踪，例如 Kibana 是否正确执行等，如图 1-12 所示。

正如所见，用户能够看到 Kibana 有多少个并发连接，此外还能看到更深层次的指标，如事件循环延迟（Event Loop Delay），它基本代表着该 Kibana 实例的性能。

3. 警报

如果警报与监控数据相结合，就可以对数据和 Elasticsearch 两者进行主动监控。警报框架允许用户对查询进行描述，用于在后台定义时间表和行动等内容。

- 你想在什么时候运行警报，换句话说，警报的执行计划。
- 通过利用 Elasticsearch 的搜索、聚合和图 API 进行条件设置，你想关注哪些东西。
- 当观测目标触发警报时，你想怎么做？是将结果写入文件，还是写入索引，通过电子邮件发送，还是通过 HTTP 发送？

观测的状态也在 Elasticsearch 里被索引，这样就能可视化地查看观测的生命周期。通常，我们能看到的是一个监视某些指标的图和相关的触发观测点，如图 1-13 所示。

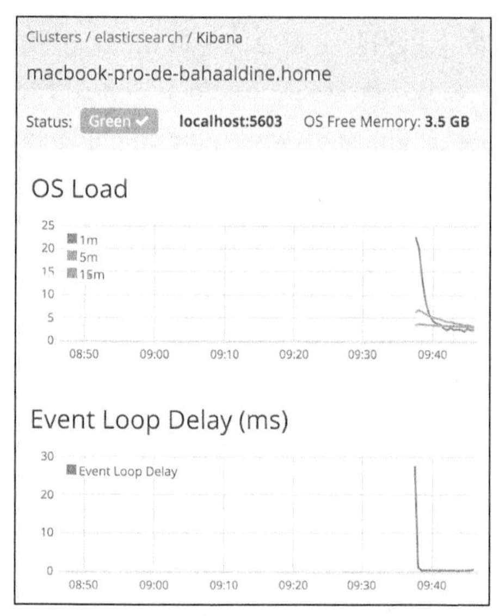

图 1-12　Kibana 5 的监控插件

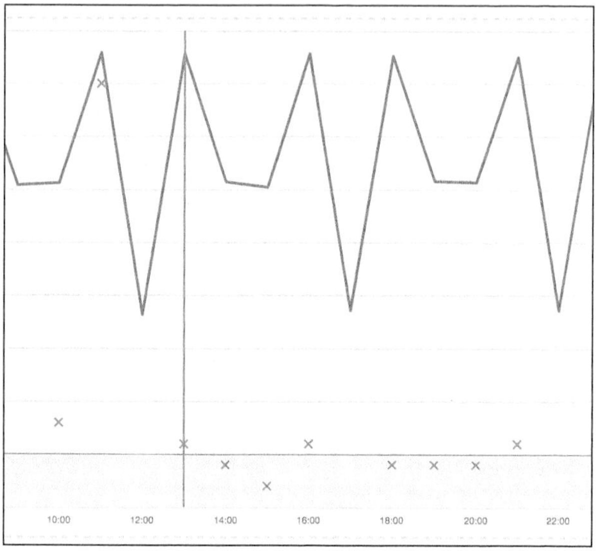

图 1-13　可视化展示警报

图 1-13 所示的可视化体现了一个重要的方面：用户可以看到警报触发的时间，有多少次警报等。这些取决于设置的阈值。

在本书后面章节的指标分析用例中将会使用警报功能，用于监控 CPU 的性能。

4．Graph

Graph 可能是 2016 年初发布的 2.3 版本中最令人兴奋的特性之一。它给 Kibana 提供了可视化的 API 和插件，并为 Elasticsearch 中索引的文档提供相互关联的能力。和一般用户认为的不同，Graph 并不是图数据库，它实际上重新定义了什么是图，并探寻基于相关性排序的数据之间的相关关系，无论开始阶段数据是如何建模的。

搜索引擎进行相关性排序时，先在背景数据中算出一个词条的频率，这是一个很容易理解的要求，因为它得知道一个词有多常见。

当提交一个词条给 Elasticsearch 索引时，它自然知道哪些才是最让人感兴趣的，这个逻辑也将被应用到 Graph 中。

使用 Graph 最简单的方法是用 Kibana 的图插件对数据进行探索，如图 1-14 所示。

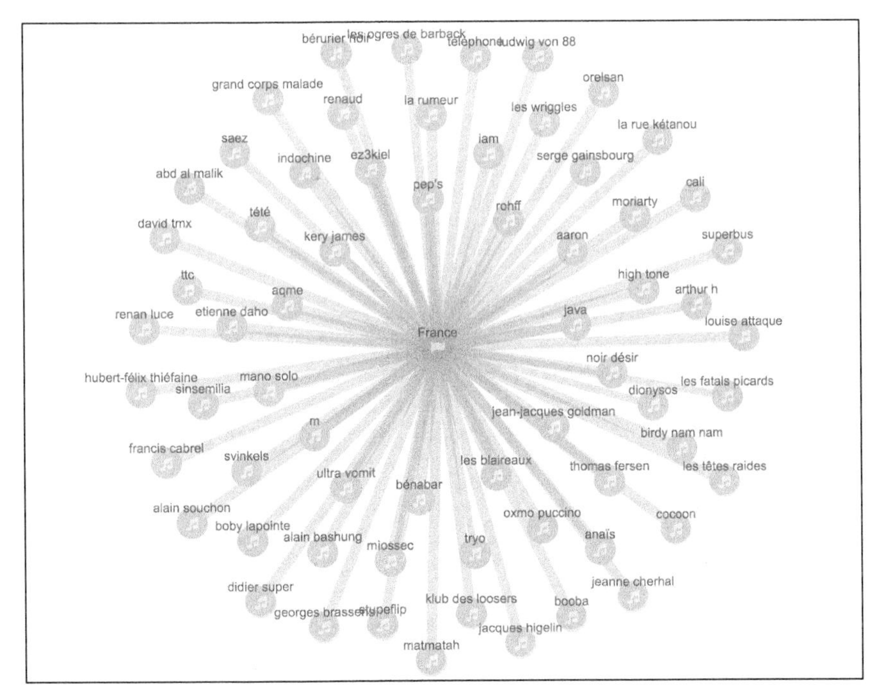

图 1-14　Kibana 的 Graph 可视化

在图 1-14 中，我们从音乐数据集中能看到一个国家——法国，以及所有与其相关的艺术家。

我们会在本书后续的相关用例中使用 Graph。

5. 报表

报表是最新的 2.x 版本带来的一个新插件，它让用户可以把 Kibana 仪表板导出为 PDF。这是 Kibana 用户最期望的功能之一，使用方法就像点击按钮一样简单，如图 1-15 所示。

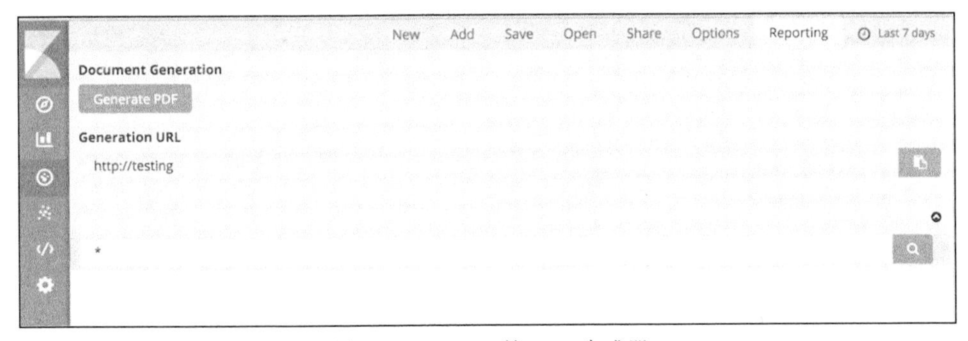

图 1-15　Kibana 的 PDF 生成器

PDF 生成会被放到一个队列中，用户等待导出进程完成后，就可以下载 PDF 文件。

下一章我们将开始介绍 Kibana，先是了解一下安装过程，再给出一份完整的入门用户指南。

1.3 小结

此时，读者应该已经清楚地了解构建数据驱动架构所需的不同组件。我们还知道了 Elastic Stack 是如何满足这些需求的，以及 Kibana 所需的用于对可视化数据进行传送、转换和存储的其他组件。

下一章中我们将探讨如何开始使用 Kibana，以及如何安装创建第一个仪表板所需的所有组件。

第 2 章 安装和设置 Kibana 5.0

本章我们将详细介绍使用 Kibana 必需的安装步骤。本书写作时，Kibana 5.0 还没有正式发布，不过 Elastic 公司的研发团队已经在论坛里给用户提供了 alpha 和 beta 预发行版本。因此，我采用 5.0.0-alpha4 版本来阐述在 5.0 版本中能得到的绝大多数东西。

安装 Kibana 需要同时安装 Elasticsearch，并进行安全配置以便把 Elasticsearch 和 Kibana 集成起来，如图 2-1 所示。

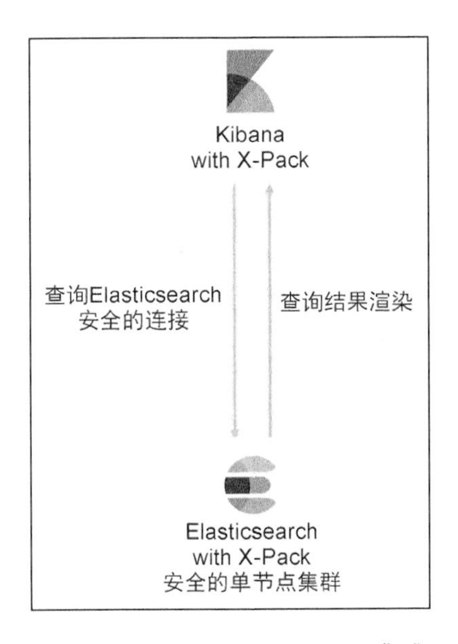

图 2-1　Kibana 和 Elasticsearch 集成

2.1　安装

本节我们将下载并安装 Elasticsearch、Kibana 和 X-Pack。

2.1.1　下载软件

下载二进制文件很简单，只需到 Elastic 公司网站上访问以下地址。

- Elasticsearch：https://www.elastic.co/downloads/elasticsearch。在这个页面里可以找到当前的 GA（General Availability）版本。本书中下载的是 **5.0.0-alpha4** 版本，如图 2-2 所示。

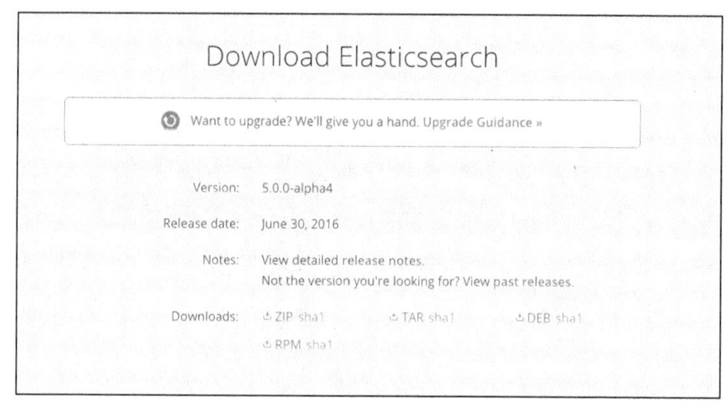

图 2-2　Elasticsearch 下载页面

- Kibana：https://www.elastic.co/downloads/kibana。和 Elasticsearch 一样，本书中下载的是 **5.0.0-alpha4** 版本，如图 2-3 所示。

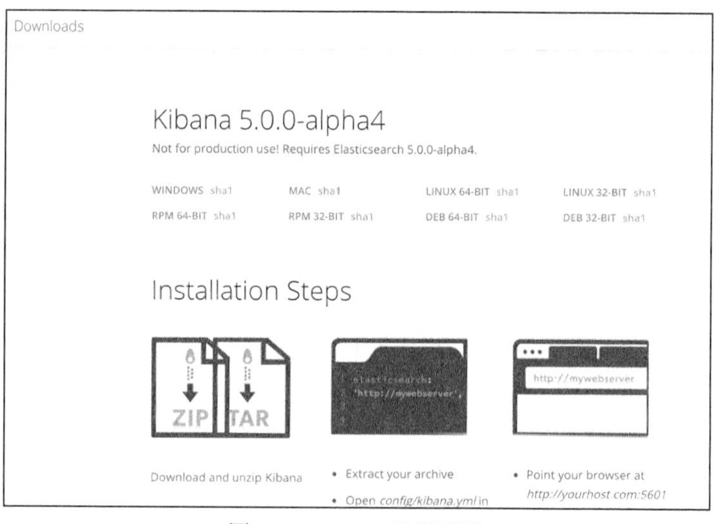

图 2-3　Kibana 下载页面

建议将下载的文件全部移到同一个文件夹下，这里我把所有的东西都移到了/Users/Bahaaldine/packt 文件夹下：

```
pc55:packt bahaaldine$ pwd
/Users/bahaaldine/packt
pc55:packt bahaaldine$ ls
elasticsearch-5.0.0-alpha4.tar.gz kibana-5.0.0-alpha4-darwin-x64.tar.gz
```

现在就进入 Elasticsearch 和 Kibana 安装。

2.1.2 安装 Elasticsearch

要使用 Kibana，安装 Elasticsearch 是必需的。前面说过，Elasticsearch 是一个数据存储，通过多种 API（搜索、聚合和图等）来展示数据。Kibana 依赖 Elasticsearch 将数据渲染成图，它发送查询给 Elasticsearch，如聚合查询，然后把 Elasticsearch 返回的数据结果显示成图表。Elasticsearch 是 Kibana 支持的唯一数据源。它的安装步骤简单到和将下载的文件进行解压缩差不多：

```
pc55:packt bahaaldine$ tar -zxvf elasticsearch-5.0.0-alpha4.tar.gz
```

解压之后的目录结构如下：

```
pc55:elasticsearch-5.0.0-alpha4 bahaaldine$ ls -l
total 56
-rw-r--r--@  1   bahaaldine wheel 11358  27 jan 13:53 LICENSE.txt
-rw-r--r--@  1   bahaaldine wheel 150    21 jui 16:55 NOTICE.txt
-rw-r--r--@  1   bahaaldine wheel 9129   21 jui 16:55 README.textile
drwxr-xr-x@  14  bahaaldine wheel 476    5  jul 13:51 bin
drwxr-xr-x@  7   bahaaldine wheel 238    5  jul 13:51 config
drwxr-xr-x   3   bahaaldine wheel 102    5  jul 13:51 data
drwxr-xr-x@  35  bahaaldine wheel 1190   27 jui 18:26 lib
drwxr-xr-x   16  bahaaldine wheel 544    14 jul 02:22 logs
drwxr-xr-x@  10  bahaaldine wheel 340    27 jui 18:26 modules
drwxr-xr-x   3   bahaaldine wheel 102    5  jul 13:51 plugins
```

这里有必要解释一下上面的一部分目录中包含的内容。

- `bin` 目录包含了 Elasticsearch 的可执行文件。
- `config` 目录不仅包含 Elasticsearch 节点的配置文件，还包括所有的插件文件。
- `data` 目录用来存放 Elasticsearch 节点中索引的数据。

正如所见，本章开头的图中曾展示过，这是我们的单节点 Elasticsearch 集群安装目录。本书中我们只创建一个这样的集群，以免让 Elasticsearch 集群的配置带走太多注意力，毕竟我们关注的是 Kibana。当然，如果你愿意，可以安装新的节点并把相同的配置应用过去。

为了检查安装是否成功，我们得把 Elasticsearch 运行起来，看看是否一切正常。所谓“一切”，就是不仅包括执行，还包括存取。进入安装目录：

```
pc55:bin bahaaldine$ pwd
/Users/bahaaldine/packt/elasticsearch-5.0.0-alpha4/bin
```

用如下命令启动 Elasticsearch：

```
pc55:bin bahaaldine$ ./elasticsearch
[2016-07-15 23:10:35,773][INFO ][node] [Pasco] version[5.0.0-alpha4],
pid[64920], build[3f5b994/2016-06-27T16:23:46.861Z], OS[Mac OS
X/10.11.5/x86_64], JVM[Oracle Corporation/Java HotSpot(TM) 64-Bit Server
VM/1.8.0_91/25.91-b14]
[2016-07-15 23:10:35,774][INFO ][node] [Pasco] initializing ...
[2016-07-15 23:10:36,668][INFO ][plugins] [Pasco] modules [percolator,
lang-mustache, lang-painless, reindex, aggs-matrix-stats, lang-expression,
ingest-common, lang-groovy], plugins []
[2016-07-15 23:10:37,475][INFO ][env] [Pasco] using [1] data paths,
mounts [[/ (/dev/disk1)]], net usable_space [166gb], net total_space
[464.7gb], spins? [unknown], types [hfs]
[2016-07-15 23:10:37,476][INFO ][env] [Pasco] heap size [1.9gb],
compressed ordinary object pointers [true]
[2016-07-15 23:10:39,001][INFO ][node] [Pasco] initialized
[2016-07-15 23:10:39,002][INFO ][node] [Pasco] starting ...
[2016-07-15 23:10:39,133][INFO ][transport] [Pasco] publish_address
{127.0.0.1:9300}, bound_addresses {[fe80::1]:9300}, {[::1]:9300},
{127.0.0.1:9300}
[2016-07-15 23:10:39,139][WARN ][bootstrap] [Pasco] initial heap size
[268435456] not equal to maximum heap size [2147483648]; this can cause
resize pauses and prevents mlockall from locking the entire heap
[2016-07-15 23:10:39,139][WARN ][bootstrap] [Pasco] please set
[discovery.zen.minimum_master_nodes] to a majority of the number of master
eligible nodes in your cluster
[2016-07-15 23:10:42,199][INFO ][cluster.service] [Pasco] new_master
{Pasco}{zv3EKSi_TqCvA_lJkByphw}{127.0.0.1}{127.0.0.1:9300}, reason: zen-
disco-join(elected_as_master, [0] nodes joined)
[2016-07-15 23:10:42,215][INFO ][http] [Pasco] publish_address
{127.0.0.1:9200}, bound_addresses {[fe80::1]:9200}, {[::1]:9200},
{127.0.0.1:9200}
[2016-07-15 23:10:42,215][INFO ][node] [Pasco] started
[2016-07-15 23:10:42,231][INFO ][gateway] [Pasco] recovered [0] indices
into cluster_state
```

当第一次启动 Elasticsearch 时，看到的日志应该和上面的类似。

如果在安装中遇到问题，可能是因为你的本地系统配置存在问题，建议参考以下安装文档：https://www.elastic.co/guide/en/elasticsearch/reference/master/install-elasticsearch.html。

打开浏览器访问 http://localhost:9200，看到的 JSON 输出如下：

```
{
  name: "Pasco",
  cluster_name: "elasticsearch",
  version: {
    number: "5.0.0-alpha4",
    build_hash: "3f5b994",
    build_date: "2016-06-27T16:23:46.861Z",
    build_snapshot: false,
    lucene_version: "6.1.0"
  },
  tagline: "You Know, for Search"
}
```

这个 JSON 文档说明服务已经启动，可以对 API 请求做出响应，还提供了 Elasticsearch 实例的版本和编译的详细信息，如节点名 `Pasco`，版本号 `5.0.0-alpha4`。

2.1.3 安装 Kibana

Kibana 的默认安装很简单，只需下载文件，然后在目标目录中打开，解压到 Kibana 目录。

```
pc55:packt bahaaldine$ tar -zxvf kibana-4.5.3-darwin-x64.tar.gz
```

解压之后的目录结构如下：

```
pc55:kibana-5.0.0-alpha4-darwin-x64 bahaaldine$ ls -l
total 24
-rw-r--r--@  1 bahaaldine staff  563 29 jui 19:55 LICENSE.txt
-rw-r--r--@  1 bahaaldine staff 2445 29 jui 19:55 README.txt
drwxr-xr-x@  4 bahaaldine staff  136 29 jui 19:55 bin
drwxr-xr-x@  3 bahaaldine staff  102 29 jui 19:55 config
drwxr-xr-x@  3 bahaaldine staff  102 29 jui 19:55 installedPlugins
drwxr-xr-x@  9 bahaaldine staff  306 29 jui 19:55 node
drwxr-xr-x@ 95 bahaaldine staff 3230 29 jui 19:55 node_modules
drwxr-xr-x@  4 bahaaldine staff  136 29 jui 19:55 optimize
-rw-r--r--@  1 bahaaldine staff  708 29 jui 19:55 package.json
drwxr-xr-x@  9 bahaaldine staff  306 29 jui 19:55 src
drwxr-xr-x@ 15 bahaaldine staff  510 29 jui 19:55 webpackShims
```

这里需要关心的是 `bin` 和 `config` 目录，它们分别包含了 Kibana 的二进制文件和配置文件。在第 9 章中，我们会介绍一些其他需要关注的目录。确认一下 Elasticsearch 还在运行，然后运行 Kibana 来检查安装是否成功：

```
pc55:bin bahaaldine$ pwd
/Users/bahaaldine/packt/kibana-5.0.0-alpha4-darwin-x64/bin
pc55:bin bahaaldine$ ./kibana
```

应该看到类似下面的日志：

```
log [08:49:50.648] [info][status][plugin:kibana@1.0.0] Status changed
from uninitialized to green - Ready
log [08:49:50.669] [info][status][plugin:elasticsearch@1.0.0]
Status changed from uninitialized to yellow - Waiting for Elasticsearch
log [08:49:50.685] [info][status][plugin:console@1.0.0] Status
changed from uninitialized to green - Ready
log [08:49:50.697] [info][status][plugin:kbn_doc_views@1.0.0]
Status changed from uninitialized to green - Ready
log [08:49:50.699]
[info][status][plugin:kbn_vislib_vis_types@1.0.0] Status changed from
uninitialized to green - Ready
log [08:49:50.703] [info][status][plugin:markdown_vis@1.0.0] Status
changed from uninitialized to green - Ready
log [08:49:50.707] [info][status][plugin:metric_vis@1.0.0] Status
changed from uninitialized to green - Ready
log [08:49:50.709] [info][status][plugin:spy_modes@1.0.0] Status
changed from uninitialized to green - Ready
log [08:49:50.713] [info][status][plugin:status_page@1.0.0] Status
changed from uninitialized to green - Ready
log [08:49:50.716] [info][status][plugin:table_vis@1.0.0] Status
changed from uninitialized to green - Ready
log [08:49:50.720] [info][listening] Server running at
http://0.0.0.0:5601
log [08:49:50.721] [info][status][ui settings] Status changed from
uninitialized to yellow - Elasticsearch plugin is yellow
log [08:49:55.751] [info][status][plugin:elasticsearch@1.0.0]
Status changed from yellow to yellow - No existing Kibana index found
log [08:49:56.293] [info][status][plugin:elasticsearch@1.0.0]
Status changed from yellow to green - Kibana index ready
log [08:49:56.294] [info][status][ui settings] Status changed from
yellow to green - Ready
```

上面的日志说明 Kibana 启动了，确实连接到了 Elasticsearch，并最终转为绿色的健康状态。

干得好！你已经成功地安装了 Elasticsearch 和 Kibana！

Kibana 正在运行的时候，可以打开浏览器，访问 http://localhost:5601/status 来获取更多信息，如图 2-4 所示。

`status` 段落中提供了组成 Kibana 的多个组件的健康情况概览，你能看到 Kibana 的 UI、Elasticsearch 以及其他各项状态均报告 **Ready**。

localhost:5601/status

Status: Green

pc55.home

Heap Total (MB) 84.27

Heap Used (MB) 63.12

Load 1.55, 1.73, 1.84

Response Time Avg (ms) 0.00

Response Time Max (ms) 0.00

Requests Per Second 0.00

Status Breakdown

ID	Status
ui settings	Ready
plugin:kibana@1.0.0	Ready
plugin:elasticsearch@1.0.0	Kibana index ready
plugin:console@1.0.0	Ready
plugin:kbn_doc_views@1.0.0	Ready
plugin:kbn_vislib_vis_types@1.0.0	Ready
plugin:markdown_vis@1.0.0	Ready
plugin:metric_vis@1.0.0	Ready
plugin:spy_modes@1.0.0	Ready
plugin:status_page@1.0.0	Ready
plugin:table_vis@1.0.0	Ready

图 2-4 Kibana 状态页面

现在 Elasticsearch 和 Kibana 安装已经成功，接下来要安装扩展的插件，先是 X-Pack，然后是 Timelion。

2.1.4 安装 X-Pack

前面提到过，X-Pack 是订阅产品的一个组成部分，它给 Elastic Stack 提供了额外的企业级特性，如图 2-5 所示。

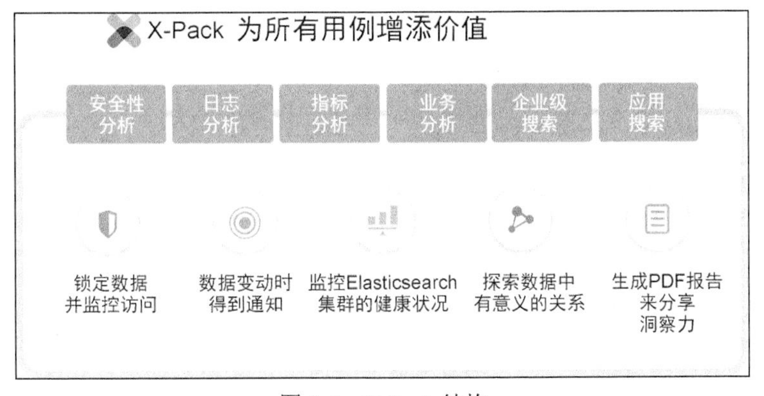

图 2-5 X-Pack 结构

本书中将用到所有的这些特性，因为这些特性很有趣，如验证、监控、图探索、导出 PDF 等，并且它们对全栈都有效。

提醒一下，在 Elastic 栈的每个层级都存在插件，不论是 Logstash、Kibana 还是 Elasticsearch。用户通过部署自定义的特性，可以轻松地对产品进行扩展。此外，每个产品都提供了命令行工具来启用插件安装。最后，虽然一些插件只能针对栈的某个部分扩展特性，但是 X-Pack 的目标仍是跨越全栈来增加插件。例如，X-Pack 在 Elasticsearch 里提供了一个新的 API，也会给 Kibana 增加新的可视化方法。

要正常运行 X-Pack，必须安装好 Elasticsearch 和 Kibana。现在从 Elasticsearch 开始，先进入相关的主目录，执行下面的命令：

警告：插件需要额外的权限。

```
pc55:elasticsearch-5.0.0-alpha4 bahaaldine$ pwd
/Users/bahaaldine/packt/elasticsearch-5.0.0-alpha4
pc55:elasticsearch-5.0.0-alpha4  bahaaldine$  bin/elasticsearch-plugin  install
x-pack
-> Downloading x-pack from elastic
* java.lang.RuntimePermission
accessClassInPackage.com.sun.activation.registries
* java.lang.RuntimePermission getClassLoader
* java.lang.RuntimePermission setContextClassLoader
* java.lang.RuntimePermission setFactory
* java.security.SecurityPermission createPolicy.JavaPolicy
* java.security.SecurityPermission getPolicy
* java.security.SecurityPermission putProviderProperty.BC
* java.security.SecurityPermission setPolicy
* java.util.PropertyPermission * read,write
* javax.net.ssl.SSLPermission setHostnameVerifier
Continue with installation? [y/N]y
-> Installed x-pack
```

访问 http://docs.oracle.com/javase/8/docs/technotes/guides/security/permissions.html，查看这些权限允许的范围及其附带的风险。

```
[2016-07-16 10:45:10,682][INFO ][cluster.metadata] [Scott Summers]
[.monitoring-data-2] creating index, cause [auto(bulk api)], templates
[.monitoring-data-2], shards [1]/[1], mappings [node, cluster_info, kibana]
[2016-07-16 10:45:10,721][INFO ][cluster.metadata] [Scott Summers]
[.monitoring-es-2-2016.07.16] creating index, cause [auto(bulk api)],
templates [.monitoring-es-2], shards [1]/[1], mappings [node, shards,
_default_, index_stats, index_recovery, cluster_state, cluster_stats,
indices_stats, node_stats]
```

从现在起，X-Pack 保护着 Elasticsearch 的安全，并自动生成了一系列默认的用户配置文件用于启动。这就意味着，所有与 Elasticsearch API 端点的通信都需要经过验证。现在打开浏览器，访问 `http://localhost:9200`，就会弹出一个验证窗口，要求输入用户名和密码，如图 2-6 所示。

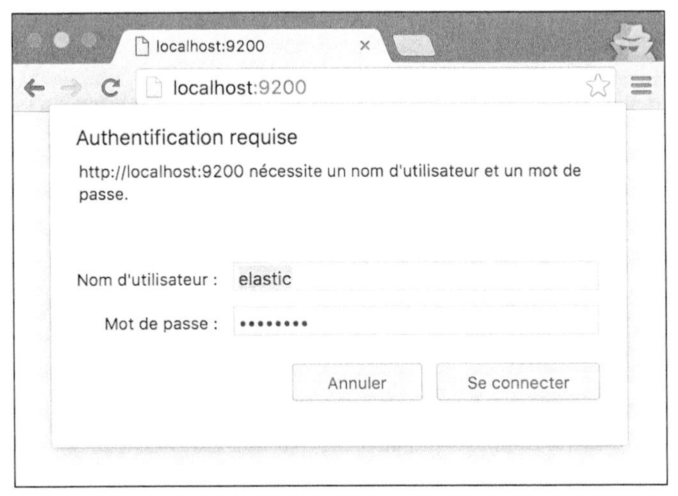

图 2-6　弹出的验证窗口

我的本地浏览器语言选项是法语，因此出现的是一个法语登录屏幕。你可以轻松地看懂，你需要提供相应的凭证来通过验证。默认的用户名/密码是 `elastic/changeme`。这是由 X-Pack 的安全插件自动创建的。

要调整安全性，建议访问以下文档：https://www.elastic.co/guide/en/x-pack/current/security-getting-started.html。

在浏览器中继续访问 `http://localhost:9200/_xpack`。

你会看到一个 JSON 格式的输出，给出了安装的 X-Pack 的描述：

```
{
  "build": {
      "hash": "bb03240",
      "date": "2016-06-27T16:26:32.109Z"
  },
  "license": {
      "uid": "d9afa57e-87b1-4bcc-9190-e6ca9f4f437e",
      "type": "trial",
      "mode": "trial",
      "status": "active",
```

```
      "expiry_date_in_millis": 1471250705138
  },
  "features": {
      "graph": {
        "description": "Graph Data Exploration for the Elastic Stack",
        "available": true,
        "enabled": true
  },
      "monitoring": {
        "description": "Monitoring for the Elastic Stack",
        "available": true,
        "enabled": true
      },
      "security": {
        "description": "Security for the Elastic Stack",
        "available": true,
        "enabled": true
      },
      "watcher": {
        "description": "Alerting, Notification and Automation for the Elastic Stack",
        "available": true,
        "enabled": true
      }
    },
    "tagline": "You know, for X"
}
```

上面的信息展示了你的 X-Pack 包含的内容、授权类别以及过期时间等。

接下来在 Kibana 安装目录下执行如下命令来为 Kibana 安装 X-Pack：

```
cpc55:bin bahaaldine$ pwd
/Users/bahaaldine/packt/kibana-5.0.0-alpha4-darwin-x64
pc55:kibana-5.0.0-alpha4-darwin-x64 bahaaldine$ bin/kibana-plugin install x-pack
Attempting to transfer from x-pack
Attempting to transfer from https://download.elastic.co/kibana/x-pack/x-pack -5.0.0
-alpha4.zip
Transferring 60685004 bytes....................
Transfer complete
Retrieving metadata from plugin archive
Extracting plugin archive
Extraction complete
Optimizing and caching browser bundles...
Plugin installation complete
```

安装过程中会看到与上面类似的日志。

2.1.5 配置安全性

配置 Kibana 的安全性要考虑到多个方面：首先要确认 Kibana 采用 HTTPS 端点来保护 UI 与它的连接，其次是要在传输过程中采用密钥进行加密，最后是在连接 Elasticsearch 前通过验证。

如果重启 Kibana 服务，你会发现在启动日志中出现了一些警告信息：

```
log [11:21:32.024] [warning][security] Generating a random key for
xpack.security.encryptionKey. To prevent sessions from being invalidated on
restart, please set xpack.security.encryptionKey in kibana.yml
log [11:21:32.027] [warning][security] Session cookies will be
transmitted over insecure connections. This is not recommended.
```

要消除第一个安全警告，可以在 Kibana 配置文件 `conf/kibana.yml` 中增加一个加密的密钥。作为开端，我们试着添加一个密钥的值。在生产环境中，我们可以用环境变量来传输这个密钥，或者采用类似下面的方式：

```
xpack.security.encryptionKey: "myEncryptionKey"
```

第二个警告是关于连接的，默认配置是不安全的，也就是说没有采用 SSL 加密。默认情况下，X-Pack 安全功能提供了启用 TLS 和 SSL 所必需的配置，不过如果需要，你也可以自己提供`.crt` 和`.key` 文件，方法是在 Kibana 安装目录下，执行如下命令来生成：

```
pc55:kibana-5.0.0-alpha4-darwin-x64 bahaaldine$ openssl req -x509 -batch -nodes
-newkey rsa:2048 -keyout kibana.key -out kibana.crt -subj
/CN=localhost
```

接下来，再次编辑 Kibana 配置文件，将默认设置指向新生成的文件，示例如下：

```
# Paths to the PEM-format SSL certificate and SSL key files, respectively. These
# files enable SSL for outgoing requests from the Kibana server to the browser.
server.ssl.cert: /Users/bahaaldine/packt/kibana-5.0.0-alpha4-darwin-x64/kibana. crt
server.ssl.key: /Users/bahaaldine/packt/kibana-5.0.0-alpha4-darwin-x64/kibana. key
```

如果现在重启 Kibana 服务，启动日志就不会再出现警告信息。

连接 Elasticsearch 时要启用认证，必须先配置 Elasticsearch 启用认证（https://www.elastic.co/guide/en/x-pack/5.1/ssl-tls.html#enable-ssl），然后告诉 Kibana 连接 Elasticsearch 时要采用 HTTPS 协议（https://www.elastic.co/guide/en/x-pack/5.1/kibana.html#configure-kibana-ssl）。

2.2　Kibana 剖析

本节我们将讲述 Kibana 5.0 中不一样的特点，不过暂时不做深入探究，那些我们将在后续的章节中介绍，如日志、指标和图等。

首先，连接到 `https://localhost:5601`，用默认的 `elastic/changeme` 登录，看看 Kibana 的菜单组成，如图 2-7 所示。

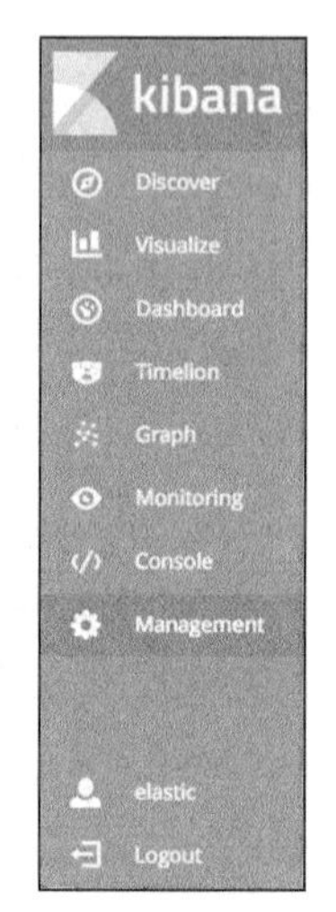

图 2-7　Kibana 的菜单

Kibana 的菜单包含了以下两类内容。

- 链接到 Kibana 的核心特性：**Discover**（探查）、**Visualize**（可视化）、**Dashboard**（仪表板）和 **Console**（控制台）。
- 链接到 Kibana 的插件：**Timelion**、**Graph**（图）、**Monitoring**（监控）、**elastic** 用户和 **Logout**（注销）。

开始之前，我们先看看 Kibana 的一般用户历程，如图 2-8 所示。

从 Kibana 5.0 开始，用户可以获得无缝的体验，从采集到可视化，所有过程都来自 Kibana 自身。

- 如果用户还没有数据，可以采用 CSV 导入器（只在 Kibana 的 alpha 版本中可用，在 5.0 GA 版本中已经移除）。
- 如果数据已经存放在 Elasticsearch 里，用户需要创建相应的索引模式，所谓索引模式就是在真实的索引结构上描述的元结构，仅供 Kibana 对数据层进行抽象。这样，Kibana 就允许进行定制，这个定制只在可视化层上起作用，不影响数据层。
- 接着，用户可以在 **Discover** 部分查找他们的数据，找出哪些词条和指标可以用来作为可视化的组成部分。在这里，用户可以通过 UI 组件进行查找和过滤，创建数据视图，由此进行保存和命名。
- 再接下来，用户可以在可视化标签里选择可视化类型来展示数据，基本上这就是给了你回答问题和展示模式的通行证。
- 通过在保存的可视化列表中进行拖放，所有的问题都被放在仪表板中，这就是体验可视化的场所了。
- 插件还可以提供其他的可视化特性，如 Graph 和 Timelion。

图 2-8　Kibana 用户历程

我们逐个来看一下 Kibana 的核心特性。

2.2.1 核心组件

本节我们来通览一下 Kibana 的核心组件，换句话说，也就是那些开箱即用的部分。

1. Discover

为了探索数据，在 Elasticsearch 里对数据进行索引之后，先要到 **Discover**（探查）部分进行操作，如图 2-9 所示。

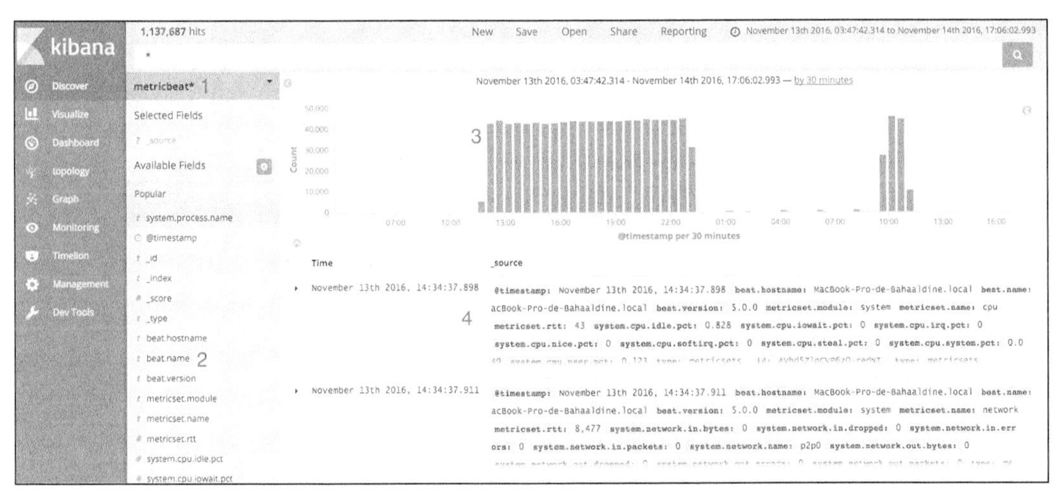

图 2-9　Kibana 的 Discover 部分

Discover 部分展示了以下内容。

（1）你的索引模式（后面会对这个概念进行回顾），图例中是 `metricbeat*`。

（2）你的索引里存在的字段。点击字段名会模拟显示出该字段的极值。例如，在可用字段中点击 `system.process.name`，可以看到各个进程名字分列的值，如图 2-10 所示。

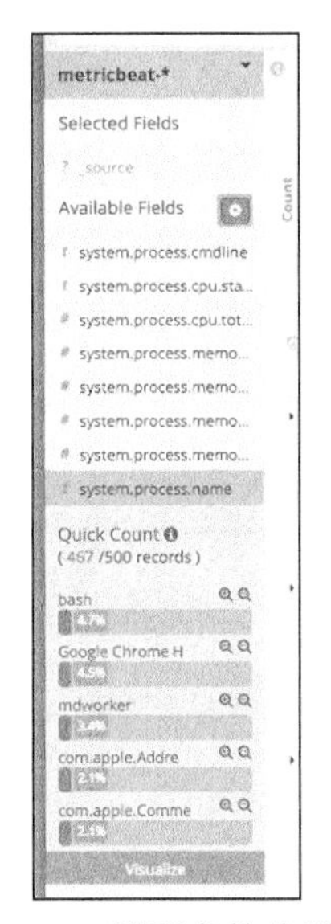

图 2-10　进程名的分列值

（3）用日期条形图的形式展示跨时段的事件数量。在右上角的时间选择器里可以对时段进行设置。

（4）被索引的文档。展开其中一项就能看到文档的详细描述，如图 2-11 所示。

图 2-11 中展示了一个由 Metricbeat 创建的文档，它搜集并汇总了我的 MacBook 里的执行指标，如系统内存等。在第 5 章里，我们会详细介绍 Metricbeat 以及

它如何对数据进行可视化，在那里，Kibana 的一般作用就是在 **Visualize** 部分里构建可视化案例。

```
Time                               _source
▾ July 13th 2016, 10:50:07.492     @timestamp: July 13th 2016, 10:50:07.492 beat.hostname: MacBook-Pro-de-Bahaald
                                   ine.local beat.name: MacBook-Pro-de-Bahaaldine.local metricset.module: system
                                   metricset.name: memory metricset.rtt: 2,051 system.memory.actual.free: 5,57
                                   5,241,728 system.memory.actual.used.bytes: 10.808GB system.memory.actual.
                                   used.pct: 67.55% system.memory.free: 1.241GB system.memory.swap.free: 1,112,

                                   Link to /metricbeat-2016.07.13/metricsets/AVXjcuxCzpFq4rY7i6V3
Table    JSON

@timestamp                           July 13th 2016, 10:50:07.492
t _id                                AVXjcuxCzpFq4rY7i6V3
t _index                             metricbeat-2016.07.13
# _score                             2
t _type                              metricsets
t beat.hostname                      MacBook-Pro-de-Bahaaldine.local
t beat.name                          MacBook-Pro-de-Bahaaldine.local
t metricset.module                   system
t metricset.name                     memory
# metricset.rtt                      2,051
# system.memory.actual.free          5,575,241,728
# system.memory.actual.used.bytes    10.808GB
# system.memory.actual.used.pct      67.55%
# system.memory.free                 1.241GB
# system.memory.swap.free            1,112,014,848
# system.memory.swap.total           4,294,967,296
# system.memory.swap.used.bytes      2.964GB
# system.memory.swap.used.pct        74.11%
# system.memory.total                16GB
# system.memory.used.bytes           14.759GB
# system.memory.used.pct             92.24%
t type                               metricsets
```

图 2-11　索引的文档示例

2. Visualize

在 **Visualize**（可视化）部分，你可以基于已建索引的数据进行可视化，它提供了可视化调色板，如图 2-12 所示。

在后面几章中我们会使用所有这些可视化类型，这里要特别提示的是全新的 **Timeseries** 可视化，它给常规 Kibana 仪表板带来了 Timelion 可视化。

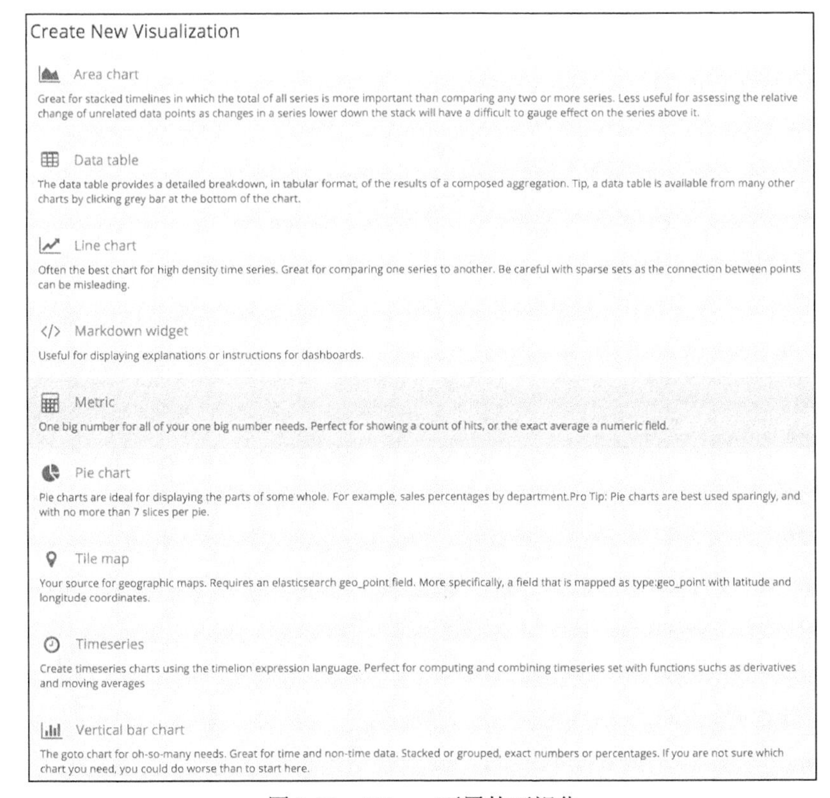

图 2-12　Kibana 可用的可视化

此外，如果保存了一个可视化案例后想要对它进行修改，可以在同一屏的底部找到它，如图 2-13 所示。

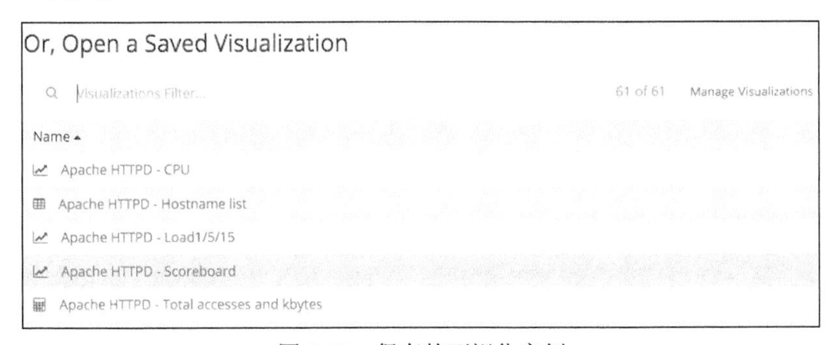

图 2-13　保存的可视化案例

一般来说，构建好一个可视化案例的同时，也就构造了一个仪表板。

3．Dashboard

在 **Dashboard**（仪表板）部分里，可以把之前构建好的可视化案例汇集在一起，如

图 2-14 所示。

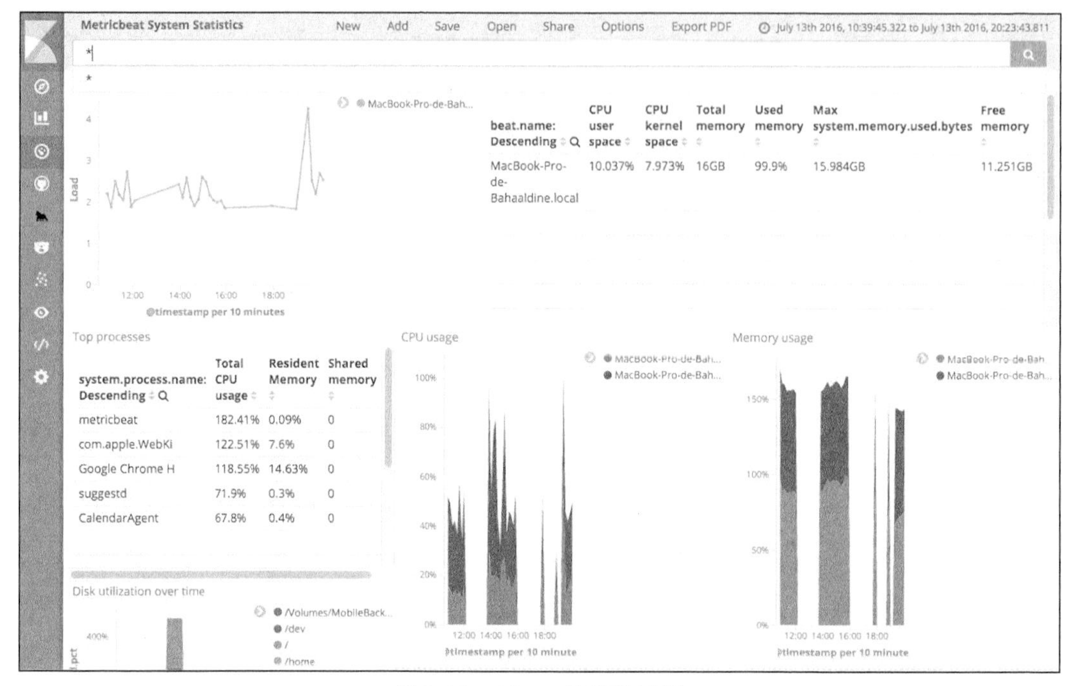

图 2-14　Kibana 仪表板示例

这个示例展示了一个基于 Metricbeat 采集的数据构建的仪表板。本书的后续章节会介绍如何轻松地使用由 Metricbeat 提供的开箱即用的仪表板功能来获取结果。

在 Kibana 5.0 版本中，Kibana 仪表板获得了更多空间，因为许多不常用的区块被删除了，这样就给了用户更宽广的可视化体验。配色也经过了优化，更显现代化。

你可以创建、保存和打开已存在的仪表板，甚至对它进行分享，而在之前的 Kibana 版本中，只能通过链接或者采用 iFrame 的方式集成到已建成的入口中。这里要特别介绍新的 **Export PDF**（导出 PDF）选项，我们后面会用到它，它可以把仪表板导出到 PDF 文件中。

4．Timelion

Timelion 是一种指标分析可视化组件。在 Timelion 中构建可视化和在 Kibana 可视化中完全不同：它是基于表达式的。用户把表达式组合起来，接收一个或多个数据源，在这些时间序列相关的数据上构建统计量，或者在其上应用数学函数。表达式产生的结果是高度定制化的可视化，图 2-15 展示了一个示例。

这一示例是本书后面将讲到的美国国内航班的可视化。正如所见，Timelion 有一个表达式输入框，它还提供了一个 API 来构建可视化。我们还将介绍如何使用外部数据源，这个功能也无法在 Kibana 可视化下完成。

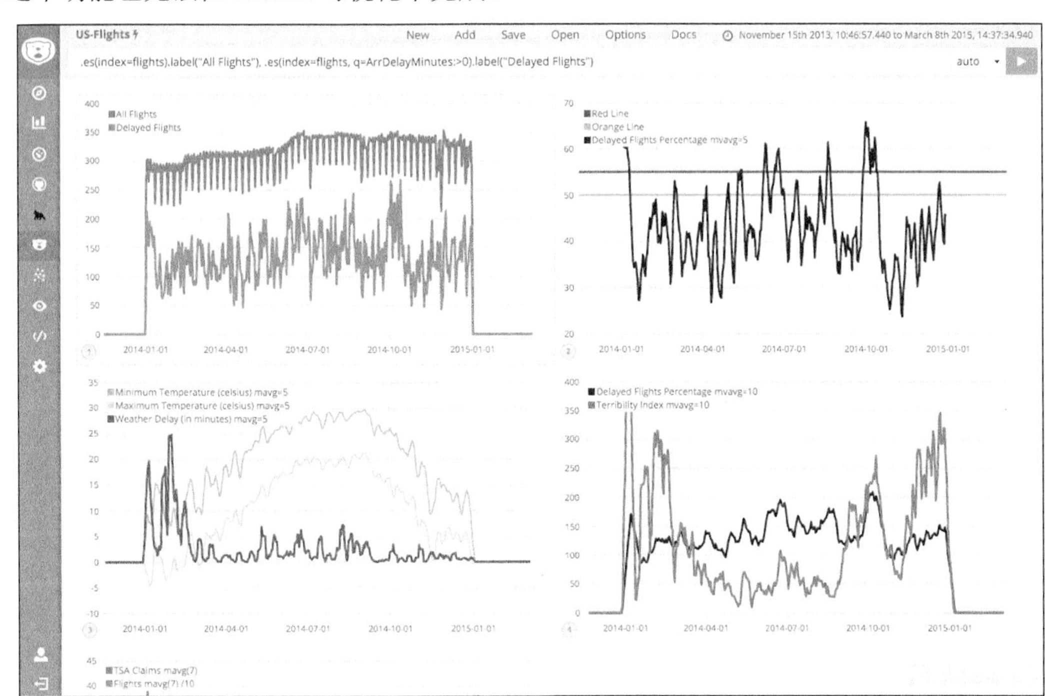

图 2-15　一个 Timelion 的可视化示例

5. Management

Management（管理）部分原来被称为设置（setting），它包含了对数据、Elasticsearch 和 Kibana 的各种管理选项，如图 2-16 所示。

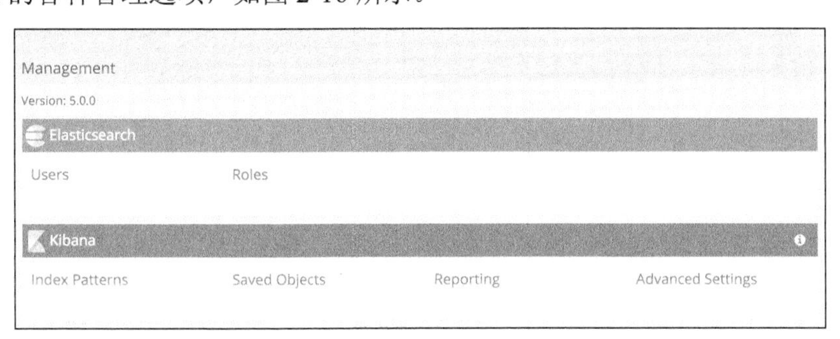

图 2-16　Kibana Management 部分

在安装 X-Pack 之后，会出现一个 Elasticsearch 面板，通过角色和用户来管理访问权限。最后，各种相关的 Kibana 设置也都陈列在这里，如管理索引模式、各种 Kibana 对象（可视化、搜索和仪表板等）、报表（随 X-Pack 而来）以及高级设置。

6．开发工具/ Console

Dev Tools（开发工具）部分把 Elasticsearch 开发者所需的工具重新进行了分组，用来测试和优化 Elasticsearch 查询。在 5.1.1 版本中，它包含两个特性：Console（控制台）——Kibana 核心的组成部分；Profiler（性能分析器）界面——X-Pack 基础版（免费授权）的组成部分，这个我们将在 2.2.2 节中介绍。

Console，之前称为 Sense，是 Elasticsearch 的查询控制台，如图 2-17 所示。

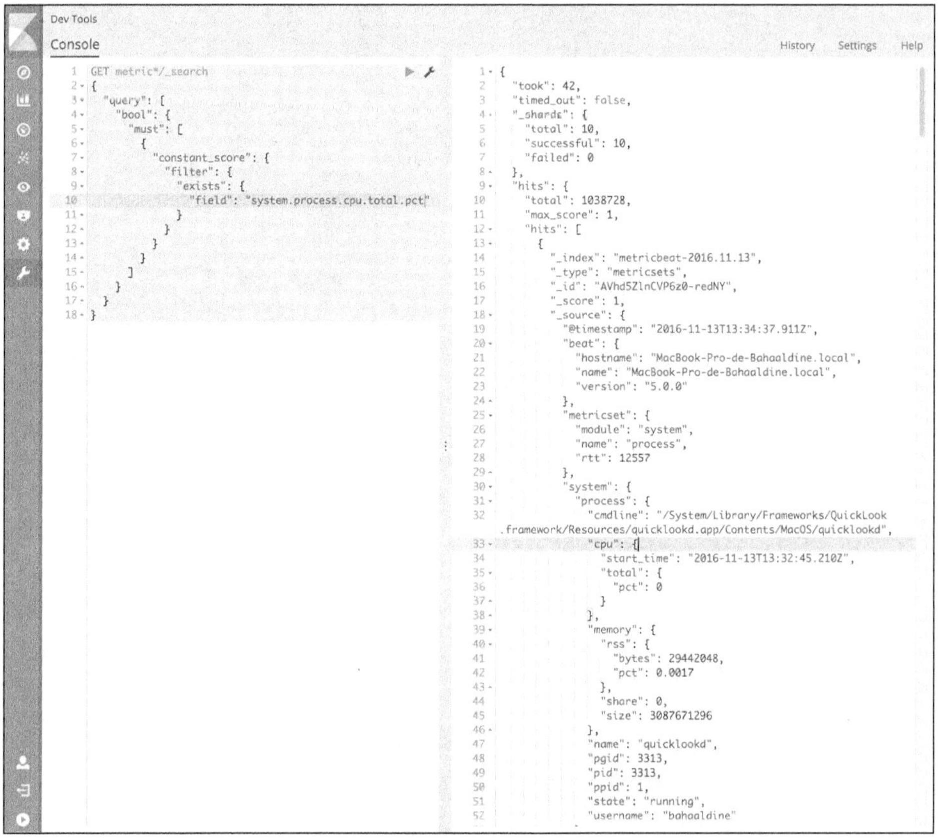

图 2-17　Console 中的查询示例

这个示例展示了 Console 的自动补齐特性，在其帮助下构建了一个查询，大致内容是查找具有 `system.process.name` 字段的文档。Console 还有一些很实用的特性，如把查询复制为 cURL 请求（如图 2-18 所示），或者反之。

本书将在很多地方使用 Console，特别是用在测试不同的搜索、聚合和图 API 等方面。

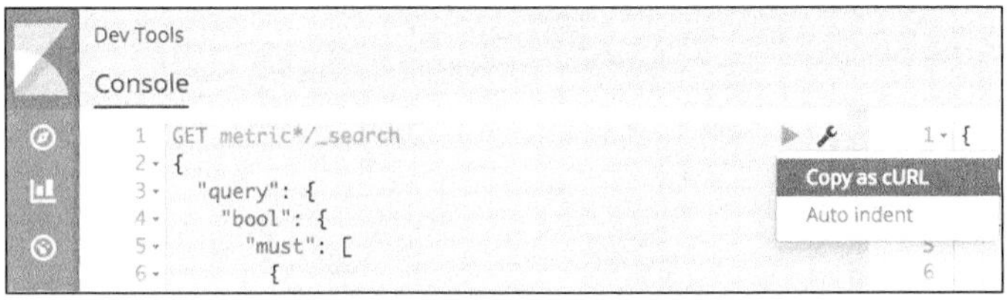

图 2-18 复制为 cURL

2.2.2 插件

与核心组件不同，插件是通过独立的安装进程添加到 Kibana 里的，就比如我们曾安装的 X-Pack 插件。本节我们来通览一下各类插件。

1. 开发工具/Pofiler

Pofiler（性能分析器）允许用户利用其特征来分解查询，然后对给定的 Elasticsearch 查询进行基准测试。

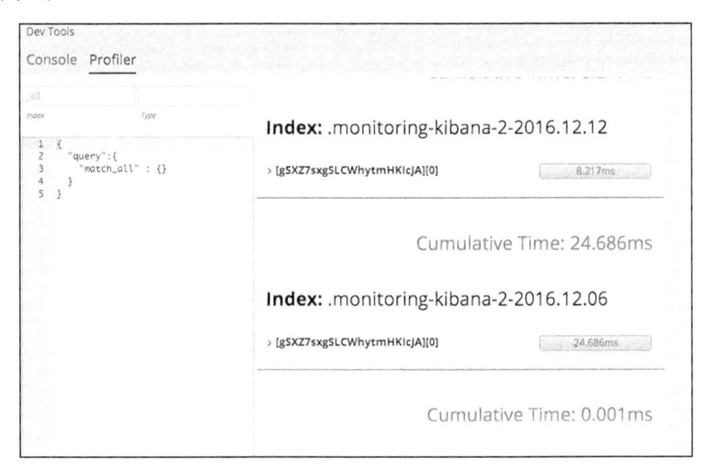

图 2-19 Pofiler 界面

图 2-19 的左侧显示了被用来测评的查询语句，右侧则显示了每个索引的基准测试 结果。

2. 监控

监控插件随 X-Pack 插件而来，它允许用户从更高的层面来追踪 Elasticsearch 和 Kibana 的执行情况，例如应用的健康情况、资源消耗等，它可以使用一些高阶指标，当然也可以指定限于实例层面，如图 2-20 所示。

图 2-20 展示了 Elasticsearch 和 Kibana 的健康状况总览，其中的 Kibana 部分是新加入监控插件的应用范围中的。点击相应的位置，就会出现相关应用的详细视图。

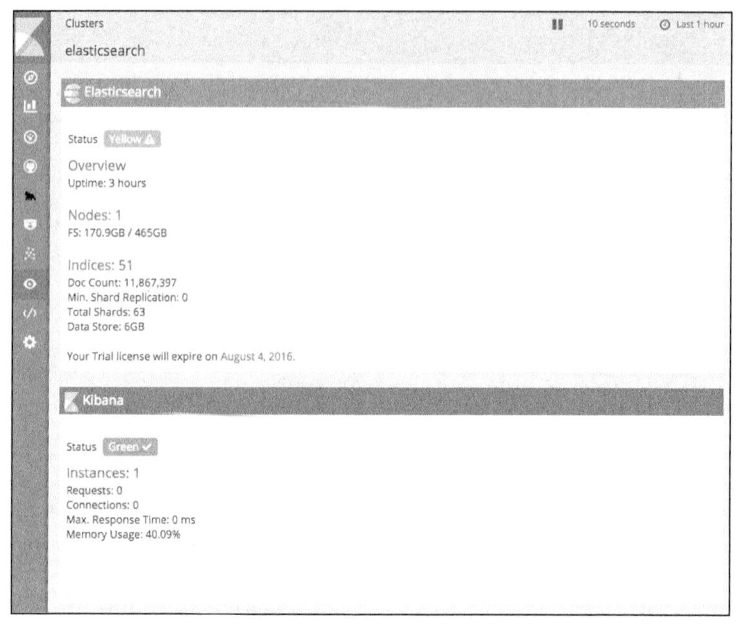

图 2-20　监控页面

图 2-21 中展示了一些允许 Kibana 监控的指标，如并发连接数——IT 组织中出现问题时必须重点追查的一个指标，所有人都会冲到 Kibana 的控制台来诊断发现问题的真相。

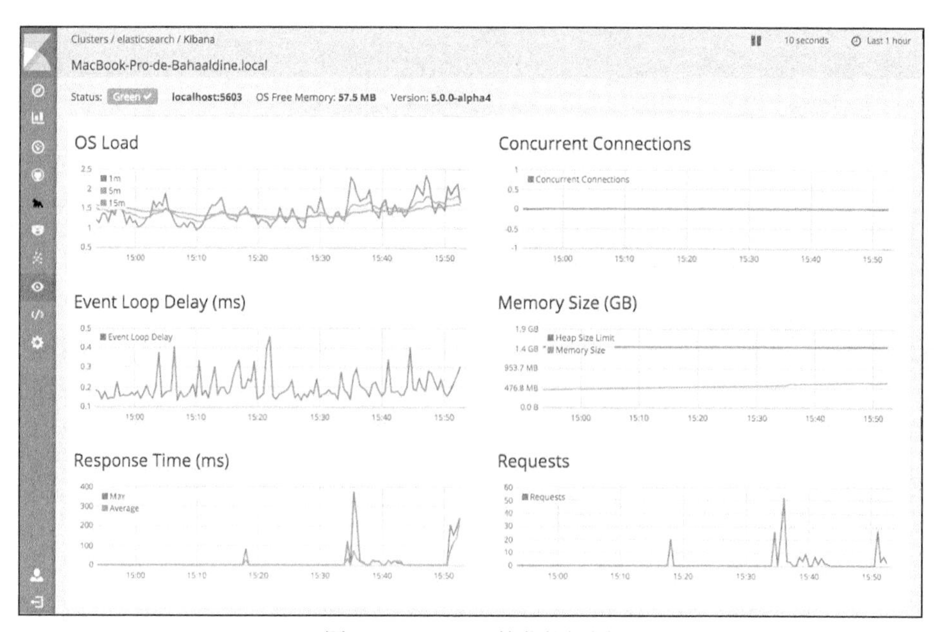

图 2-21　Kibana 的监控视图

3. Graph

Graph 插件也是随 X-Pack 而来的，它提供了一种可视化的方式，用来呈现文档间的关联关系，换句话说，也就是图。

图 2-22 显示了如何利用 Metricbeat 的数据来展现进程名及其相关 PID 之间的关联。

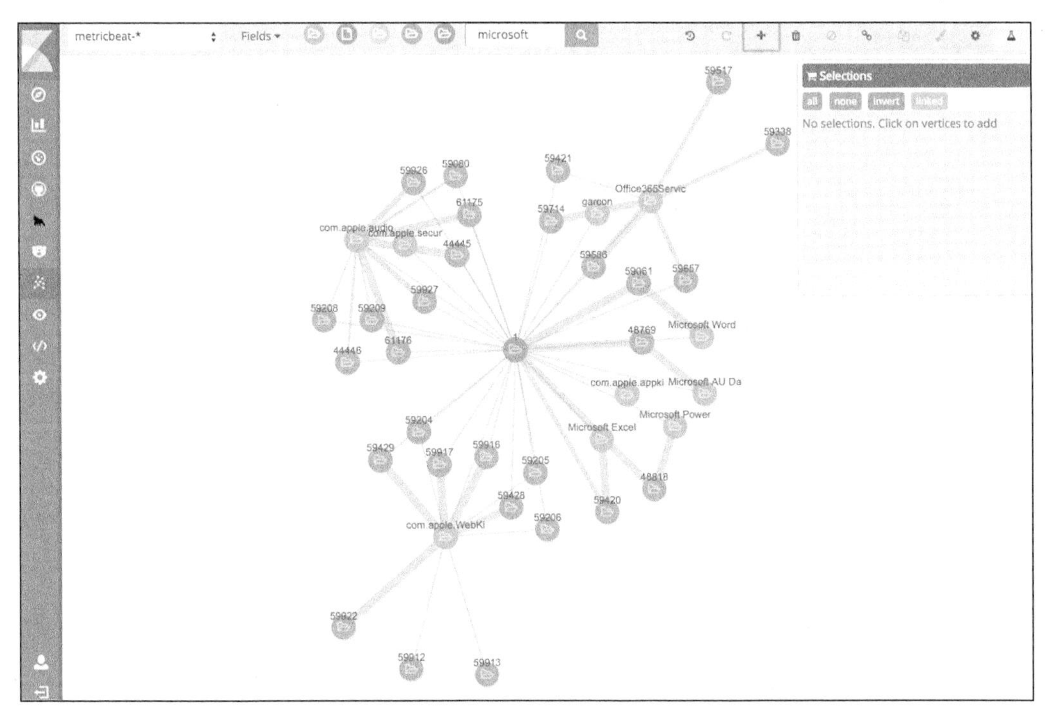

图 2-22 Graph 可视化

本书中我们会探讨一个具体的用例——基于索引数据构建推荐系统。

2.3 小结

到目前为止，我们已经看到了数据驱动架构背后的理论的一个例子，其中 Elasticsearch 和 Kibana 发挥了关键的作用：首先是在存储层，其次是可视化部分。

我们还讨论了 Elastic Stack 的安装和设置，初步了解了不同的核心组件和插件组件。

在后续章节中，我们将开始实现真实的用例，从日志用例开始，试着从巴黎事故数据集中探查隐含的模式。

第 3 章
用 Kibana 5.0 进行业务分析

这时，你应该已经装好 Elastic Stack，并可以创建仪表板和可视化了。本章将重点讨论日志分析用例，深入探讨两个示例，即挖掘巴黎交通事故数据和挖掘 Apache 服务器的流量日志。

本章中我们关注下面几个主题。

- 如何用 Logstash 将数据导入 Elasticsearch。
- 从端到端构建 Kibana 仪表板。
- 在 Kibana 中进行业务分析。

为了引出本章内容，我们先研究一下什么是日志。

日志由包含着时间戳的事件和对事件本身的描述构成。它按顺序将事件追加到日志或日志文件中，所有行的顺序都是基于时间戳的。下面是一个 Apache 服务日志的示例：

```
83.149.9.216 - - [28/May/2014:16:13:42 -0500] "GET /presentations/logstash-
monitorama-2013/images/kibana-search.png HTTP/1.1" 200 203023
"http://semicomplete.com/presentations/logstash-monitorama-2013/"
"Mozilla/5.0 (Macintosh; Intel Mac OS X 10_9_1) AppleWebKit/537.36 (KHTML,
like Gecko) Chrome/33.0.1700.77 Safari/537.36"
```

我们可以猜到某些信息的含义，如 IP 地址（`83.149.9.216`）、时间戳（`28/May/2014:16:13:42 -0500`）、HTTP 动词（`GET`）、请求的资源（`/presentations/logstash-monitorama-2013/images/kibanasearch.png`）。所有这些信息对于不同目的都是必不可少的，例如，分析服务器上的流量，检测可疑行为，或者调整数据以增强网站的用户体验。

在可视化应用程序开始作为分析日志的实际解决方案之前，IT 运营团队通常使用大量的 GREP 命令对数据进行提取，以提取出要点。但在数据大规模增长的环境下，人工使用 GREP 已经无法应对这样的数据规模，这种方法不再实用了。

Kibana 提供了简化日志管理的能力，首先是通过对观察进行可视化，其次是探索神奇的时刻，也就是说——意外的数据。

3.1　业务用例——巴黎事故数据集

你也许会奇怪为什么要采用巴黎事故数据集数据来作为日志分析用例。我只是想打破那些采用 Kibana 进行可视化时产生的偏见——有时会顽固地存在于人的脑海里。Kibana 是一个可视化应用，它不仅仅是被 IT 运维团队用来监控应用的健康状况。

我们讨论的这个用例的名称只是个摘要，它定义了数据的使用简介。你可以进行日志分析并真正处理健康保健方面的数据，也可以基于同样的日志进行应用监控。这仅取决于数据的性质和内容，同时也取决于你的可视化使用配置。如果准备好了，我就要开始对采集的日志进行安全分析了。

Kibana 提供了很多可视化功能和特性用来进行日志分析，巴黎事故数据集用例会让我们对其中的大部分内容有所了解。

3.1.1　数据建模——以实体为中心的文档

Elastic Stack 的每个产品都给数据建模带来了最佳实践，Kibana 渲染的数据来自 Elasticsearch 的聚合结果。Elasticsearch 在同一个索引中进行数据聚合，索引包含了许多文档，文档包含许多字段。可以推论，文档的一致性越高，可用来数据聚合的范围越大。我所指的文档的一致性的含义是用尽可能多的字段来描述事件，即实体。这就是所谓以实体为中心的文档。

在我们的示例中，原始数据按如下方式结构化：

```
20/04/2012 16:05,20/04/2012,16:05,75,111,"172, RUE DE LA
ROQUETTE",,1_75111_10314,,"172, RUE DE LA ROQUETTE, 75011 Paris",RUE
MERLIN,Motor Scooter,RESPONSIBLE,Car,RUN
AWAY,,,Cond,Injured,RESPONSIBLE,,,,,,,,,,"172, RUE DE LA ROQUETTE, 75011
Paris",48.8591106,2.3862735,spring,2,afternoon
```

日志的每一行之间以逗号分隔，描述了发生在巴黎的事故。它包含事故的时间戳、地点信息、涉及车辆的说明和涉及人员的说明等。如果我们把这行内容转为 Elasticsearch 所期待的 JSON 文档格式，它看起来应是如下形式：

```
{
    "Address": "172, RUE DE LA ROQUETTE",
    "Zip code": null,
    "Dept": "75",
    "Person 2 Tag": null,
```

```
    "Segment": null,
    "Corner": "1_75111_10314",
    "Person 1 Category": "Cond",
    "involvedCount": "2",
    "Person 4 Cat": null,
    "season": "spring",
    "periodOfDay": "afternoon",
    "Person 3 Tag": null,
    "timestamp": "20/04/2012 16:05",
    "Com": "111",
    "Person 2 Category": null,
    "Person Tag": "RESPONSIBLE",
    "Vehicle 2 Description": "Car",
    "Hour": "16:05",
    "Vehicle 3 Description": null,
    "Person 3 Cat": null,
    "Address2": "RUE MERLIN",
    "Address1": "172, RUE DE LA ROQUETTE, 75011 Paris",
    "Person 4 Tag": null,
    "Date": "20/04/2012",
    "Vehicle 2": "RUN AWAY",
    "Vehicle 3": null,
    "Vehicle 1": "RESPONSIBLE",
    "Vehicle 1 description": "Motor Scooter",
    "fullAddress": "172, RUE DE LA ROQUETTE, 75011 Paris",
    "Person 2 Status": null,
    "location": {
      "lon": "2.3862735",
      "lat": "48.8591106"
    },
    "Person 4 Status": null,
    "Person 1 Status": "Injured",
    "Person 3 Status": null
}
```


这些内容易于阅读，为了在聚合形式上有更多可能性，这也是在 Elasticsearch 里我们想要的。这让我们可以从数据中获取特定的信息，例如，巴黎最危险的街道是哪里，在那里要怎么做才能增强骑行体验。我们将采用 Logstash 来导入 CSV 日志。

3.1.2 导入数据

Logstash 是 Elastic Stack 中的传输组件，部署在服务器端，用来收集、转换和发送数据到 Elasticsearch。

使用 Logstash

使用 Logstash 时，要先构建一个配置文件，设置不同层（文件输入、过滤器和输出）的配置。本书研究的是使用 Kibana 5，我已经在 GitHub 仓库里准备了相应的配置文件，这样在你开始的时候就不需要学习不同版本的 Logstash 配置了。

我会对配置文件的每个部分进行详细讲解，先从输入部分开始。

（1）**配置输入——文件**。这里我们采用文件作为输入源（https://www.elastic.co/guide/en/logstash/5.0/plugins-inputs-file.html），从本地文件系统中逐行采集数据：

```
input {
  file {
    path => "/path/to/accidents/files/directory/accident*"
    type => "accident"
    start_position => "beginning"
  }
}
```

上面的配置首先指定了要采集的文件的路径，这里我使用了通配符，因为这里有多个源文件，并且它们有相同的命名模式。

我还设置了一个 `accident` 类型，它会被 Elasticsearch 当作文档类型，最后的 `start_position` 参数告诉 Logstash 从文件的开头开始读取。

（2）**设置过滤器**。设置完输入部分，就该是 Logstash 的过滤器部分了，它在 Elasticsearch 对数据进行索引之前先对数据进行预处理。

下面是我们将使用的过滤器：

```
filter {
  csv {
    separator => ","
    columns => ["timestamp","Date","Hour","Dept","Com","Address","Zip
    code","Corner","Segment","Address1","Address2","Vehicle 1
    description","Vehicle 1","Vehicle 2 Description","Vehicle 2","Vehicle 3
    Description","Vehicle 3","Person 1 Category","Person 1 Status","Person
    Tag","Person 2 Category","Person 2 Status","Person 2 Tag","Person 3
    Cat","Person 3 Status","Person 3 Tag","Person 4 Cat","Person 4
    Status","Person 4
    Tag","fullAddress","latitude","longitude","season","involvedCount","periodOfDay"]
  }
  if ([Corner] == "Corner") {
    drop { }
  }
  date {
    match => [ "timestamp", "dd/MM/YYYY HH:mm" ]
```

```
    target => "@timestamp"
    locale => "fr"
    timezone => "Europe/Paris"
  }
  mutate {
    convert => [ "latitude", "float" ]
    convert => [ "longitude","float" ]
    rename => [ "longitude", "[location][lon]", "latitude", "[location][lat]" ]
  }
}
```

第一个过滤器是一个 `csv` 过滤器，它把事件当作逗号分隔的值进行分析。这里的列名将被当成 Elasticsearch 的 JSON 文档中的字段名。就源文件的第一行来说，它表示自身头部信息，我不想保留它们，因此用了个小标记来减少列的数量。`Corner` 是真实的街角名（头部名称）。

接下来我用日期过滤器将数据格式化成期望的模式，并设置地点和时区。

最后，源文件里包含的经度和纬度字段将被用来创建 geopoint 字段（https://www.elastic.co/guide/en/elasticsearch/reference/master/geo-point.html），以便在地图上渲染出事故地点。

（3）**配置输出——`Elasticsearch`**。最后是输出部分，用来在 Elasticsearch 中对数据进行索引，其配置直截了当：

```
output {
  elasticsearch {
    action => "index"
    hosts => "localhost:9200"
    index => "accidents-%{+YYYY}"
    user => "elastic"
    password => "changeme"
    template => "/path_to_template/template.json"
    template_overwrite => true
  }
}
```

配置正确的话，我们就能连接到 Elasticsearch，另一部分是设置正确的模板路径，`template` 指向一个文件，描述了索引应用的映射（https://www.elastic.co/guide/en/elasticsearch/reference/master/mapping.html）。索引里也包含了可以进行配置的类型，例如，可以对字段格式进行设置。比起让 Elasticsearch 创建默认模板，我们最好还是让 Logstash 使用自定义模板。这样才能确保数据被正确地格式化，便于 Kibana 可视化使用。例如，大多数文本数据，像 `address` 字段，必须被作为文本进行索引，但还得有一个关键词类型字段，这样才能在 Kibana 中进行聚合。

到目前为止，你已经能够运行 Logstash，并采集数据了。在第 3 章的源文件目录下，有个 `paris_accidentology` 目录，进入 `conf/logstash` 目录，执行如下命令：

```
MacBook-Pro-de-Bahaaldine:logstash bahaaldine$ ls
csv_to_es.conf template.json
```

就能看到上面两个文件，即 Logstash 配置文件和索引模板。

可以执行如下命令来采集数据：

```
MacBook-Pro-de-Bahaaldine:logstash bahaaldine$
/elastic/logstash-5.0.0/bin/logstash -f csv_to_es.conf
```

采集结束后，打开 Kibana 的 Console，执行如下命令：

```
GET accident*/_count
```

采集进来的数据集里有 13 628 个文档，数据的可视化已经准备就绪，如图 3-1 所示。

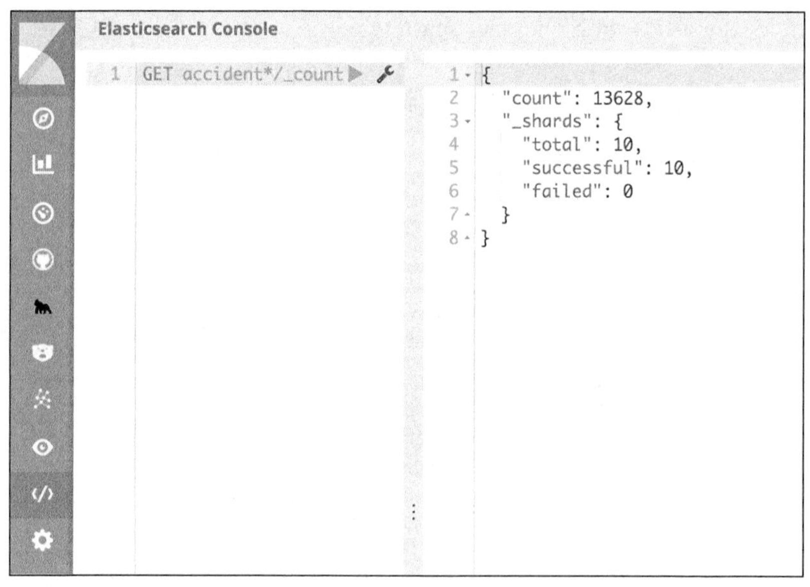

图 3-1　在 accident 索引中的文档计数

3.1.3　构建仪表板

在创建仪表板之前，有必要先了解一下在 Kibana 里创建一个可视化时，从查询层面来看，到底后台发生了什么。此外，还要探究一下通过查询把多个可视化组合成仪表板时，发生了些什么。

1. 基于线图了解 Kibana 可视化的构成——事故时间线

我们用线图（line chart）作为示例，它表示沿时间线发生的事故数量。幸运的是，不同可视化类型的创建过程是一致的。我们会详细讲解这个创建过程，不过更值得注意的是后者的差异。首先，进入 Kibana 的 **Visualize** 部分，选择创建一个线图，如图 3-2 所示。

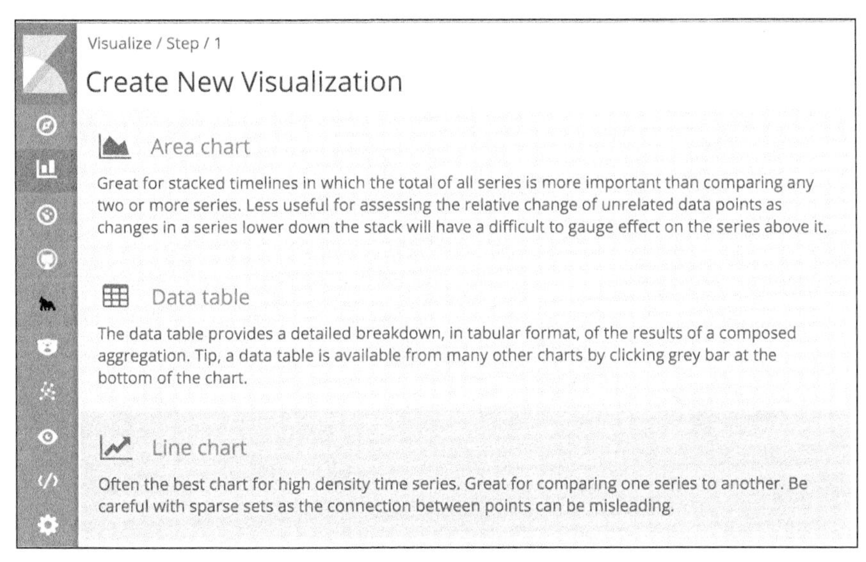

图 3-2 创建线图

选择要处理的索引模式，本例中应该选择 `accident*`，如图 3-3 所示。

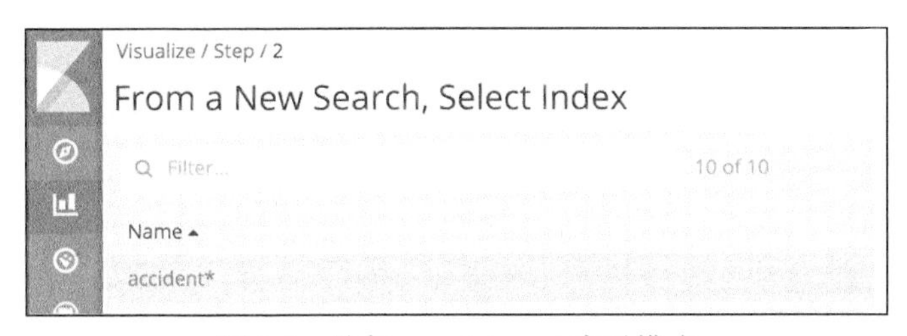

图 3-3 选择 `accident*`索引模式

呈现在我们面前的是线图可视化设置的选项部分，如图 3-4 所示。

这些选项分为以下两个部分。

- 用作 y 轴的指标。可以从一系列选项中进行选择，如 **Count**（计数）、**Average**（平均值）和 **Standard deviation**（标准偏差）等。

- **buckets** 选项：可以用统计量（bucket）值来画出 x 轴，可以使用 **Split Lines**（分割线）或者 **Split Chart**（拆分图表）。

在本示例中，我们把事故数量画在 y 轴，时间画在 x 轴上。选出 **Count** 作为 y 轴，设置一个自定义的标记 **Accidents count**，并选择 x 轴进行统计量的配置，如图 3-5 所示。

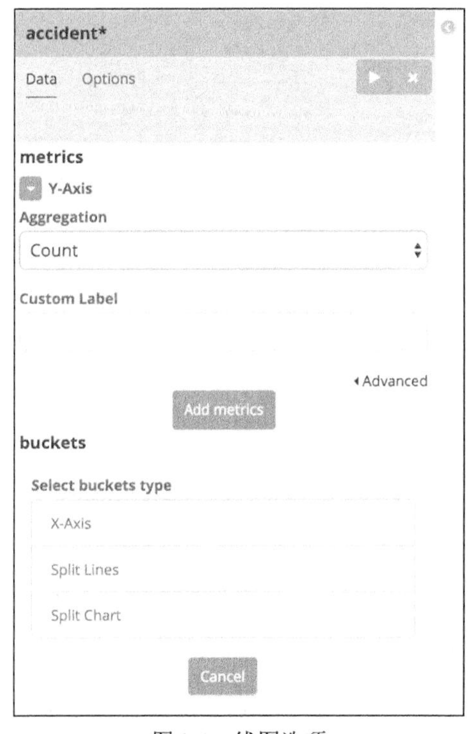

图 3-4　线图选项

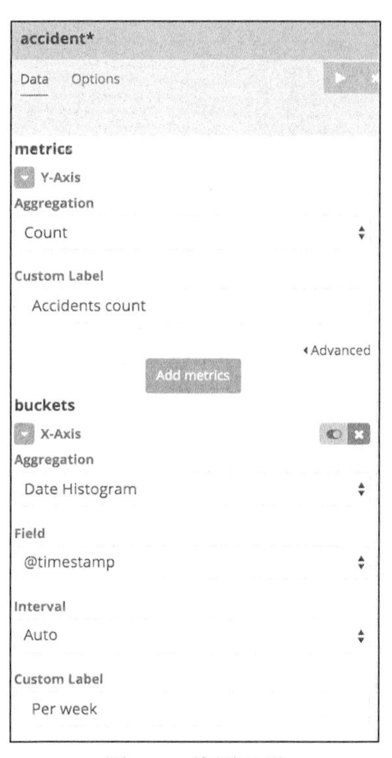

图 3-5　线图配置

可以看到，为了在 x 轴上表示时间，我们选择了 **Date Histogram**（日期直方图）将每个事故文档中的 **@timestamp** 字段进行聚合。对于 **Interval**（间隔）配置，我们采用 Kibana 默认的 **Auto**（自动）选项，它会依据统计量的数量自动在聚合中计算出最佳的时间间隔。实质上，如果创建的统计量过多，指定时间范围里的数据展示效果会难以看清。点击选项顶部区域的 **Run** 按钮，就能看到图 3-6 所示的线图。

点击 **Options**（选项）还能看到各种图表类型的附加选项，如图 3-7 所示。

对于线图，**Smooth Lines**（平滑线形）选项的渲染效果比默认的要好些，默认效果看起来有点儿太锋利。图 3-8 的左边部分是默认的锋利线形，右边是平滑线形。

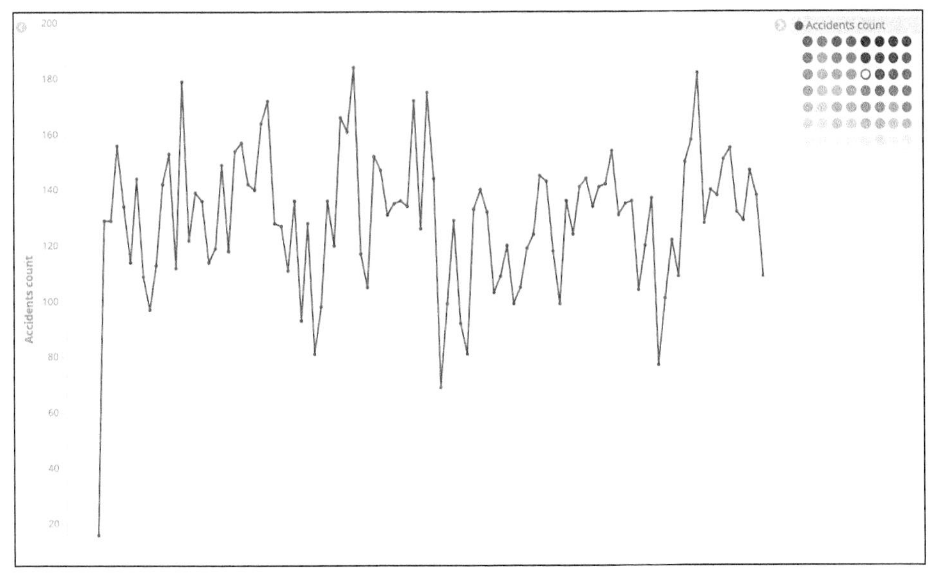

图 3-6　事故线图

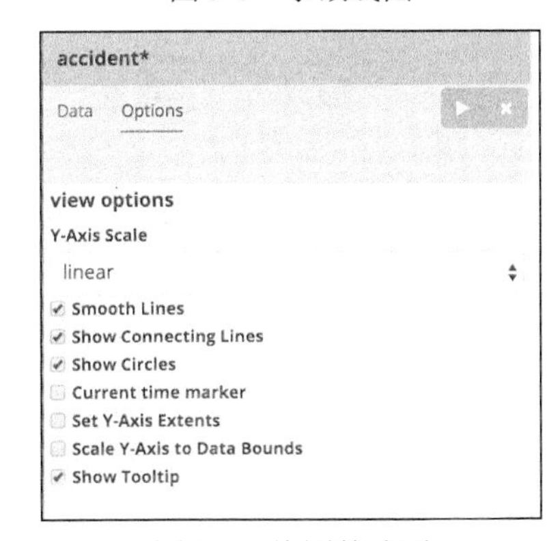

图 3-7　线图的选项

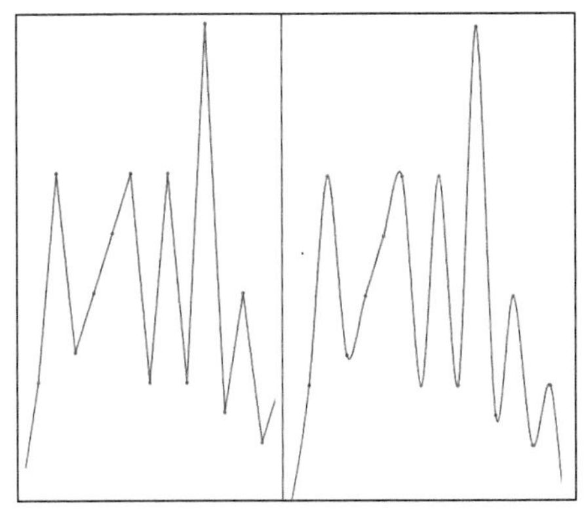

图 3-8　锋利线形与平滑线形

这样我们就能看出线图设置不同选项的效果。接下来，我们看看在 Elasticsearch 查询的底层发生了些什么。解答这个问题并不费劲，只需点击线图左下角那个小的向上箭头，如图 3-9 所示。

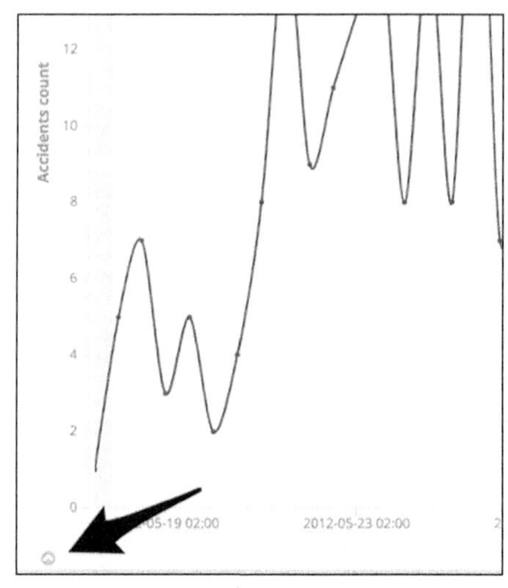

图 3-9　可视化的详细视图

此时，会出现图 3-10 所示的表格。

图 3-10　可视化的详细信息

可视化的详细视图包括以下内容。

- **Table**（表格）标签：以表格形式展示用来渲染图表的数据。本例中是时间戳和事故数量。
- **Request**（请求）和 **Response**（响应）标签：展示了发送到 Elasticsearch 的真实请求，以及从 Elasticsearch 获取到的响应，后面我们还会详细讨论。
- **Statistics**（统计）标签：展示可视化的一些统计量，如延时等。
- **Debug**（调试）标签：可以查看 Elasticsearch 里表现可视化的文档。

回到请求部分，以下代码展示了如何产生线图：

```
{
  "size": 0,
  "query": {
    "bool": {
      "must": [
        {
          "query_string": {
            "analyze_wildcard": true,
            "query": "*"
          }
        },
        {
          "range": {
            "@timestamp": {
              "gte": 1337279849612,
              "lte": 1339020555494,
              "format": "epoch_millis"
            }
          }
        }
      ],
      "must_not": []
    }
  },
  "aggs": {
    "2": {
      "date_histogram": {
        "field": "@timestamp",
        "interval": "12h",
        "time_zone": "Europe/Berlin",
        "min_doc_count": 1
      }
    }
  }
```

```
}
```

提交一个查询之后，query_string 部分用来进行全文搜索，如图 3-11 所示。

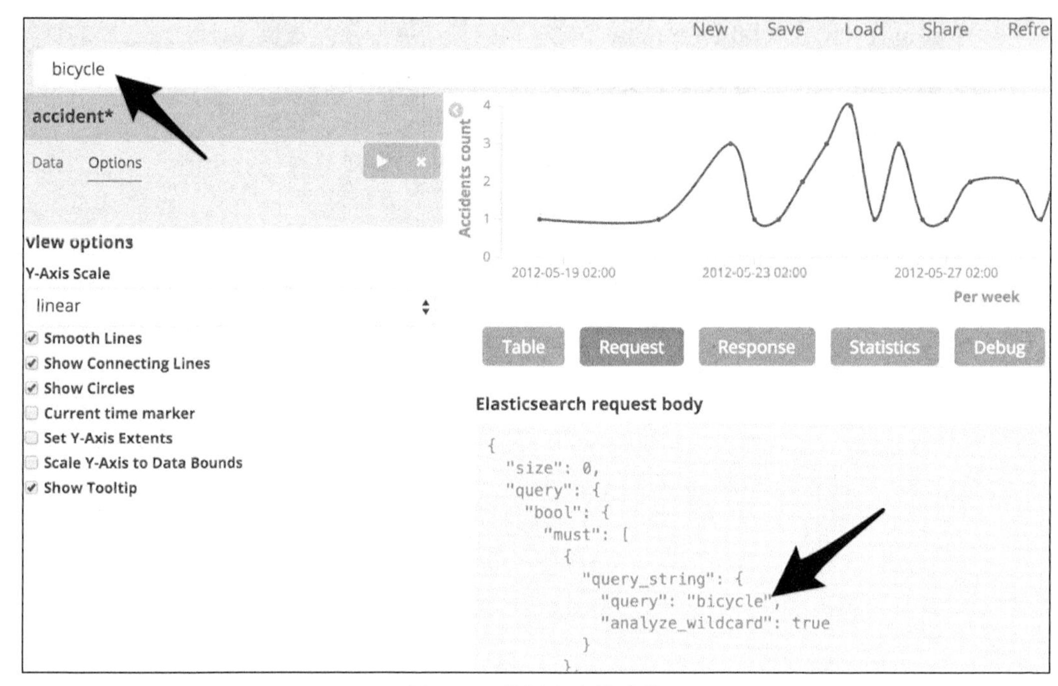

图 3-11　使用全文搜索栏

通过选择日期范围，产生一个用来渲染数据的时间窗口，这样聚合部分就能使用日期直方图，在指定的时间间隔上创建计数统计量。在本例中，每 12 小时进行一次数据统计。响应中包含了这个时间段里全部的文档。这里展示一下：点击 **Response** 标签，就能看到完整的响应信息。

```
"aggregations": {
  "2":{
    "buckets": [
      {
        "key_as_string": "2012-05-17T12:00:00.000+02:00",
        "key": 1337248800000,
        "doc_count": 1
      },
      {
        "key_as_string": "2012-05-18T00:00:00.000+02:00",
        "key": 1337292000000,
```

```
      "doc_count": 5
    },
    {
      "key_as_string": "2012-05-18T12:00:00.000+02:00",
      "key": 1337335200000,
      "doc_count": 7
    },
    {
      "key_as_string": "2012-05-19T00:00:00.000+02:00",
      "key": 1337378400000,
      "doc_count": 3
    },
```

可以看出，每 12 小时就会创建一个统计量，其中包含 `doc_count`，它在本例中代表事故的数量。

可能你已经发现，所有聚合的神奇效果都是在 Elasticsearch 层面上完成的，Kibana 获取相应的响应信息，然后进行渲染。现在你该明白后台的架构了，我们可以继续给事故数据集仪表板创建新的图表。在后续的例子中，我只重点讲述不同的地方，不再重复那些不同可视化类型间大同小异的创建过程。

2. 条形图——事故高发街道

我们准备用条形图（bar chart）可视化方式来展示那些事故最高发的街道。先按可视化创建的流程执行，然后选择 **Vertical bar chart**（垂直条形图）类型。

接着，选择 *x* 轴，简要配置一下统计量来显示条目聚合，从选择框里选择 **Terms**（条目）类型即可，如图 3-12 所示。

可以看到，在图 3-12 中，我选择了不可解析的 **Address.keyword** 来进行聚合。不这样的话，选择一个可解析的字段来做条目聚合，就会发现字段里包含的每个条目都会被单独进行聚合。

我选择的大小值为 10，这样就能按降序展示出最危险的 10 条街道。最后看到的效果如图 3-13 所示。

我们还可以更进一步添加其他统计量，只需在 **buckets** 部分点击 **Add sub-bucket**（添加分统计量）按钮即可。我们也可以添加其他级别的聚合，例如，基于 **Vehicle 1 description.keyword** 字段增加一个条目聚合。这样，就能看到最危险的街道上不同车辆类型引发的事故分量，如图 3-14 所示。

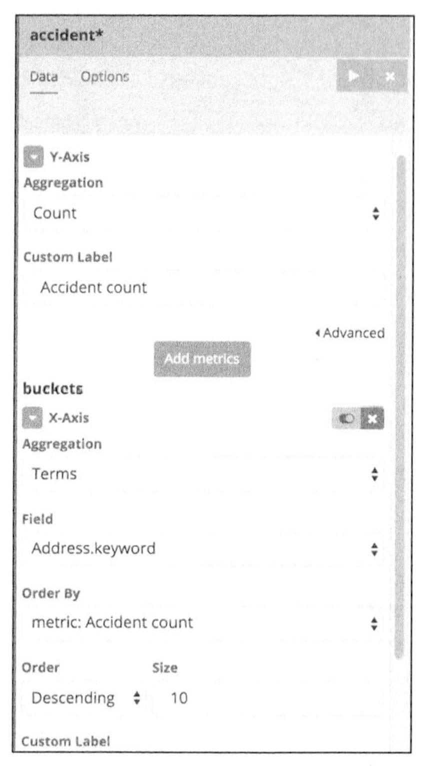

图 3-12　条形图设置

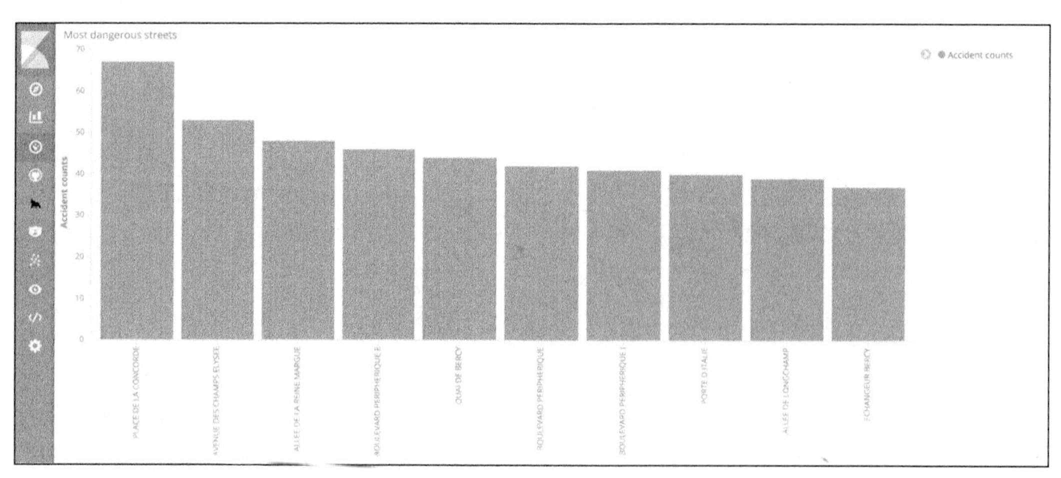

图 3-13　事故高发街道

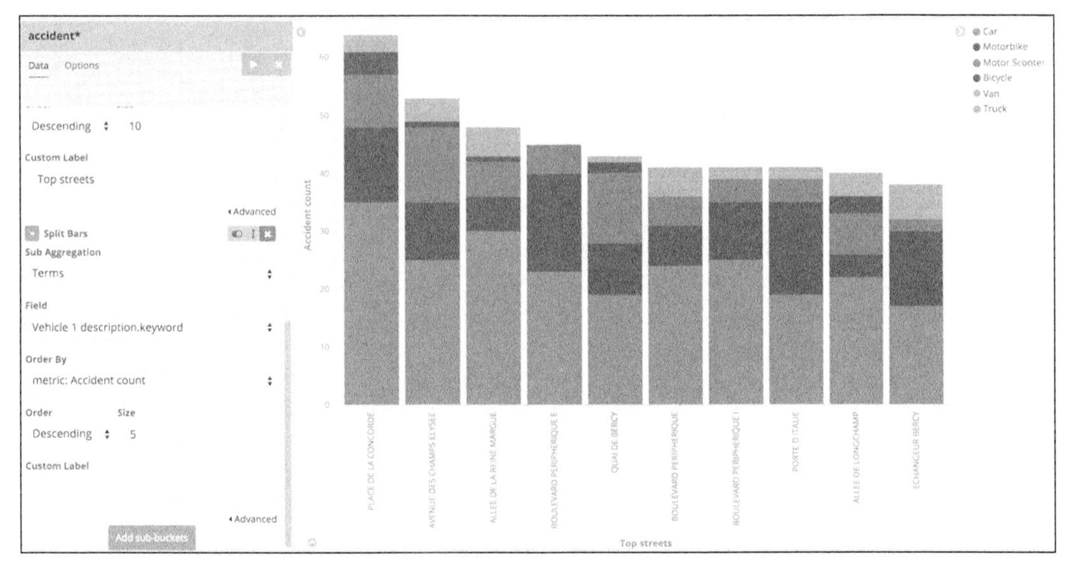

图 3-14 带车型分量的十大事故高发街道

为了展示事故中涉及的车辆类型情况，我们确实会使用不同级别的聚合。

3．饼图——车型细分

接下来要介绍的是饼图（pie chart）。创建一个新的饼图可视化，并在 *x* 轴上选择 **Vehicle 1 description.keyword** 进行条目聚合，然后添加 **Vehicle 2 description.keyword** 字段作为分统计量，再添加 **Vehicle 3 description.keyword** 字段作为分统计量，如图 3-15 所示。

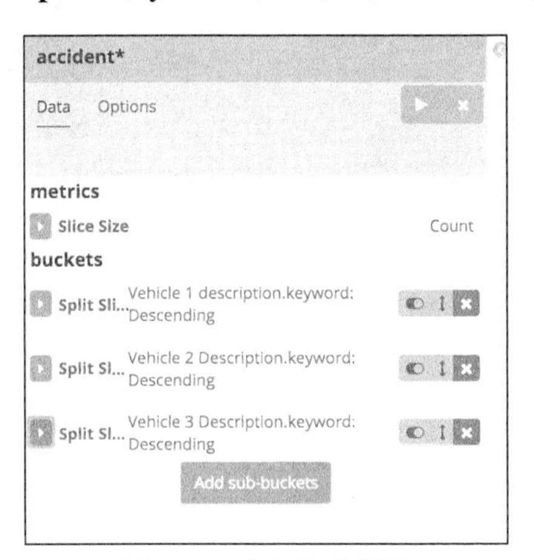

图 3-15 多级聚合饼图

生成的效果如图 3-16 所示。

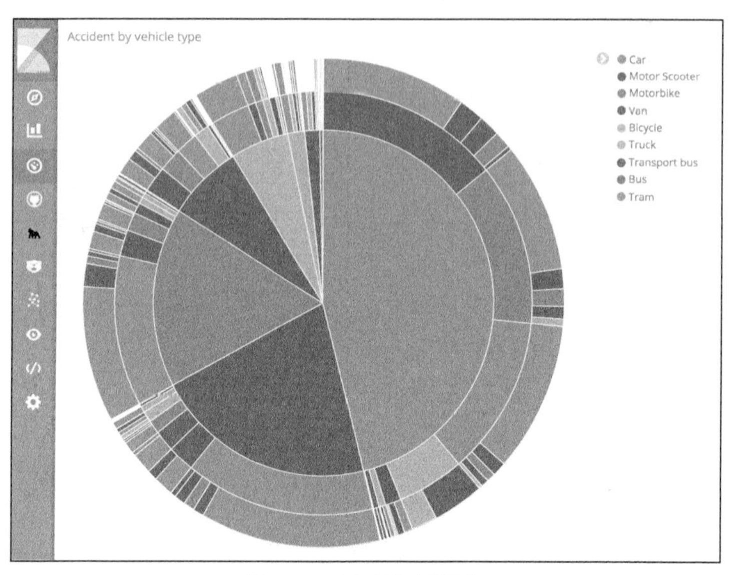

图 3-16　涉事车辆细分

这样，用户可以对第一类车型进行分析，同样对涉事的第二类、第三类车型也可以进行分析，如图 3-17 所示。

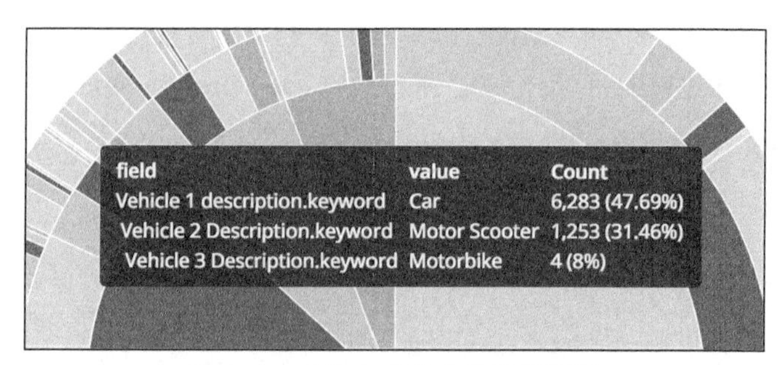

图 3-17　小汽车事故中的涉事车辆

4. 面积图——受害者状态

接下来的图表类型是面积图（area chart），它按小车事故中的受害者状态对事故进行划分。类似之前的图表，使用以下信息来创建面积图。

- 基于**@timestamp** 字段做一个日期直方图。
- 用 **Person 1 status.keyword** 字段作条目聚合，将面积图划分成子统计量区域，如图 3-18 所示。

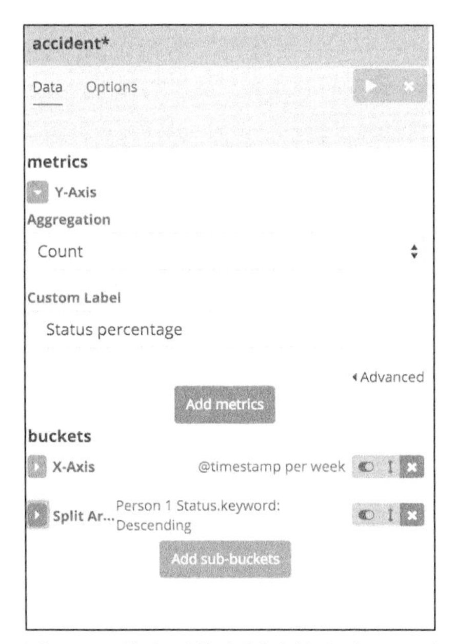

图 3-18 按人员状态划分的事故面积图

最终渲染出来的图是堆叠面积图，如图 3-19 所示。

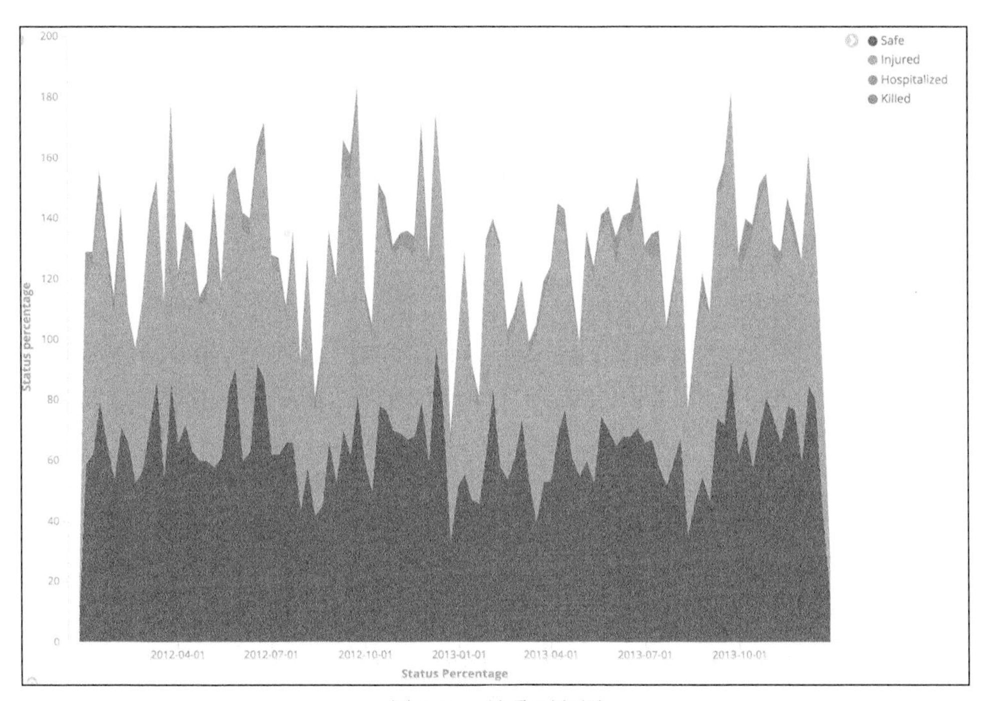

图 3-19 堆叠面积图

在我看来，图 3-19 的比例不是很适合，因为图表的上部是一片无用的空白。幸而在选项标签里还有个更好用的设置，让我们能用百分比值换掉默认的堆叠选项，这让可视化体验完全不一样了，如图 3-20 所示。

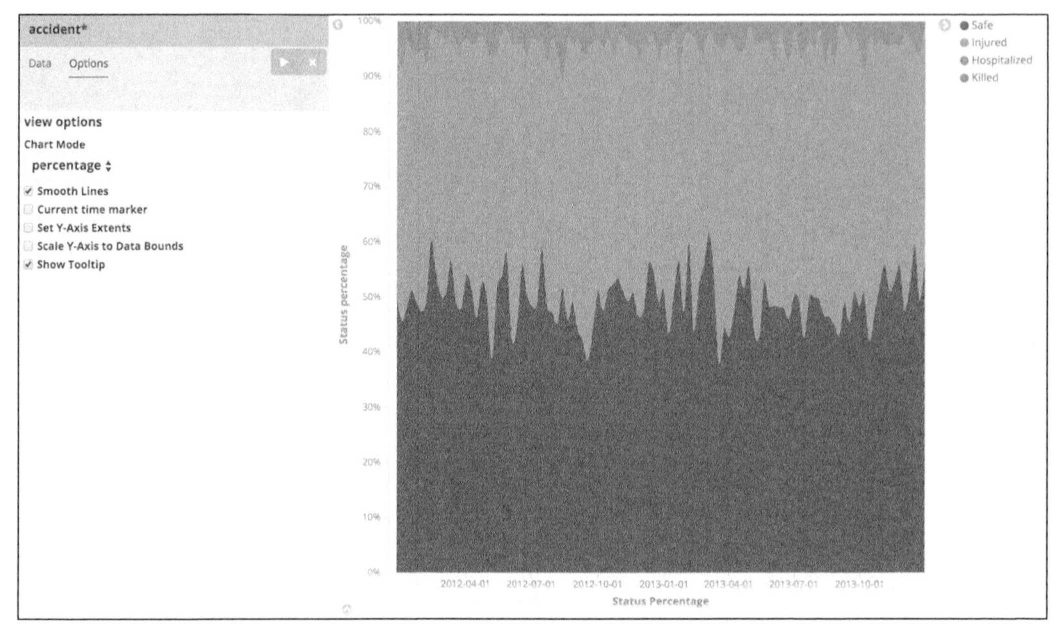

图 3-20　事故之后人员状态图

采用百分比值后，用户可以一眼就了解受害者的状态，例如，事故造成的死亡人数很少。

5. 切片地图——在地图上展示事故数据

最后介绍的图表类型是切片地图（tile map）。在切片地图上，我们可以展示出巴黎的事故密度。要实现这个目标，先创建一个切片地图，点击 **Geo Coordinates**（地理坐标），选择 **Geohash** 聚合时会自动选中 **location** 字段，这也是文档中仅有的地理位置字段，如图 3-21 所示。

渲染可视化之后，就能看到图 3-22 所示的缩略的巴黎事故地图。

图 3-22 中仍有一些比例不太合适，因此，在选项标签里，我们可以将默认的圆圈标记比例换成 **Heatmap**（热图）。热图可以在地图上展示出事故的集中度。为了获得更易于接受的渲染效果，需要对设置进行多种尝试，我采用的设置值如图 3-23 所示。

Radius（半径）是点的大小，**Blur**（模糊）是对热量的饱和度进行增减。**Maximum zoom**（最大变焦）依赖于地图的可缩放程度，进行放大时，饱和度不断降低直到 **Maximum**

zoom 设置。**Minimum opacity**（最小不透明度）调节饱和度直到 **Maximum zoom** 设置。图 3-24 展示了热图的渲染效果。

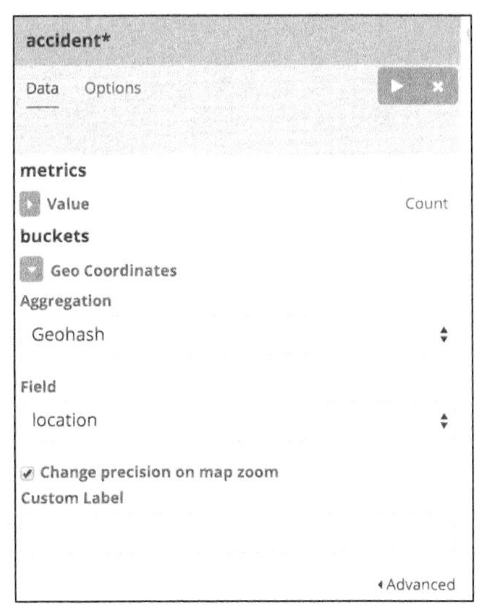

图 3-21 切片地图配置

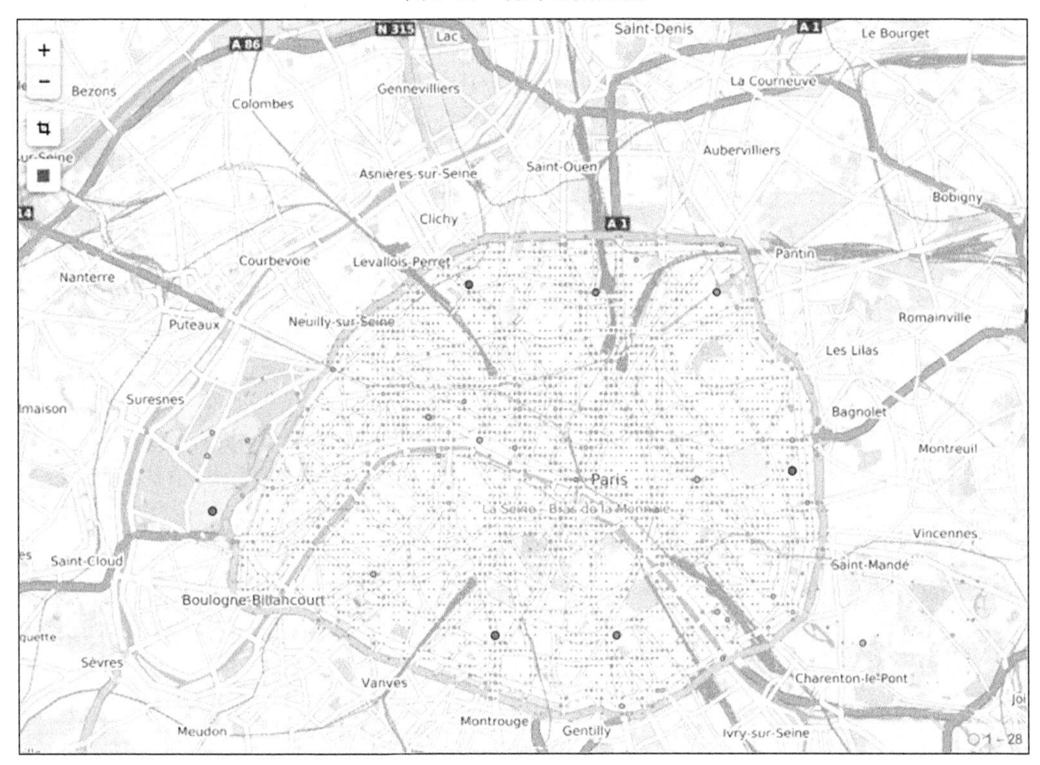

图 3-22 事故地图

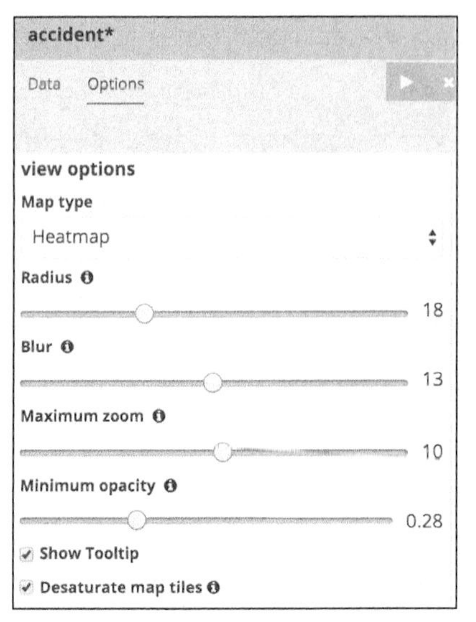

图 3-23　热图配置

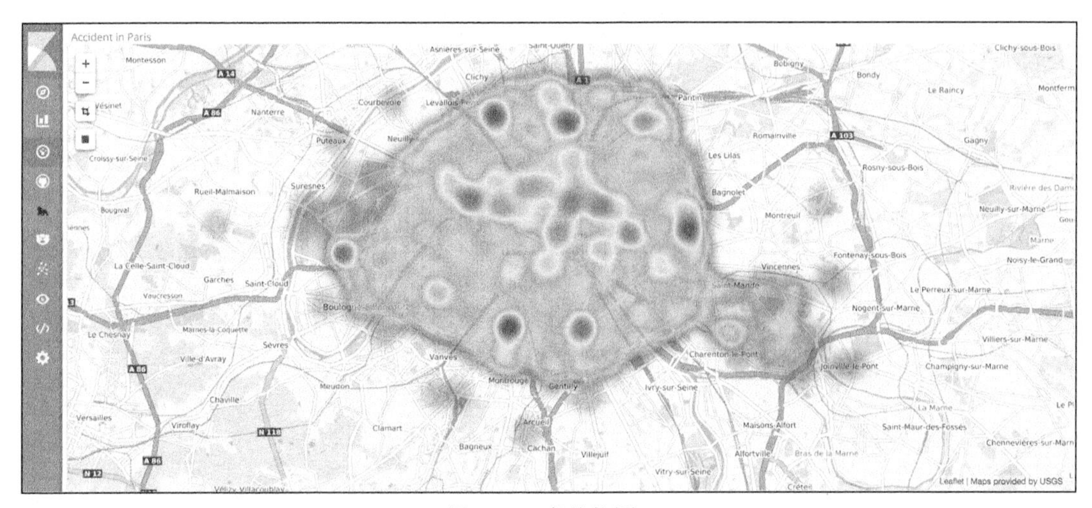

图 3-24　事故热图

至此，我们把用来创建仪表板的可视化都进行了尝试。现在进入仪表板区域，在上面的菜单条上点击 **new**（新建）按钮，在这里，再点击 **add**（添加）按钮就可以添加各种可视化到仪表板中。你可以随心所欲地清除、缩放各个可视化实体。图 3-25 是我完成的仪表板效果。

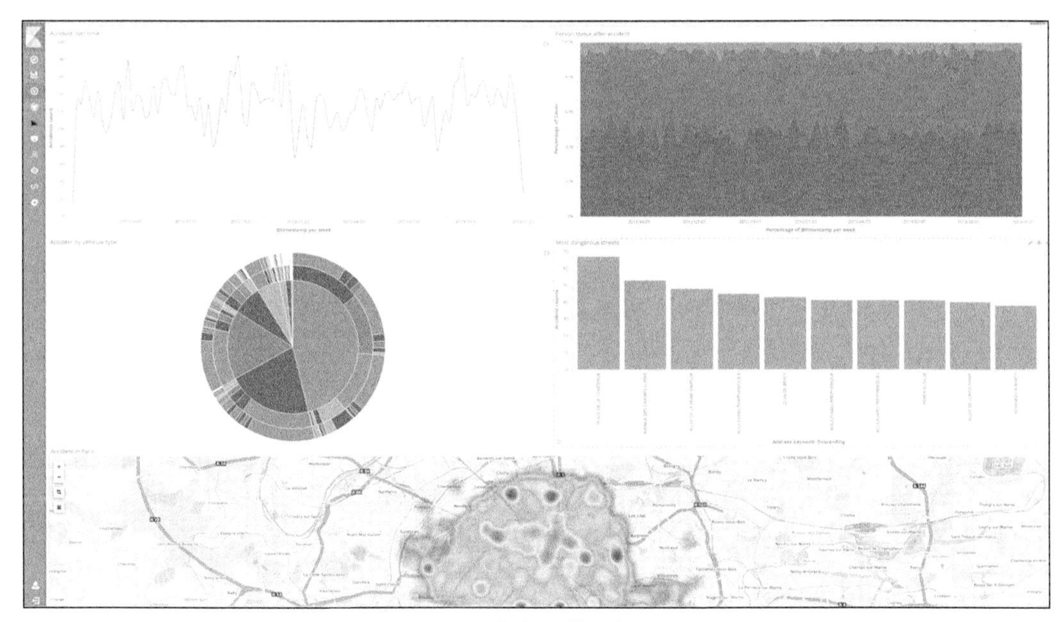

图 3-25 巴黎事故数据集仪表板

3.1.4 向数据提问

现在仪表板已经创建好了，我们可以对数据进行分析、过滤、创建关联性，还能发现之前没想到或没想过的模式。我们可以向数据提问。

1. 在巴黎如何提高骑行体验

虽然骑行在巴黎已经普及十多年了，但是 Velib 网络特别指出，巴黎的骑行体验是相当危险的。通过仪表板，我们来试试能否提高巴黎的骑行体验。首先，可以使用饼图仪表板，在图例中点击 **Bicycle** 条目及带加号的那个放大镜图标，如图 3-26 所示。

点击图 3-27 所示的全局过滤器，将会应用到整个仪表板并刷新数据。

查看面积图，我们会发现绝大多数自行车事故中涉及的人员都是“受伤”，出人意料的是，很少人需要送医或者死亡，这和一贯的巴黎骑行印象并不一致，如图 3-28 所示。

查看地图，我们会发现绝大多数事故发生在从北到南贯穿巴黎的纵轴上，如图 3-29 所示。

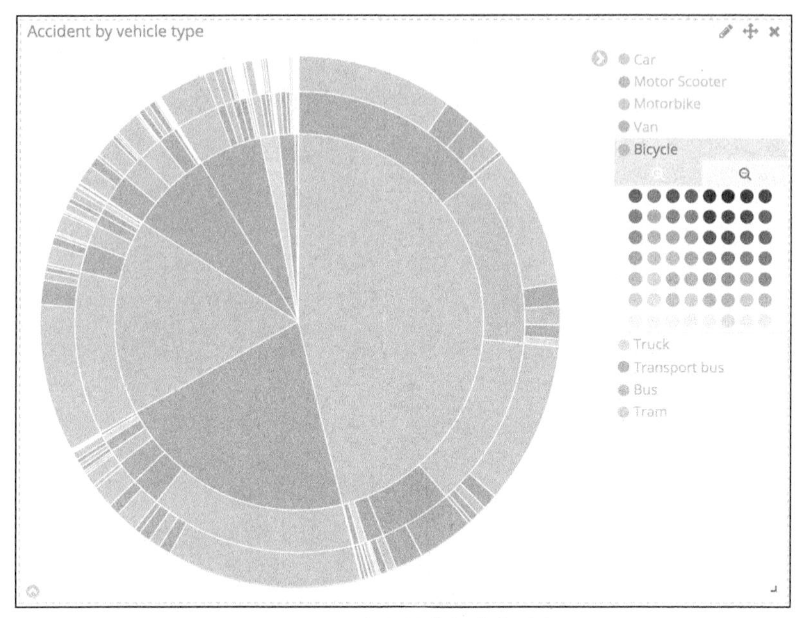

图 3-26　巴黎事故数据集仪表板

Vehicle 1 description.keyword: "Bicycle"

图 3-27　自行车过滤器

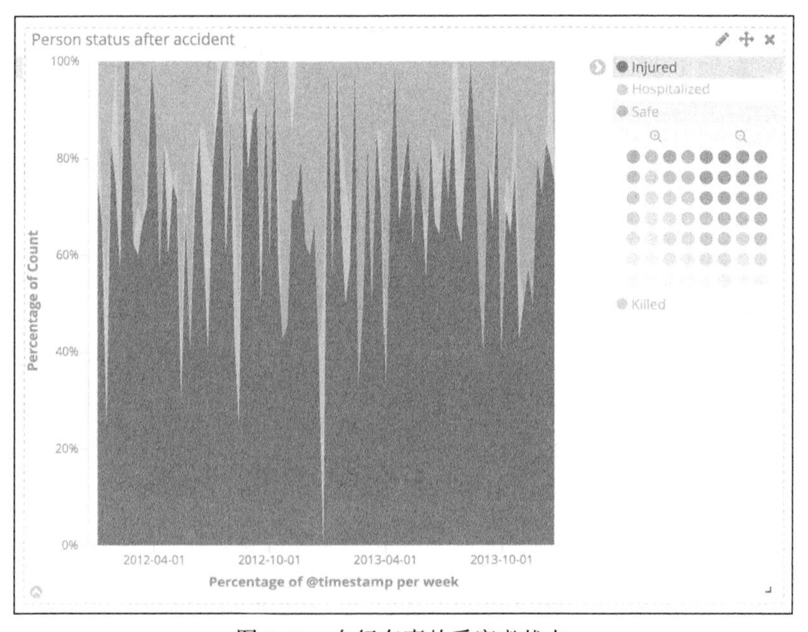

图 3-28　自行车事故受害者状态

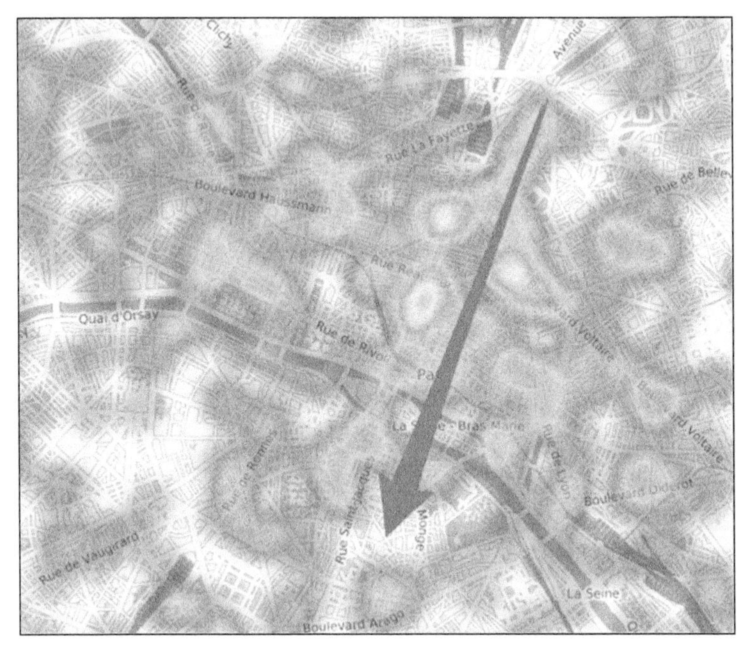

图 3-29 自行车事故关联显示贯穿巴黎的线路

因为穿过城市的中心，这条轴上的车流量极大。查看饼图我们会注意到，除了小汽车，事故中还涉及了各种类型的车辆，如图 3-30 所示。

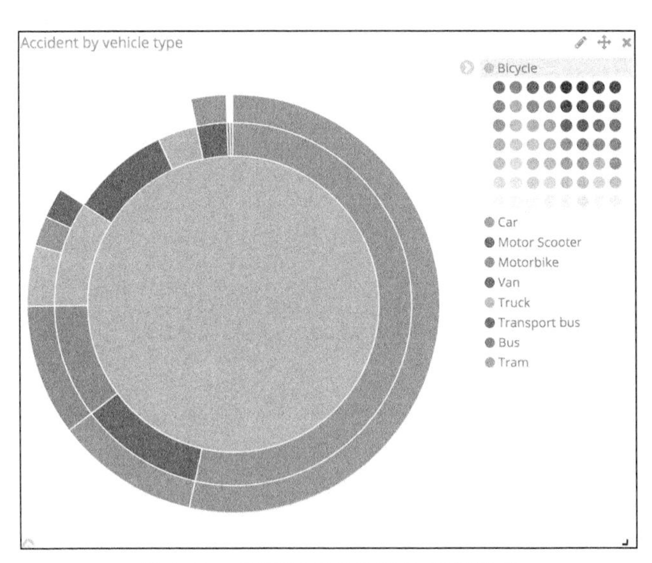

图 3-30 自行车事故涉及的车辆类型

我们可以假定自行车和其他车型在这条轴上共享道路（在本项研究期间）。因此，添加自行车专用道有一定提高骑行体验的可能性。由于缺乏空间，要在巴黎建设自行车专用道也很困难，这也是我们只有“逻辑”专用道，只在路面上进行标识的原因。这样甚至会让道路更加狭窄，如图 3-31 所示（图片来源于 https://en.wikipedia.org/wiki/Bicycle-sharing_system）。

图 3-31　自行车专用道

这是我们在 Kibana 之旅中给出的第一个结论。现在可以尝试其他的特性，如全文搜索特性。如果再看一下热图，我们就会发现，总体来说，自行车事故的密度分布和背景数据差别并不大，如图 3-32 所示。

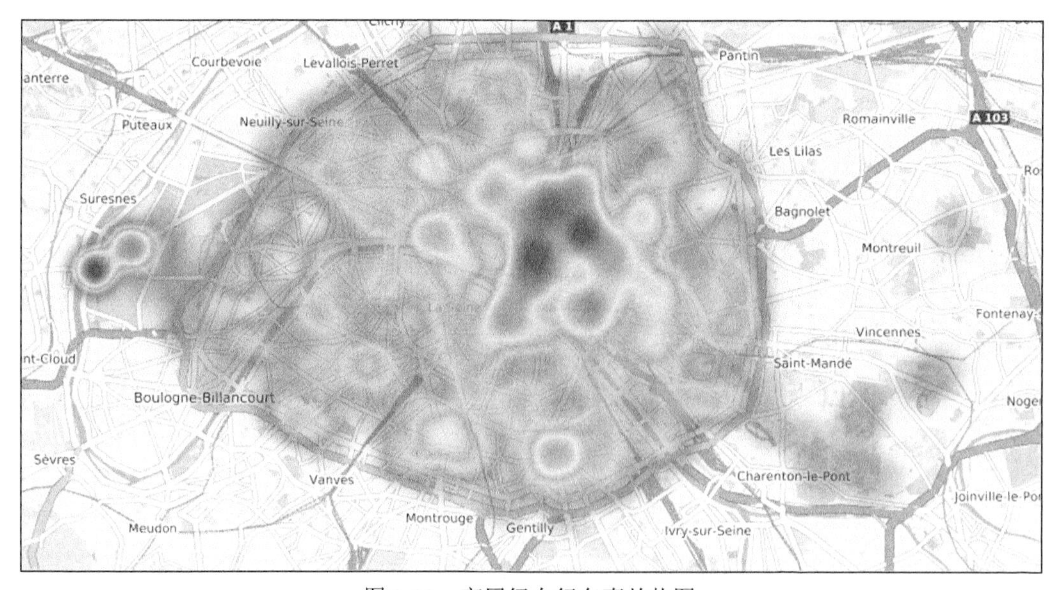

图 3-32　高层级自行车事故热图

在全文搜索栏里输入 **morning** 关键词，试着分析一下早晨通勤的情况，如图 3-33 所示。

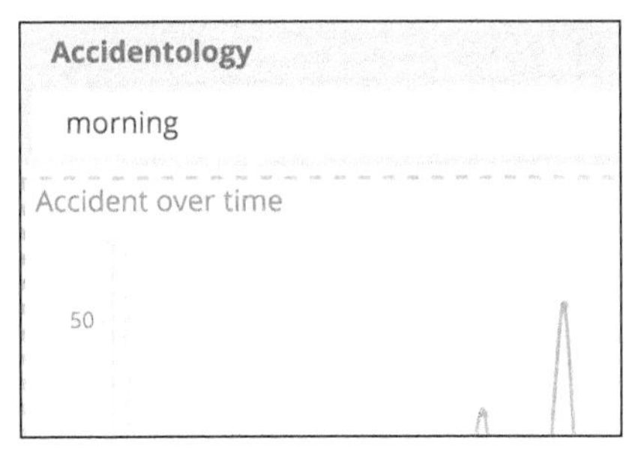

图 3-33 对时段进行过滤：早晨

这样我们获得的热图如图 3-34 所示。

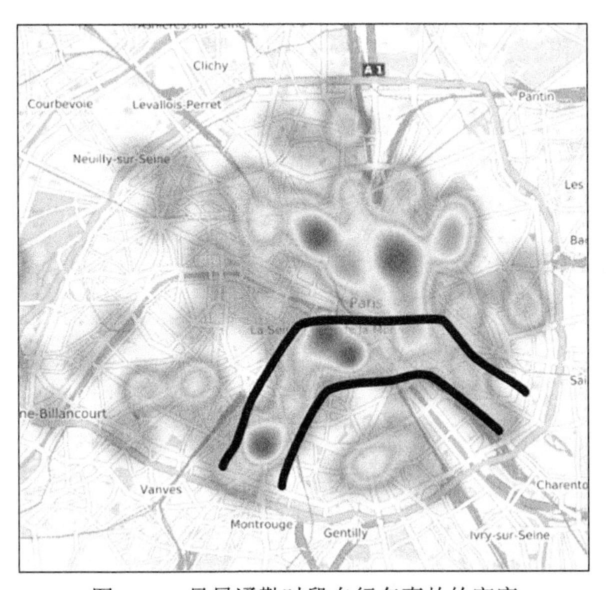

图 3-34 早晨通勤时段自行车事故的密度

如果熟悉巴黎，你对巴黎南部事故的高密度不会感到意外，不过，图 3-34 用黑线围出的区域值得注意。

在这个区域里有许多学校和大学，因此，如果在这里划出或建设专用的自行车道，相信有机会可以提高骑行体验。

2. 巴黎最危险的街道在哪儿以及为什么

怎么鉴别出巴黎最危险的街道，并了解为什么，这个问题很有意思，也是本例要说明的。为了探索这个问题，我们使用条形图，根据事故数量大致上给出最危险的街道，如

图 3-35 所示。

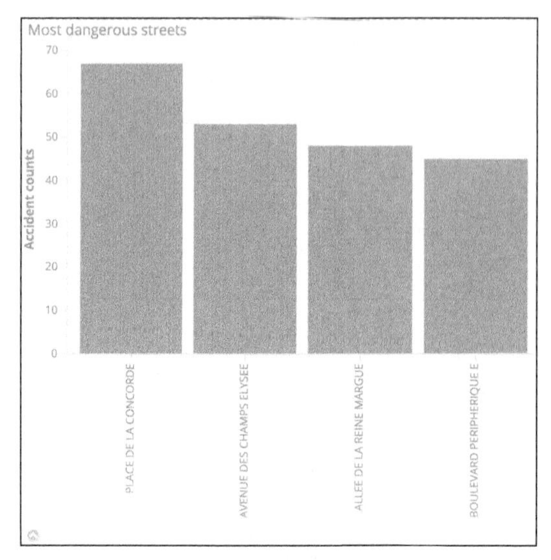

图 3-35 巴黎最危险的 4 条街道

如果熟悉巴黎，你对结果中的协和广场（Place de la Concorde）和香榭丽舍大道（Avenue des Champs Elysees）不会感到意外，它们分别构成了巴黎拥挤的街道的巨大迂回。

第三条街道更有意思，玛格丽特大道（AllÃ©e de la Reine Marguerite）几乎已经不在巴黎，它位于西部边界上，如图 3-36 所示。

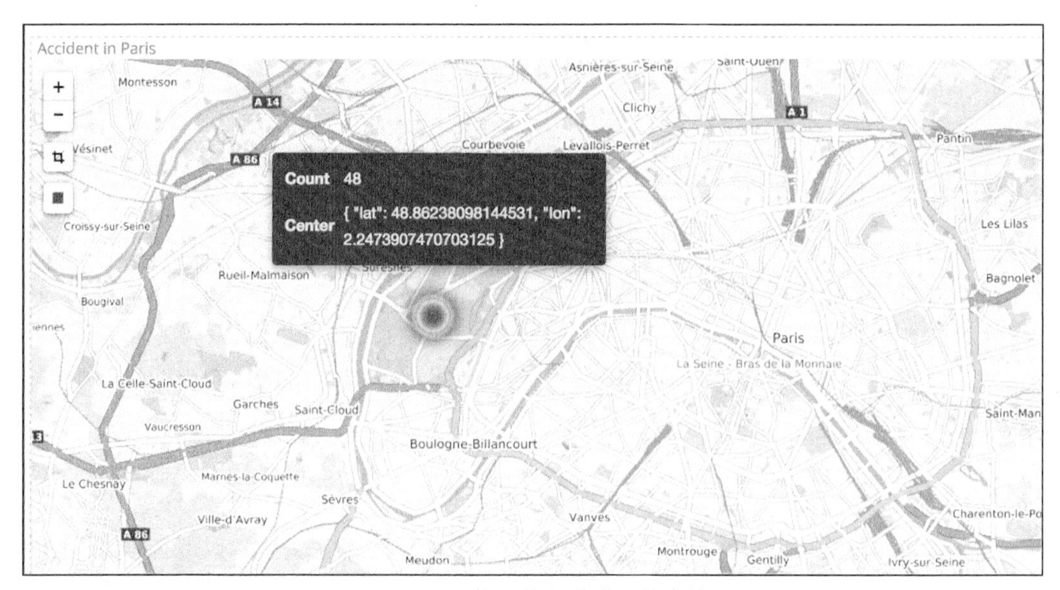

图 3-36 玛格丽特大道附近的事故

从图 3-37 所示的饼图中，你会发现绝大多数事故是由小汽车引发的，同时有些让人感到意外的是厢式货车，同时，事故涉及的附带车型为自行车、摩托车、小摩托等。

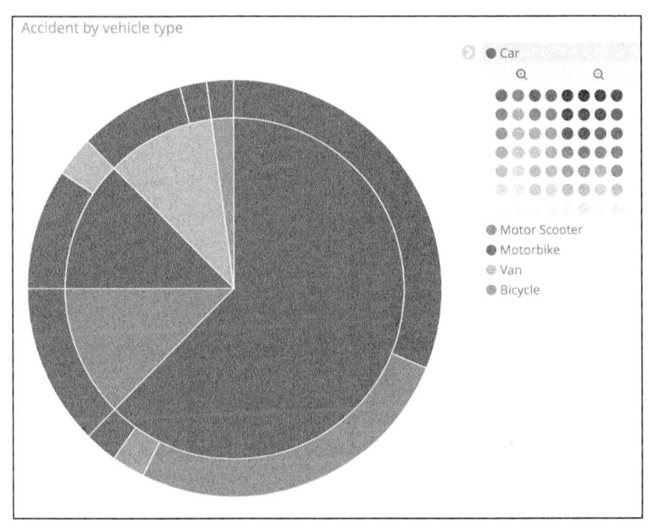

图 3-37 玛格丽特大道附近的事故涉及的车型

人人皆知，两轮车事故总是发生在司机没有查看他们的视线盲区时。因此，这是否意味着在这个区域，小汽车和厢式货车很少经过？为什么呢？

据说是因为红灯区。实际上，巴黎的东部和西部的一些地方以红灯区闻名。

3.2 小结

本章对巴黎事故数据集的业务分析到此结束，读者应该对如何在 Logstash 里创建一个管道用来从 CSV 文件或者其他源里导入数据有了深入的了解。此外，我们还了解了如何用不同的可视化实体组合成仪表板，目的是将业务分析问题应用到我们的数据中。

下一章将关注一个更偏技术的主题，也就是 Apache 服务器日志分析。所用的方法是一致的，不过我们将使用不同的途径导入数据，显然也会提出不同的问题。

第 4 章
用 Kibana 5.0 进行日志分析

第 3 章展示了如何用 Elastic Stack 来分析业务（日志）用例，证实了 Elastic 不仅是为技术用例建立的解决方案，更是一个数据平台，可以根据用户的需要来打造。

在日志用例领域中，实施面最广的是 Web 服务器日志用例。本章是第 3 章的延续，思路仍是处理日志，但解决问题的角度不同。

我们的目标是先了解 Web 日志用例，然后开始导入 Elasticsearch 和 Kibana 仪表板这两方面的数据。我们将在组成仪表板的可视化中寻找那些关键性能指标，将其从日志中提取出来。

最后，我们会向仪表板提问，并进行一些更高层次的思考，如安全性或带宽方面的考虑。

4.1 技术用例——Apache 服务器日志

Apache 和 Nginx 是世界上最常用的 Web 服务器，它们应答的服务请求规模数以十亿计，其中内部网络的请求与外部用户的一样多。大多数情况下，它们是与事务相连的第一个逻辑层面，因此从这个层面来说，我们可以从服务使用情况的角度出发，得到一个非常精确的视图。

本章中我们重点介绍 Apache 服务器，并利用该服务器运行时生成的日志来对用户活动进行可视化。我们所使用的日志是一个网站（www.logstash.net）的 Apache Web 服务器日志，它们是由我在 Elastic 公司的两个解决方案架构师同事 Peter Kim 和 Christian Dahlqvist 合成的（https://github.com/elastic/elk-index-size-tests）。

正如引言中提到的，可以从不同的角度对这些数据进行仔细观察和分析。我们还将尝试进行安全性和带宽分析。

第一个目标是检测数据中的可疑行为，例如一些用户试图访问那些实际不存在但在 URL 中包含管理名称的页面。这种行为十分常见，诸如 WordPress 博客网站之类通过

/wp-admin 这样的 URI 将管理页面暴露了的情形并不少见。那些寻找安全漏洞的人知道这一点，并会尝试利用它。因此，通过数据，我们可以对 HTTP 码（这里是 404）进行聚合，并查看访问次数最多的未知页面，以发现此类行为。

第二个目标是测量指定网站上的流量行为。流量模式取决于网站：一个区域性的网站可能不会有太多深夜的访问，而全球性的网站则可能有固定的访问流量，但是如果按国家对流量进行划分，你就会发现和第一种情况类似的规律。测量带宽是至关重要的，它能确保为用户提供最佳体验，因此，发现特定国家用户带宽消耗的规律性高峰是很有用的。

在对安全性和带宽进行深入分析之前，让我们先看看如何将数据导入 Elasticsearch，同时，也要注意那些作为仪表板组成部分导入的可视化。

4.1.1　在控制台导入数据

这里处理的数据①与前面几章的数据在结构方面并没有什么不同，也是包含时间戳的事件，因此本质上也是基于时间的数据。示例索引中包含了从 2015 年开始的 300 000 个事件。

我们导入数据的方式与前一章中稍有不同，这里用 Logstash 从源文件对数据进行索引。我们将使用由 Elasticsearch 提供的快照 API。它可以从以前创建的索引备份中恢复数据，我们将把从快照恢复的数据作为本书资源的一部分。

如果想了解更深入的信息，请访问 Elastic 官方网站上关于 Elasticsearch 快照恢复的 API 说明，地址是 https://www.elastic.co/guide/en/elasticsearch/reference/master/modules-snapshots. html。

下面是恢复数据的步骤。

- 在 Elasticsearch 配置文件中设置快照库路径。
- 在 Elasticsearch 中注册快照库。
- 列出快照并检查它是否出现在列表中，看看配置是否正确。
- 恢复快照。
- 检查索引是否已正确恢复。

首先要做的是配置 Elasticsearch 来注册快照库的路径。为此，我们需要编辑 elasticsearch.yml，其位置在 ELASTICSEARCH_HOME/conf/elasticsearch.yml。

ELASTICSEARCH_HOME 代表的是 Elasticsearch 安装路径，请在文件的末尾加上这样一行：

```
path.repo: ["/PATH_TO_CHAPTER_3_SOURCE/basic_logstash_repository"]
```

Basic_logstash_repository 以快照的形式包含了数据，现在重启 Elasticsearch

① 相关数据集请按本书“资源与支持”中的说明进行下载。——编者注

以使所做的改动生效。

现在打开 Kibana，进入 **Console** 部分，它是一个基于 Web 的 Elasticsearch 查询编辑器，允许用户和 Elasticsearch API 进行交互。它有一个优点就是能自动补全用户输入，在未掌握 Elasticsearch API 的全部细节时，它对你很有帮助。

在本例中，我们将使用快照恢复 API 来构建索引，下面是具体步骤。

（1）首先使用如下 API 调用来注册新增的代码库：

```
PUT /_snapshot/basic_logstash_repository
{
  "type": "fs",
  "settings": {
    "location":
      "Users/bahaaldine/Dropbox/Packt/sources/chapter3/basic_logstash_repository",
    "compress": true
  }
}
```

（2）注册完成后，列出可用的快照，检查注册是否正确，执行命令 `GET_snapshot/basic_logstash_repository/_all`，就能看到快照的描述：

```
{
  "snapshots": [
    {
      "snapshot": "snapshot_201608031111",
      "uuid": "_na_",
      "version_id": 2030499,
      "version": "2.3.4",
      "indices": [
      "basic-logstash-2015"
      ],
      "state": "SUCCESS",
      "start_time": "2016-08-03T09:12:03.718Z",
      "start_time_in_millis": 1470215523718,
      "end_time": "2016-08-03T09:12:49.813Z",
      "end_time_in_millis": 1470215569813,
      "duration_in_millis": 46095,
      "failures": [],
      "shards": {
        "total": 1,
        "failed": 0,
        "successful": 1
      }
    }
  ]
```

```
}
```

（3）执行命令 POST /_snapshot/basic_logstash_repository/snapshot_201608031111/_restore 来开始恢复进程。执行命令 GET /_snapshot/basic_logstash_repository/snapshot_ 201608031111/_status 查看恢复进程的状态。本例中数据量太小，恢复只需要一秒，因此可能直接就看到成功的消息，没有中间状态：


```
{
  "snapshots": [
    {
      "snapshot": "snapshot_201608031111",
      "repository": "basic_logstash_repository",
      "uuid": "_na_",
      "state": "SUCCESS",
      "shards_stats": {
        "initializing": 0,
        "started": 0,
        "finalizing": 0,
        "done": 1,
        "failed": 0,
        "total": 1
      },
      "stats": {
        "number_of_files": 70,
        "processed_files": 70,
        "total_size_in_bytes": 188818114,
        "processed_size_in_bytes": 188818114,
        "start_time_in_millis": 1470215525519,
        "time_in_millis": 43625
      },
      "indices": {
        "basic-logstash-2015": {
          "shards_stats": {
            "initializing": 0,
            "started": 0,
            "finalizing": 0,
            "done": 1,
            "failed": 0,
            "total": 1
          },
          "stats": {
            "number_of_files": 70,
            "processed_files": 70,
            "total_size_in_bytes": 188818114,
            "processed_size_in_bytes": 188818114,
```

```
          "start_time_in_millis": 1470215525519,
          "time_in_millis": 43625
        },
        "shards": {
          "0": {
          "stage": "DONE",
          "stats": {
            "number_of_files": 70,
            "processed_files": 70,
            "total_size_in_bytes": 188818114,
            "processed_size_in_bytes": 188818114,
            "start_time_in_millis": 1470215525519,
            "time_in_millis": 43625
          }
        }
      }
    }
  }
 },
]
}
```

至此，你应该已经学会了如何列出新建的索引。继续停留在控制台中，执行命令 GET _cat/indices/basic*。这时控制台的场景应该如图 4-1 所示。

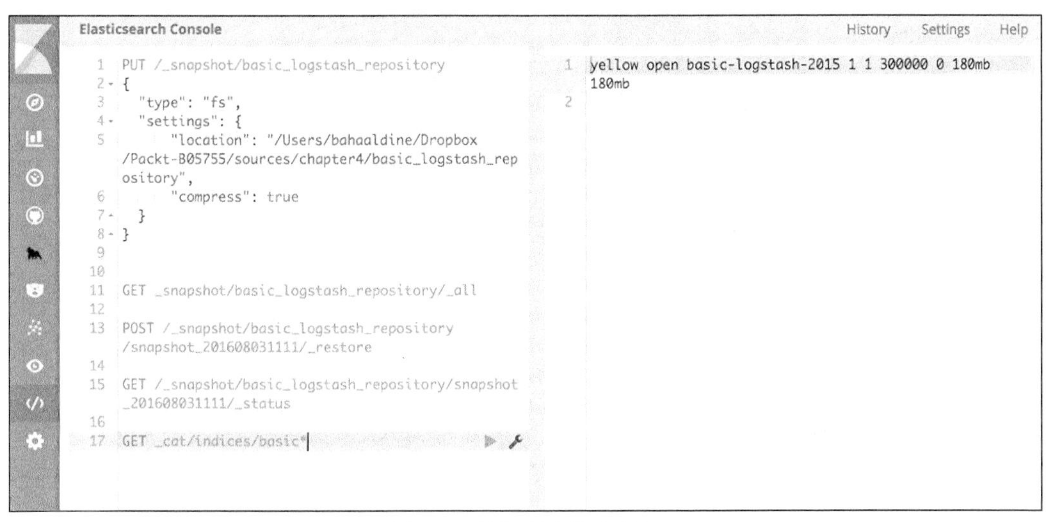

图 4-1　从控制台恢复数据

返回的结果显示，我们的索引已经被创建，包含了 300 000 个文档。

因为数据中包含了时间戳，所以还有其他不同的方法来使用我们的索引拓扑。打个比方，我们可以创建每天或每周的索引。这在生产环境中很常见，因为最近的数据往往是最常用的。因此，从运维的角度来看，最近七天的日志是最重要的，拥有了每日索引，那对于旧索引（超过 7 天），可以非常方便地设置进行归档或者删除的历程。

观察索引中包含的内容，下面是一个提取出来的文档范例：


```
"@timestamp": "2015-03-11T21:24:20.000Z",
"host": "Astaire.local",
"clientip": "186.231.123.210",
"ident": "-",
"auth": "-",
"timestamp": "11/Mar/2015:21:24:20 +0000",
"verb": "GET",
"request": "/presentations/logstash-scale11x/lib/js/head.min.js",
"httpversion": "1.1",
"response": 200,
"bytes": 3170,
"referrer": ""http://semicomplete.com/presentations/logstash-scale11x/"",
"agent": ""Mozilla/5.0 (Macintosh; Intel Mac OS X 10_9_0)
AppleWebKit/537.36 (KHTML, like Gecko) Chrome/32.0.1700.102
Safari/537.36"",
"geoip": {
  "ip": "186.231.123.210",
  "country_code2": "BR",
  "country_code3": "BRA",
  "country_name": "Brazil",
  "continent_code": "SA",
  "latitude": -10,
  "longitude": -55,
  "location": [
    -55,
    -10
  ]
},
"useragent": {
  "name": "Chrome",
  "os": "Mac OS X 10.9.0",
  "os_name": "Mac OS X",
  "os_major": "10",
  "os_minor": "9",
  "device": "Other",
  "major": "32",
  "minor": "0",
  "patch": "1700"
}
```

这个文档描述了一个给定的到网站的用户连接，由 HTTP 元数据组成，如版本、返回代码、动词、带有操作系统和设备信息的用户代理描述，甚至本地化信息等。

通过对每个文档进行分析来解释网站用户行为是不可能的；此时就该 Kibana 登场了，通过允许用户创建可视化，来聚合数据和揭示洞察力。

现在，就可以导入仪表板了。

4.1.2 导入仪表板

与前一章不同的是，我们不会在这里创建可视化，而是使用 Kibana 的导入功能，它可以导入 Kibana 对象，如搜索、可视化和已存在的仪表板等。所有这些对象实际上都是 JSON 对象，都保存在一个特定的索引里，默认的名称是`.kibana`。

回到 Kibana 的管理部分，点击 **Saved Objects**（保存的对象）菜单。在那里，再单击 **Import**（导入）按钮并选择本书资源中提供的 JSON 文件。先导入 `apache-logs-visualizations.json` 文件，然后是 `Apache-logs-dashboard.json` 文件。前者包含了所有的可视化，后者包含了使用这些可视化的仪表板。呈现的可视化如图 4-2 所示。

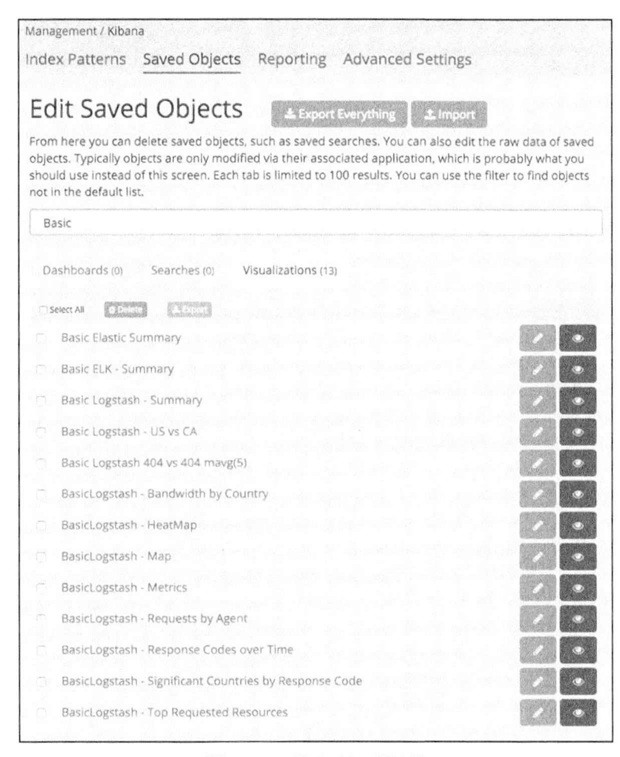

图 4-2　导入的可视化

这里看到的是所有的 **BasicLogstash** 可视化项目。

我们来审视一下导入的仪表板，进入 **Dashboard** 部分，打开 **Elastic Stack-Apache Logs** 仪表板，会看到图 4-3 所示的界面。

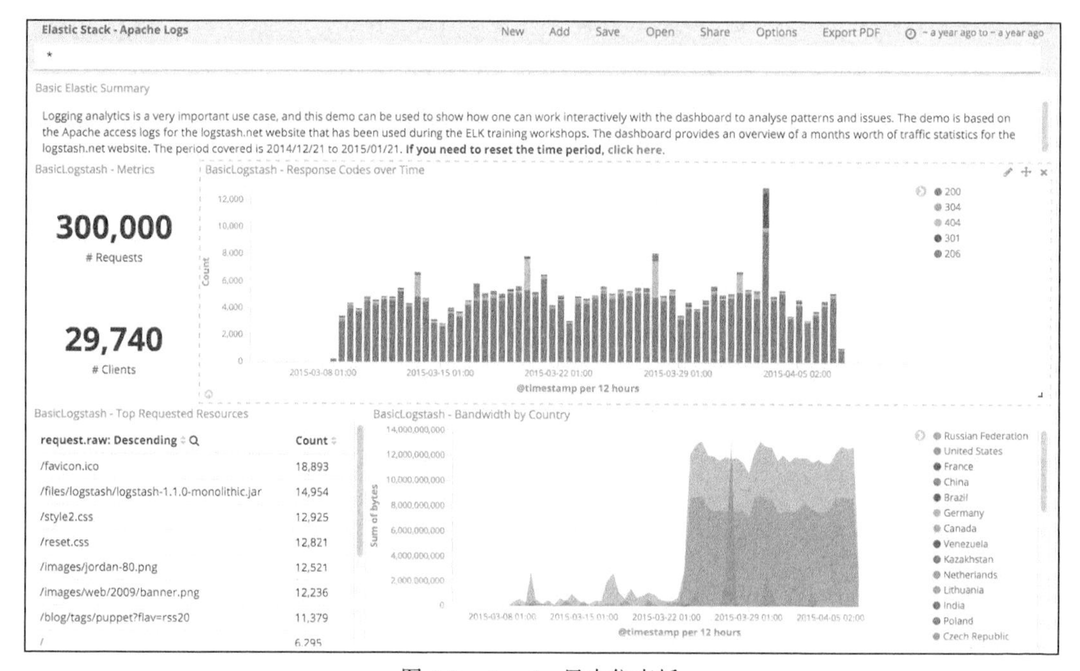

图 4-3　Apache 日志仪表板

至此，我们已经准备好浏览每个可视化，并解释它们的含义。

4.1.3　理解仪表板

现在我们将浏览每个可视化，并查看其关键性能指标和它们提供的功能。

1. Markdown——仪表板中的记事本

图 4-4 中给出的是基本的 Elastic 小结截图。

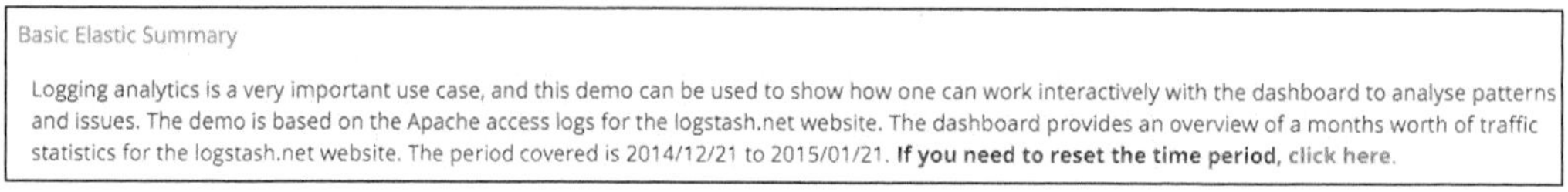

Basic Elastic Summary

Logging analytics is a very important use case, and this demo can be used to show how one can work interactively with the dashboard to analyse patterns and issues. The demo is based on the Apache access logs for the logstash.net website. The dashboard provides an overview of a months worth of traffic statistics for the logstash.net website. The period covered is 2014/12/21 to 2015/01/21. **If you need to reset the time period, click here.**

图 4-4　Markdown 可视化

Markdown 可视化可以用来给仪表板添加注释，如本例中，就是用于解释仪表板的主要内容。还可以用其对 URL 的支持来设计菜单，这样用户可以从仪表板的一个状态转向其他状态。

Kibana 在 URL 中保存状态，这样将链接分享出去就可以把仪表板的特定状态分享出去。

2．指标——日志总览

图 4-5 所示的指标展示了仪表板中数据的总结信息。

总体来说，在仪表板中展示一些指标是很有用的，例如，用户可以在处理仪表板的同时跟踪受过滤器影响的文档数量。

BasicLogstash - Metrics

300,000

Requests

29,740

Clients

图 4-5　Apache 日志指标

3．条形图——基于时间的响应码

对基于时间的一维或多维数据来说，条形图十分适用。本例中展示的是基于时间的响应码分项情况。这样就能清楚地看到对 www.logstash.net 请求的数量，以及和你认为的可期望行为之间的差别。图 4-6 所示的 404 尖峰就很值得注意。

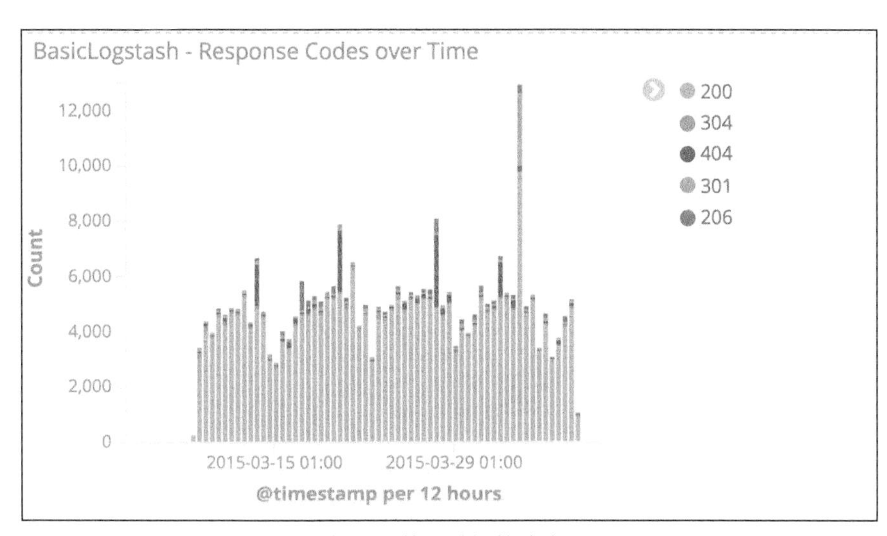

图 4-6　基于时间的响应码

4．面积图——按国家划分带宽

面积图便于显示随时间累积的数据。在这里，我们使用国家位置字段来构建面积图，以便了解哪些国家连接到我们的网站，如图 4-7 所示。

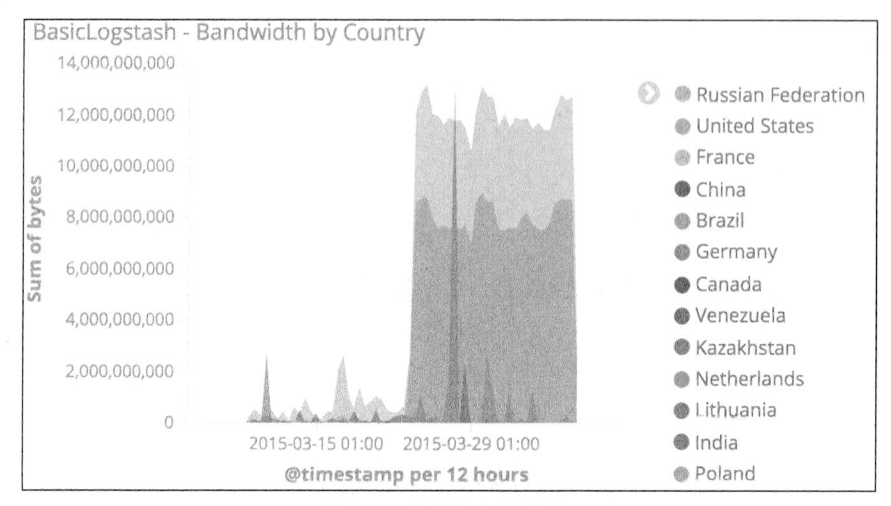

图 4-7　按国家划分带宽

本章后续会讲解如何使用这些信息进行带宽分析。

5．数据表——代理发起的请求

数据表用来显示表格字段信息及某值。图 4-8 展示的是用户代理字段的计数，这让我们能够了解客户端连接的类型。

BasicLogstash - Requests by Agent

agent.raw: Descending	Count
"Chef Client/10.18.2 (ruby-1.8.7-p302; ohai-6.14.0; x86_64-linux; +http://opscode.com)"	14,072
"-"	11,092
"Mozilla/5.0 (Windows NT 6.1; WOW64; rv:27.0) Gecko/20100101 Firefox/27.0"	10,151
"Mozilla/5.0 (X11; Ubuntu; Linux x86_64; rv:27.0) Gecko/20100101 Firefox/27.0"	8,773
"UniversalFeedParser/4.2-pre-314-svn +http://feedparser.org/"	8,529

图 4-8　代理发起的请求

我们在安全分析的部分还会看到这些信息，它们对鉴别安全异常状况十分有用。

6．数据表——最常被请求的资源

当一个主机连接到网站时，你应该了解这些资源被浏览的不同原因，例如单击流分析或安全性分析。这就是数据表能告诉你的，如图 4-9 所示。

BasicLogstash - Top Requested Resources

/images/jordan-80.png	12,521
/images/web/2009/banner.png	12,236
/blog/tags/puppet?flav=rss20	11,379
/	6,295
/presentations/fpm-scale12x.pdf	5,327
/?flav=rss20	5,103

Export: Raw Formatted

图 4-9 最常被请求的资源

这也是我们在安全分析时常用的证据。

7. 饼图——响应码的主要国家

响应条形图已经表示了两个维度，其中一个维度是文档中包含的字段。我们后面可能需要按国家来对其进行划分，这样的分析过程会有点儿复杂。换种方式，我们可以使用饼图来显示基于响应码的不同国家的分项，如图 4-10 所示。

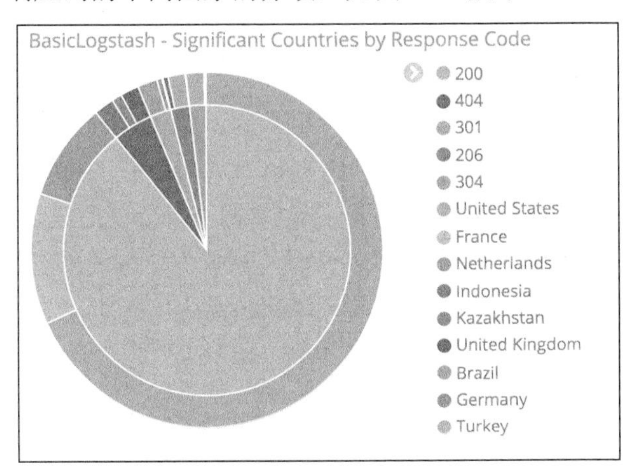

图 4-10 按响应码划分的主要国家

8. 切片地图——每个国家的点击数

数据里包含着主机的地理点坐标。这里，我们可以使用这些信息在世界地图上绘制出客户端连接情况的图形。再声明一次，从纯分析的角度来看，如果一个国家在多个可视化的地图上没有被展示出来，则说明其点击的数量不够多。此外，地图可视化允许在地图上划出多边形以缩小分析范围。

4.1.4　向数据提问

仪表板创建之后，通过一个或多个可视化对其提问也许可以提供新的思路。这也将缩小分析范围，隔离特定的模式，最终导向问题的答案。

1．带宽分析

你可能已经注意到，各个国家的带宽在 2015 年 3 月底到 2015 年 8 月，都处于很低的水平。然后突然，由于某个未知的原因，它大幅增加了。我们在下载数据上用箭头标出了显著的增长，如图 4-11 所示。

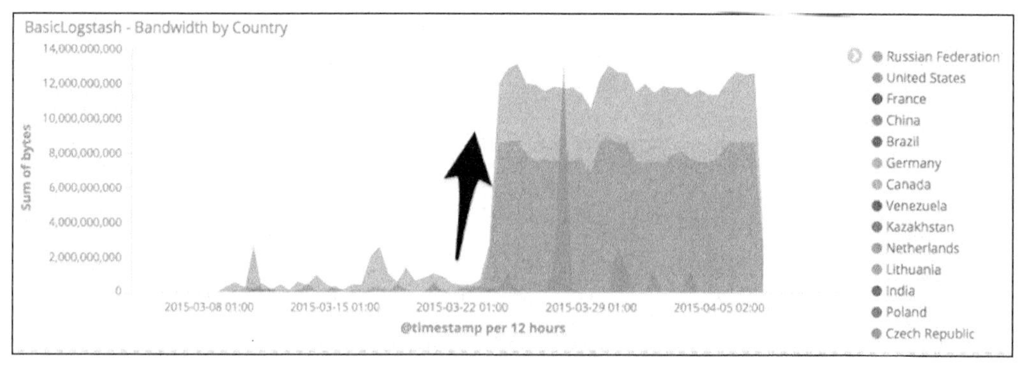

图 4-11　带宽剧增

我们可以放大图表的这个时间区域，这也会放大同一时间范围内的所有其他图表。如果仔细查看代理数据表的请求，你会注意到第一用户代理是 Chef 代理。Chef 是被运维团队用来实现运维自动化的工具，如进行安装的过程。我们的数据来自 www.logstash.net，因而可以推断出，Chef 代理连接到网站的目的在于安装软件。

如果单击数据表中的 Chef 行，这将基于选定字段的这个值产生一个仪表板过滤器。它允许你对数据进行深入研究，缩小分析范围。我们可以很容易地得出结论，这个过程消耗了大部分带宽，如图 4-12 所示。

只需点击几下，我们就能指出带宽利用率存在的问题，现在就可以采取适当的措施，以控制此类代理到我们的网站的连接。基于这些，我们转向另一个分析角度——安全性。

2．安全性分析

在本节中，我们将尝试发现安全方面的异常，此类异常被定义为数据中的意外行为，换句话说，就是仪表板所展示出来的与数据中观察到的正常行为不同的数据点。

重新打开仪表板重新进行设置，你会在条形图的点击背景中看到一个突发的巨量 404 响应，如图 4-13 所示。

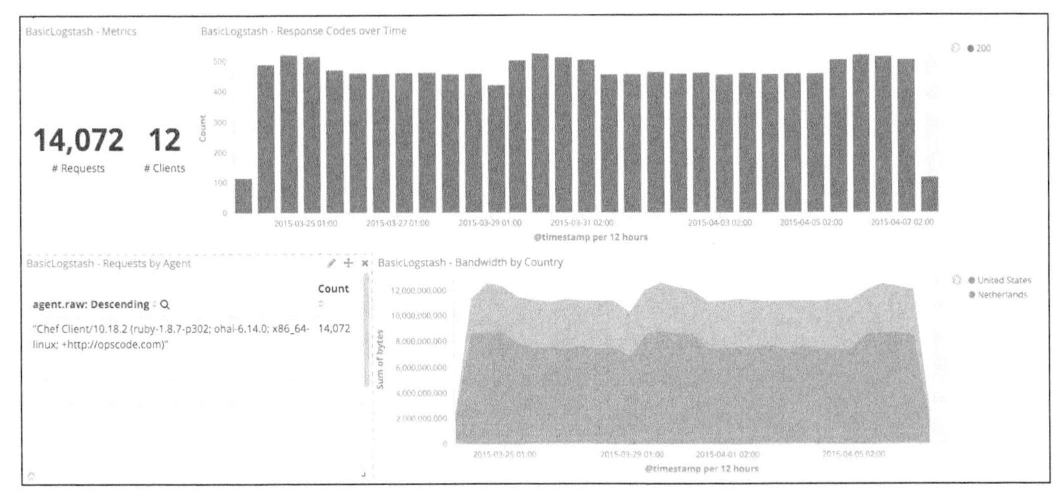

图 4-12　Chef 的带宽使用

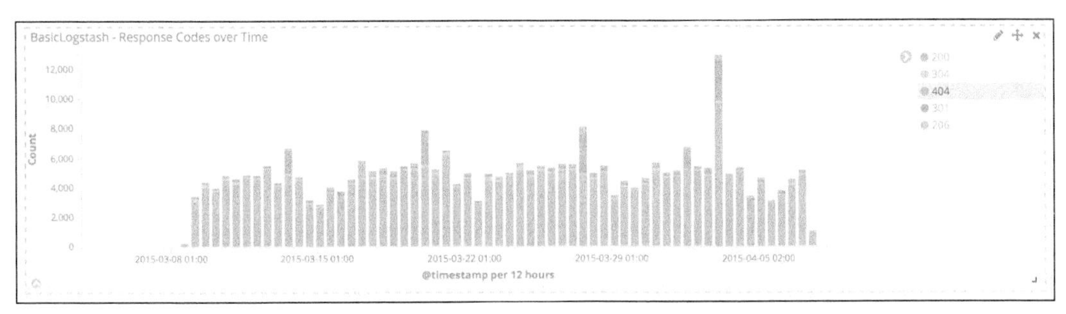

图 4-13　404 响应

点击图例中的 404 码对仪表板进行过滤，同时刷新其他的可视化和数据表。你会在用户代理数据表中发现一个代理“-”，它是引起大量 404 响应的源头。因此，点击一下它来过滤分析，就能看到最多请求的资源，如图 4-14 所示。

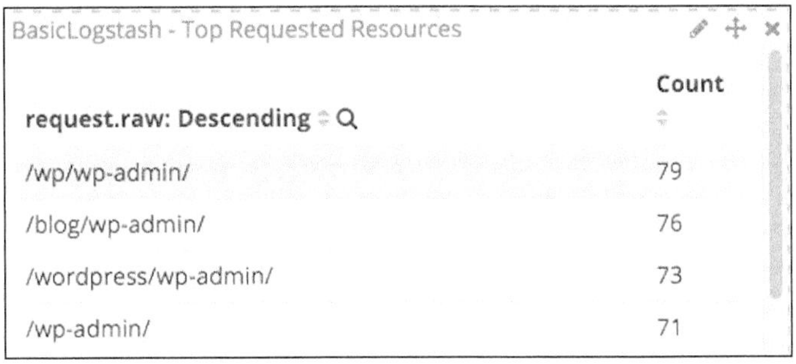

BasicLogstash - Top Requested Resources

request.raw: Descending	Count
/wp/wp-admin/	79
/blog/wp-admin/	76
/wordpress/wp-admin/	73
/wp-admin/	71

图 4-14　“-”代理引发的最多请求的资源

这是一个非常不寻常的，甚至是可疑的活动，可能是试图攻击我们的网站。基本上，**wp-admin** 这个 URI 是访问 WordPress 博客管理控制台的资源。然而，本例中的网站并不是一个 WordPress 博客。

WordPress 的新手用户可能没有改变或禁用他们网站管理控制台的知识，也可能使用了默认用户/密码。因此，我猜是用户代理连接到 **wp-admin**，并采用默认凭证试图完全控制我们的网站。

4.2　小结

在本章中，通过深入 Apache 服务器日志分析，我们已经看到如何对技术日志用例使用 Kibana 5。我们已经学会了如何利用可视化实现不同的目标，如带宽或安全性分析。下一章中我们将首次使用 Elastic Stack 的数据传送者 Beats 来进入指标分析领域。

第 5 章
用 Metricbeat 和 Kibana 5.0 进行指标分析

在前两章中，我们已经看到了在业务和技术用例的上下文中如何使用 Kibana 对日志数据进行可视化，现在我们将把重点转到指标分析，它在数据结构方面与前者有着根本性的不同。

因此，在开始本章之前，我想对**什么是指标**说上几句。

所谓**指标**，就是包含时间戳和一个或多个数值的事件，它们被顺序地追加到一个指标文件里，所有的指标线都基于时间戳。下面给出了一些系统指标的例子：

```
02:30:00 AM all 2.58 0.00 0.70 1.12 0.05 95.55
02:40:00 AM all 2.56 0.00 0.69 1.05 0.04 95.66
02:50:00 AM all 2.64 0.00 0.65 1.15 0.05 95.50
```

与日志不同，指标是周期性地发送的，例如每 10 分钟发送一次（如上面例子所示），而日志通常是在发生某些事件的情况下追加到日志文件中的。

指标常常被用在软件或硬件健康监控的语境中，如资源利用监控、数据库执行指标监控等。

从 5.0 版以来，Elastic 已经在所有层面的解决方案上拥有了新的相关特性，从而增强指标管理和分析的用户体验。Metricbeat 是 Kibana 5.0 的一个新特性，它允许用户传送指标数据到 Elasticsearch，不论其是来自服务器的数据还是来自应用程序的数据，还配有开箱即用的 Kibana 仪表板。Kibana 还将 Timelion 与其核心集成在一起，Timelion 是一个被设计来处理各类指标数值数据的插件。

在本章中，我们将开始使用 Metricbeat，然后采用 X-Pack 组件中的 alerting（警报），以此来介绍 Timelion，不过我们要等到第 6 章再讨论它的更多细节。

5.1　技术用例——用 Metricbeat 监控系统

Metricbeat 可不只是一个系统指标的传送者，它还拥有可扩展模块架构，可以和一些开箱即用的模块搭配使用，如图 5-1 所示。

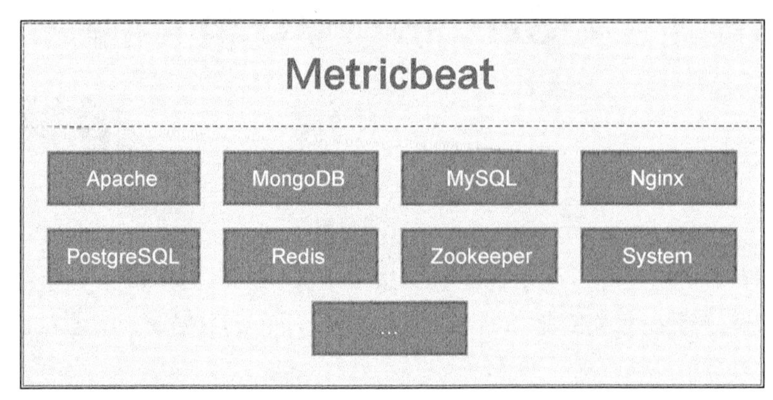

图 5-1　Metricbeat 架构

如图 5-1 所示，Metricbeat 拥有能从 Web 服务器（Apache 或 Nginx）、数据库（MongoDB、MySQL 或 PostgreSQL），甚至 Redis 或 Zookeeper 那里传送指标的能力。此外，Elastic 为开发人员提供了在线文档，让他们可以创建自己的 Metricbeat，所以可以很容易地扩展出开箱即用的功能。

在本书中，我们将使用系统模块作为 Metricbeat 的默认配置。用户可以监视计算机或笔记本电脑，并在 Kibana 5.0 中对数据进行可视化。这只是 Metricbeat 处理能力的一个例子，如果想要在更大的规模上进行操作，可以设想在数据中心中采用分布式的 Metricbeat 进行传送，而采用集中式的 Kibana 实例来监控所有节点。

5.2　开始使用 Metricbeat

本李我们将介绍 Metricbeat 的安装，然后开始用它传送数据到 Elasticsearch。

5.2.1　安装 Metricbeat

先从 https://www.elastic.co/downloads/beats/Metricbeat 下载压缩文件，如图 5-2 所示，安装很简单，只需解压文件即可。

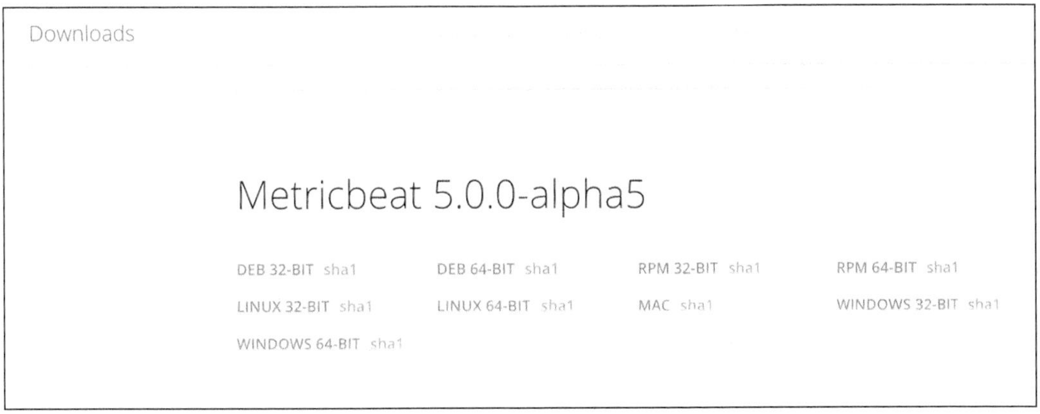

Downloads

Metricbeat 5.0.0-alpha5

DEB 32-BIT sha1 DEB 64-BIT sha1 RPM 32-BIT sha1 RPM 64-BIT sha1
LINUX 32-BIT sha1 LINUX 64-BIT sha1 MAC sha1 WINDOWS 32-BIT sha1
WINDOWS 64-BIT sha1

图 5-2 下载 Metricbeat

本书中我们下载的是给 Mac 系统使用的 5.0.0-alpha 版本（本书写作期间发布的版本），然后对 TAR 文件进行解压：

```
tar -zxvf metricbeat-5.0.0-darwin-x86_64.tar.gz
```

解压出来的目录结构如下：

```
MacBook-Pro-de-Bahaaldine:metricbeat-5.0.0 bahaaldine$ pwd
/elastic/metricbeat-5.0.0
MacBook-Pro-de-Bahaaldine:metricbeat-5.0.0 bahaaldine$ ls
total 23528
scripts
metricbeat.yml
metricbeat.template.json
metricbeat.template-es2x.json
metricbeat.full.yml
metricbeat
```

至此，Metricbeat 的安装就完成了，接着需要对其进行配置以适合你的环境设置。

5.2.2 配置和运行 Metricbeat

Metricbeat 的配置存储在 `metricbeat.yml` 文件中，它由以下部分组成。

- **模块**：这是详述需要使用的模块的部分。
- **通用**：这里是指传送程序的配置，如它的命名。
- **输出**：在这里用户可以指定是否将数据发送到 Logstash 和 Elasticsearch。
- Metricbeat 日志配置。

这里我们将批量对所有配置采用默认值，把重点放在输出部分。因为我们要的效果是把指标数据发送到 Elasticsearch 实例上去，所以转到配置的 output 部分，并修改设置以适合你的配置：

```
#====================== Outputs ===================================
# Configure what outputs to use when sending the data collected by
  the beat.
# Multiple outputs may be used.
#-------------------------- Elasticsearch output ------------------
------------
output.elasticsearch:
   # Array of hosts to connect to.
   hosts: ["localhost:9200"]
   # Optional protocol and basic auth credentials.
   #protocol: "https"
   #username: "elastic"
   #password: "changeme" }
```

在本例中，要是采用 Kibana 5.0 版本中安装 X-Pack 带来的默认安全设置，必须传递用户名和密码。如果不使用默认值，就要创建一个专用于 Metricbeat 的新用户。为了实现这个目标，需要打开 Kibana，进入 **Management**（管理）部分，如图 5-3 所示。

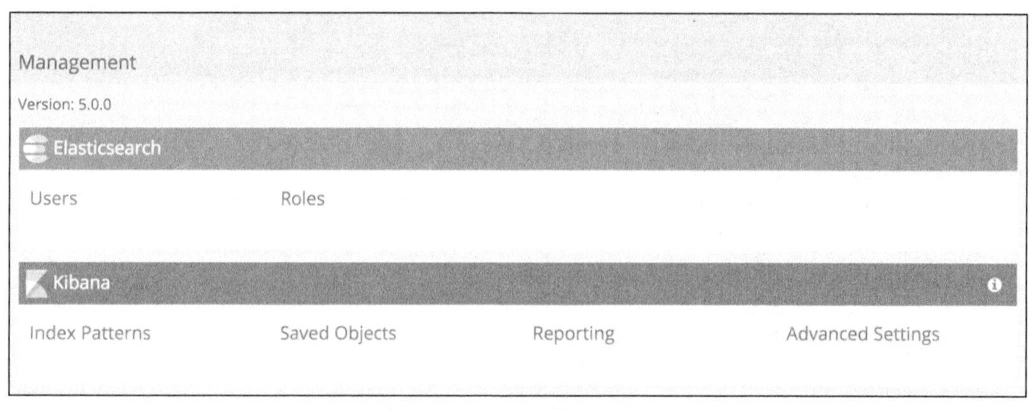

图 5-3　Kibana 管理面板

在这里，点击 **Roles**（角色）链接，进入图 5-4 所示的页面。

点击 **New Role**（新角色）按钮创建一个新角色，角色配置仪表板允许创建不同粒度级别的角色，限定从集群到字段级别的安全。在本例中，我们将采取快捷方式创建一个具有创建索引和存储指标权限的角色，如图 5-5 所示。

正如所见，这个角色将能够按照 `metricbeat-*`模式创建指标，这是 Metricbeat 采用的默认索引模式。此外，我们要将所有权限赋予这些索引。

保存好角色，然后转到用户部分，点击 **New User**（新用户）按钮，创建一个叫 **metricbeat_user** 的新用户，如图 5-6 所示。

现在调整一下 `metricbeat.yml` 里的内容，加入刚创建的用户及其密码凭证：

```
# Optional protocol and basic auth credentials.
#protocol: "https"
username: "metricbeat"
password: "secret"
```

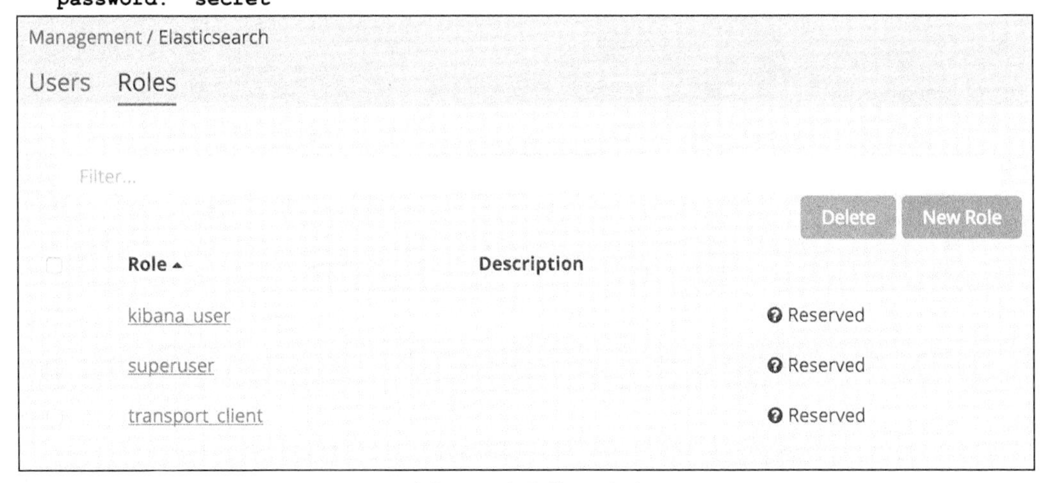

图 5-4 角色管理页面

图 5-5 创建 `metricbeat_user` 角色

现在运行 Metricbeat 并将数据传送到 Elasticsearch 的准备已经就绪，在 Metricbeat 安装目录下执行如下命令：

```
mac:metricbeat-5.0.0 bahaaldine$ ./metricbeat
```

返回 Kibana，进入 **Discover** 标签，选择 `metricbeat-*`索引模式，将在 Elasticsearch 中看到图 5-7 所示的数据。

图 5-6　创建 `metricbeat_user` 用户

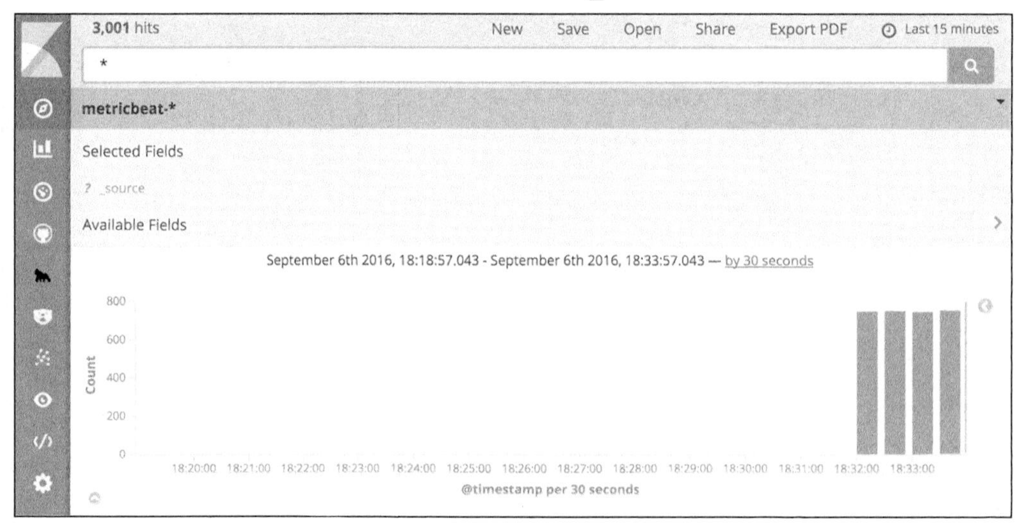

图 5-7　进入 Elasticsearch 的 Metricbeat 数据

接下来我们就可以导入 Metricbeat 的 Kibana 仪表板了。

5.3 Kibana 中的 Metricbeat

在本节中，我们将关注 Kibana 中 Metricbeat 带来的几种开箱即用的可视化。

5.3.1 导入仪表板

导入仪表板之前，我们先看看 Metricbeat 传送的真实指标数据，本章写作的时候我使用的是 Chrome 浏览器，因此，我准备按进程名（这里是 **chrome**）从数据中过滤出与 Chrome 相关的内容，如图 5-8 所示。

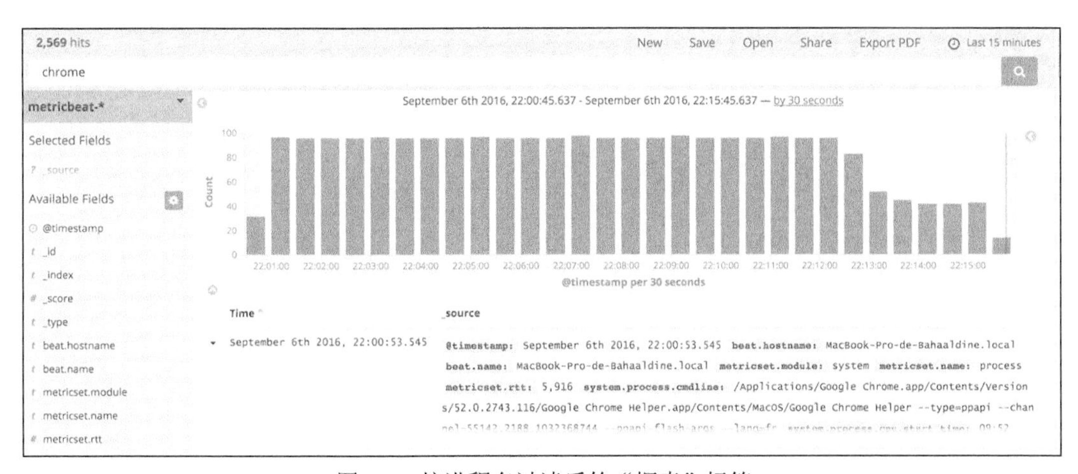

图 5-8 按进程名过滤后的“探索”标签

下面是一个文档内容的范例：

```
{
  "_index": "metricbeat-2016.09.06",
  "_type": "metricsets",
  "_id": "AVcBFstEVDHwfzZYZHB8",
  "_score": 4.29527,
  "_source": {
    "@timestamp": "2016-09-06T20:00:53.545Z",
    "beat": {
      "hostname": "MacBook-Pro-de-Bahaaldine.local",
      "name": "MacBook-Pro-de-Bahaaldine.local"
    },
    "metricset": {
      "module": "system",
```

```
        "name": "process",
        "rtt": 5916
      },
      "system": {
        "process": {
          "cmdline": "/Applications/Google
            Chrome.app/Contents/Versions/52.0.2743.116/Google Chrome
            Helper.app/Contents/MacOS/Google Chrome Helper --type=ppapi -
            -channel=55142.2188.1032368744 --ppapi-flash-args --lang=fr",
          "cpu": {
            "start_time": "09:52",
            "total": {
              "pct": 0.0035
            }
          },
          "memory": {
             "rss": {
               "bytes": 67813376,
               "pct": 0.0039
             },
             "share": 0,
             "size": 3355303936
            },
            "name": "Google Chrome H",
            "pid": 76273,
            "ppid": 55142,
            "state": "running",
            "username": "bahaaldine"
          }
        },
        "type": "metricsets"
      },
      "fields": {
        "@timestamp": [
          1473192053545
        ]
      }
    }
```


上面的文档将 chrome 进程的资源利用率分解了出来。例如，我们可以看到 CPU 和内存的使用情况和进程的整体状态。现在，考虑到真正的仪表板里对数据进行可视化。要做到这一点，需要进入 Metricbeat 安装目录下的 `scripts` 文件夹，查看相关脚本文件：

```
MacBook-Pro-de-Bahaaldine:scripts bahaaldine$ pwd
/elastic/metricbeat-5.0.0/scripts
MacBook-Pro-de-Bahaaldine:kibana bahaaldine$ ls
import_dashboards.sh
```

import_dashboards.sh 就是我们用于在 Kibana 里导入仪表板的脚本文件，执行这个脚本：

```
./import_dashboards.sh -h
```

上面的命令将打印出帮助信息，基本上是一些传给脚本的参数列表。这里需要指定用户名和密码，因为我们正在使用 X-Pack 安全插件，这样才能保证集群的安全性：

```
./import_dashboards.sh  -u elastic:changeme
```

正常情况下，应该会看到一些日志，表明仪表板已经被导入：

```
Import visualization Servers-overview:
{"_index":".kibana","_type":"visualization","_id":"Serversoverview","_version"
:4,"forced_refresh":false,"_shards":
{"total":2,"successful":1,"failed":0},"created":false}
```

至此，我们已经在 Elasticsearch 中导入了指标数据，并且在 Kibana 中创建了仪表板，现在可以对数据进行可视化了。

5.3.2 可视化指标

如果回到 Kibana 的仪表板部分，试着打开 **Metricbeat system overview**（Metricbeat 系统概览）仪表板，看到的内容类似于图 5-9。

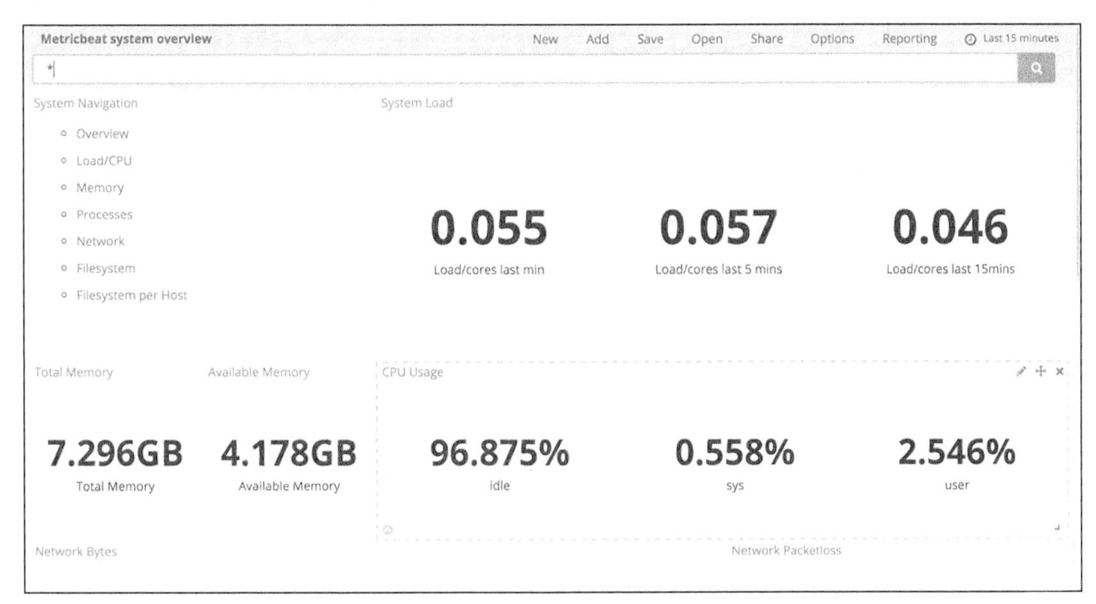

图 5-9　Kibana 的 Metricbeat 仪表板

你会在仪表板里看到在自己的计算机上运行的进程的各种指标值。本例中，这样的指标有很多，单击 **Load/CPU** 部分，我们可以用可视化展现出 CPU 使用率和系统负载，如图 5-10 所示。

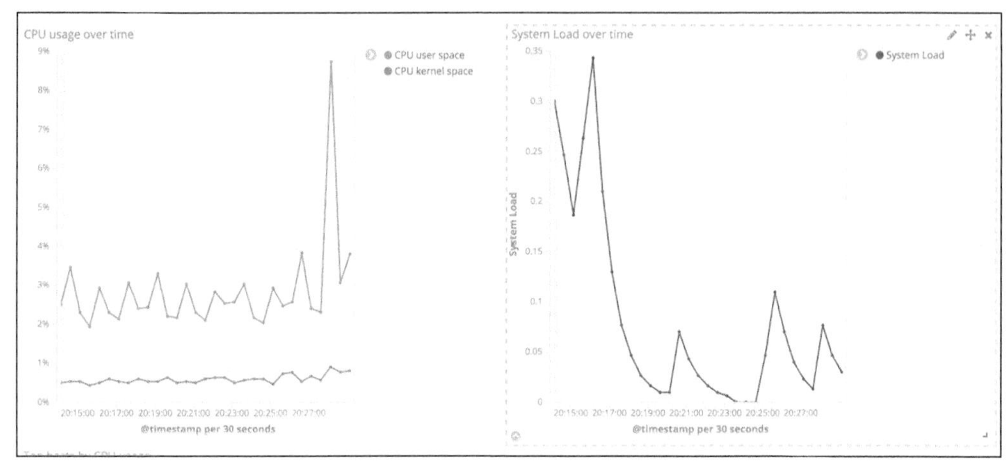

图 5-10　CPU 使用率和系统负载

作为一个示例，这里有一点很重要，必须搞清楚：Metricbeat 在整个系统的 CPU 或 RAM 里的使用痕迹很少，如图 5-11 所示。

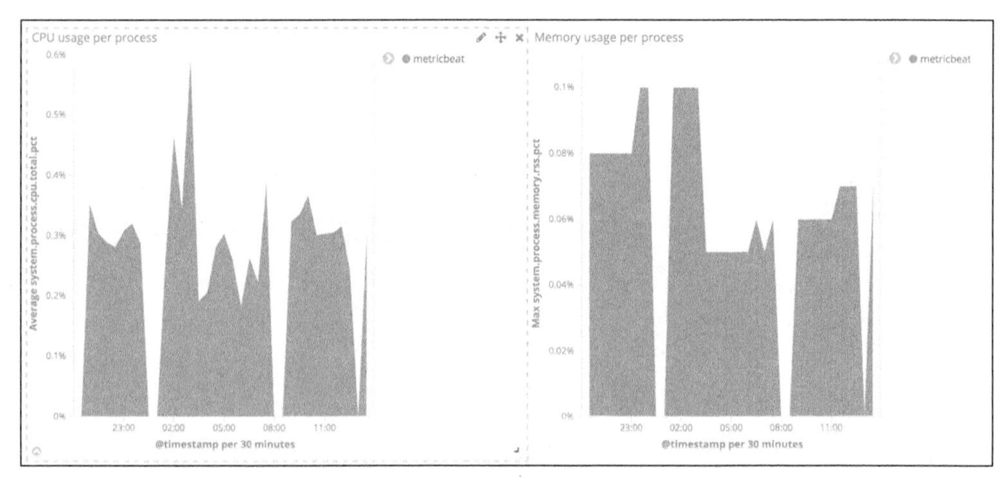

图 5-11　Metricbeat 资源的利用率

从图 5-11 中可以看到，在我的 MacBook Pro 上，Metricbeat 只使用了大约 0.4%的 CPU 和不到 0.1%的内存。但是，如果想找出最消耗资源的进程，可以查看 **Top processes**（最消耗资源进程）数据表，它会给出图 5-12 所示的信息。

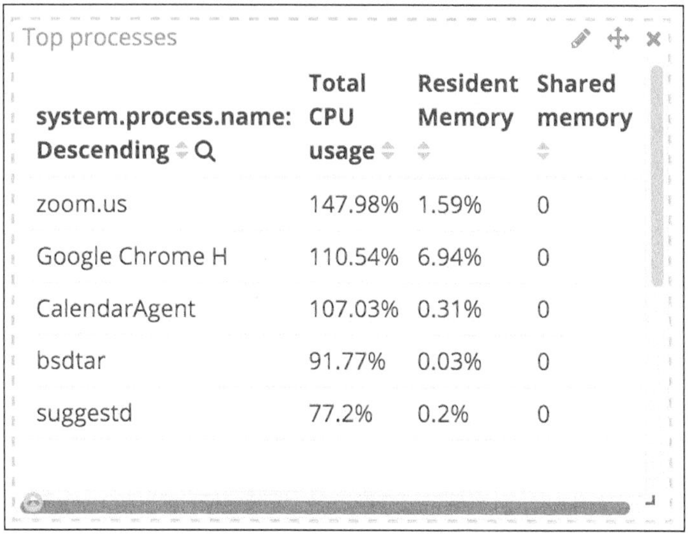

Top processes

system.process.name: Descending	Total CPU usage	Resident Memory	Shared memory
zoom.us	147.98%	1.59%	0
Google Chrome H	110.54%	6.94%	0
CalendarAgent	107.03%	0.31%	0
bsdtar	91.77%	0.03%	0
suggestd	77.2%	0.2%	0

图 5-12　最消耗资源进程

除了 **Chrome H** 使用了大量的 CPU，会议应用 **zoom.us** 看起来也给我的笔记本电脑带来了很大的压力。

为了更好地处理指标数据，我们不准备使用 Kibana 的标准可视化，而是使用 Timelion，重点关注那些消耗大量 CPU 的用例。

5.4　用 Timelion 处理 Metricbeat

Timelion 是一个奇妙的可视化工具，常用来处理时间序列数据。这里，我们通过对 Metricbeat 数据的处理来演示如何应用它。

5.4.1　基于时间的最大 CPU 使用率分析

本书前面曾提到，Timelion 是 Kibana 的新核心插件，它允许用户对数值型字段进行数学运算，并将它们图形可视化。在本节中，我们还使用前面的例子来介绍 Timelion——分析最消耗资源的进程。

登录 Kibana，并点击侧边栏的 **Timelion** 图标，如图 5-13 所示。

首先，你会注意到的是欢迎内容条，它对 Timelion 的基础特性进行了简介，和一般的 Kibana 仪表板的风格有很大差别，如图 5-14 所示。

除了在本书中能学到的内容，我强烈建议你浏览一下这个入门教程。

你还会注意的是工作区，它由一个表达式栏和一个或多个图表组成，如图 5-15 所示。

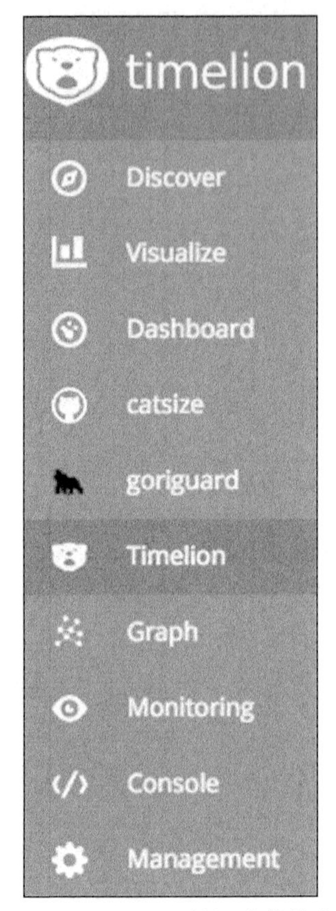

图 5-13　Kibana 的侧边菜单条

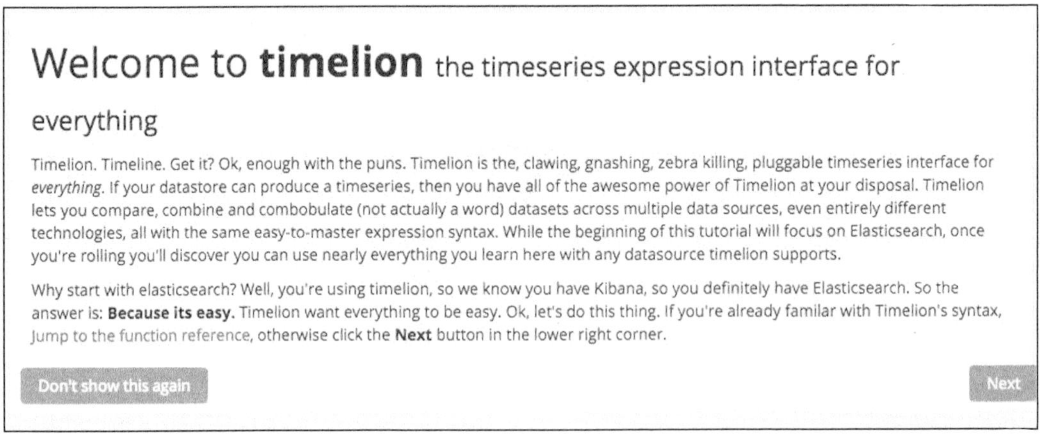

Welcome to **timelion** the timeseries expression interface for everything

Timelion. Timeline. Get it? Ok, enough with the puns. Timelion is the, clawing, gnashing, zebra killing, pluggable timeseries interface for *everything*. If your datastore can produce a timeseries, then you have all of the awesome power of Timelion at your disposal. Timelion lets you compare, combine and combobulate (not actually a word) datasets across multiple data sources, even entirely different technologies, all with the same easy-to-master expression syntax. While the beginning of this tutorial will focus on Elasticsearch, once you're rolling you'll discover you can use nearly everything you learn here with any datasource timelion supports.

Why start with elasticsearch? Well, you're using timelion, so we know you have Kibana, so you definitely have Elasticsearch. So the answer is: **Because its easy.** Timelion want everything to be easy. Ok, let's do this thing. If you're already familar with Timelion's syntax, Jump to the function reference, otherwise click the **Next** button in the lower right corner.

Don't show this again　　Next

图 5-14　Timelion 欢迎内容条

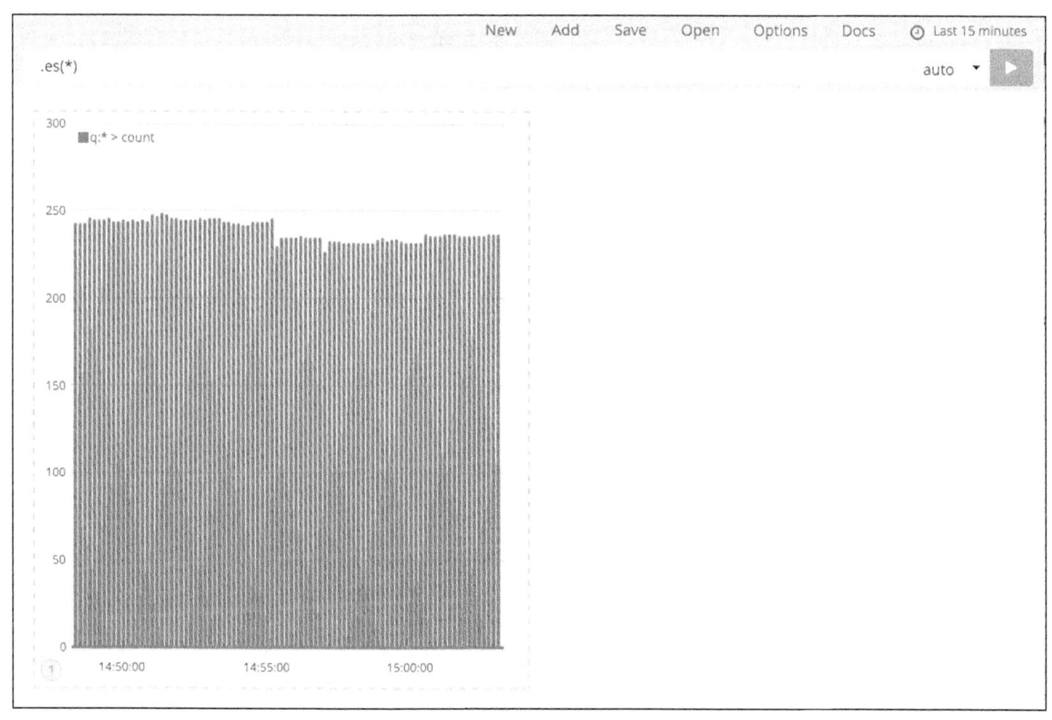

图 5-15 Timelion 工作区

上面的菜单栏可以完成以下功能：

- 创建一个新的工作区（**New**）；
- 向工作区添加新图表（**Add**）；
- 保存工作区（**Save**）；
- 打开工作区（**Open**）；
- 访问显示选项（**Options**）；
- 访问文档（**Docs**）；
- 用时间选择器更改时间范围。

在表达式栏里，可以创建一个 Timelion 表达式以指向一个或多个数据源，而不仅限于 Elasticsearch。Kibana 仪表板唯一可能的数据源就是 Elasticsearch，这是两者之间的一个主要区别。这里，你可以用 Quandl、Worldbank 和 Graphite，甚至可以开发自己的数据源。

数据源表达式主要用来发出请求以获取数值数据列表。在 Elasticsearch 案例中，返回的结果是聚合的统计量，这和用 Kibana 仪表板发现的没有什么不同。

然后，在 Timelion 里，可以通过数学表达式对结果集进行计算、近似、外推等操作。

因此，Timelion 基本上代表了对底层数据源技术（如 Elasticsearch）的高承载能力，并可以在浏览器端对指标进行转换。

它的不足之处在于结果集不能超过 2000 个指标统计区间，如图 5-16 所示。

Timelion: Error: Max buckets exceeded: 31622400 of 2000 allowed. Choose a larger interval or a shorter time span　276s　More Info　OK

图 5-16　最大统计区间错误提示

这也保证了基于浏览器计算的数据量不会太大。你可以通过表达式栏右侧的时间间隔选择器对时间间隔进行配置，如图 5-17 所示。

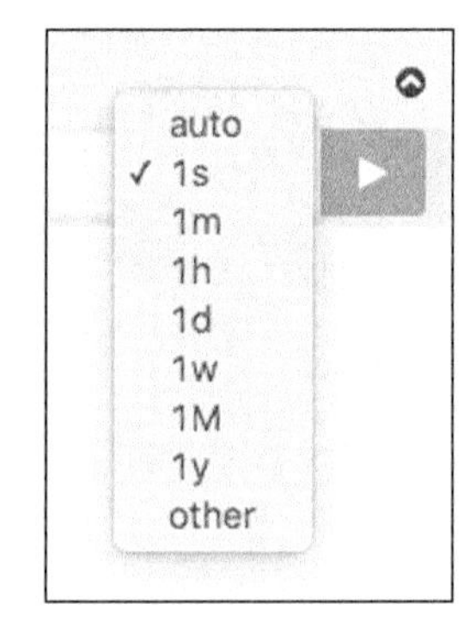

图 5-17　Timelion 时间间隔选择器

默认选择是 **auto**，足以满足大多数用例，本节我们会介绍一个示例。现在检查一下表达式栏，你看到的应该是默认表达式`.es(*)`。

这个表达式指向 Elasticsearch 集群，并在时间间隔选器中选定的时间周期内统计所有的文件数量。然后将其呈现在目前为止唯一的图表上，每个图表对应一个表达式。现在我们使用`.es(index=metricbeat*)`表达式来引用这个数据源，指向`metricbeat*`索引模式。其中的 index 参数让你可以指定索引模式，生成的图表如图 5-18 所示。

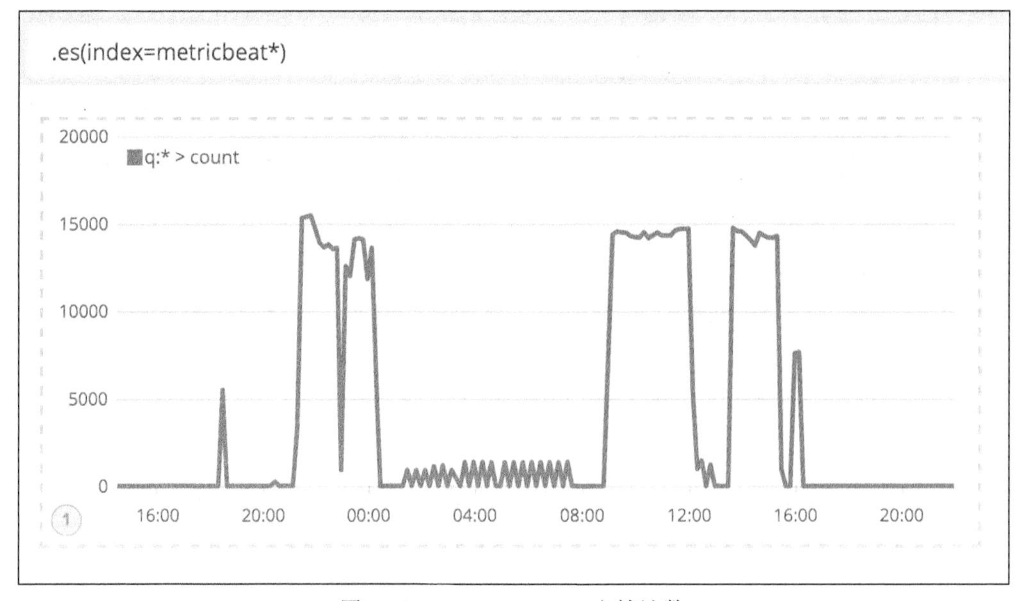

图 5-18　`metricbeat*`文档计数

该怎么对图表里的文档进行过滤，让其只显示 CPU 总使用率大于 100%的项目呢？代码如下：

```
.es(index=metricbeat*, q=system.process.cpu.total.pct:>1.0)
```

效果如图 5-19 所示。

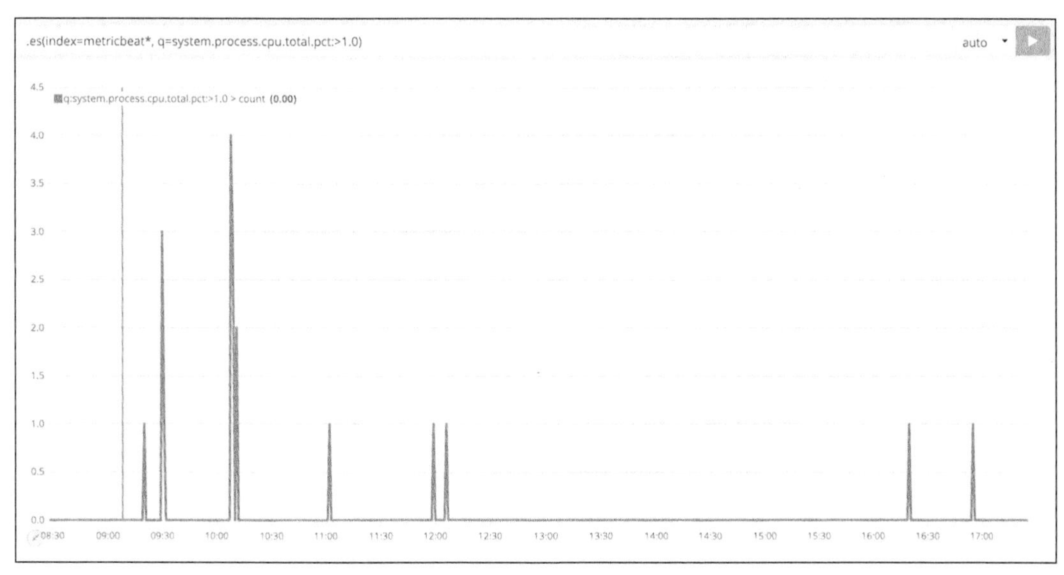

图 5-19　CPU 使用率超过 100%的进程

q 或者 query 参数让你可以设置一个过滤器，本例中，是给出 CPU 使用率超过 100%的进程数量的视图。在图 5-19 中将其基于时间逐个显示。

对于这个用例，我们还可以从不同的视角来进行观察：通过 metirc 参数，按时间显示出最大的 CPU 使用率。

这次，我们准备在可视化里添加更复杂的东西，这里介绍一种方法：设置一个阈值，将 CPU 变化用线型可视化展示出来，并对超过阈值的所有数据点进行标记。

首先，展示出基于时间的最大 CPU 使用率：

```
.es(index=metricbeat*,
metric=max:system.process.cpu.total.pct:>1.0).color(#2196F3).label("Max CPU
over time")
```

效果如图 5-20 所示。

我们用 metric 参数和 max 运算来算出序列中的最大值，正如你所看到的，图表中有一些空白之处（基本上是由于某种原因，笔记本电脑没有在运行或者被关闭了）。这里，我们可以猜测，我休息了一段时间去吃午饭，下午 3:30 左右可能出去溜达了一会儿。

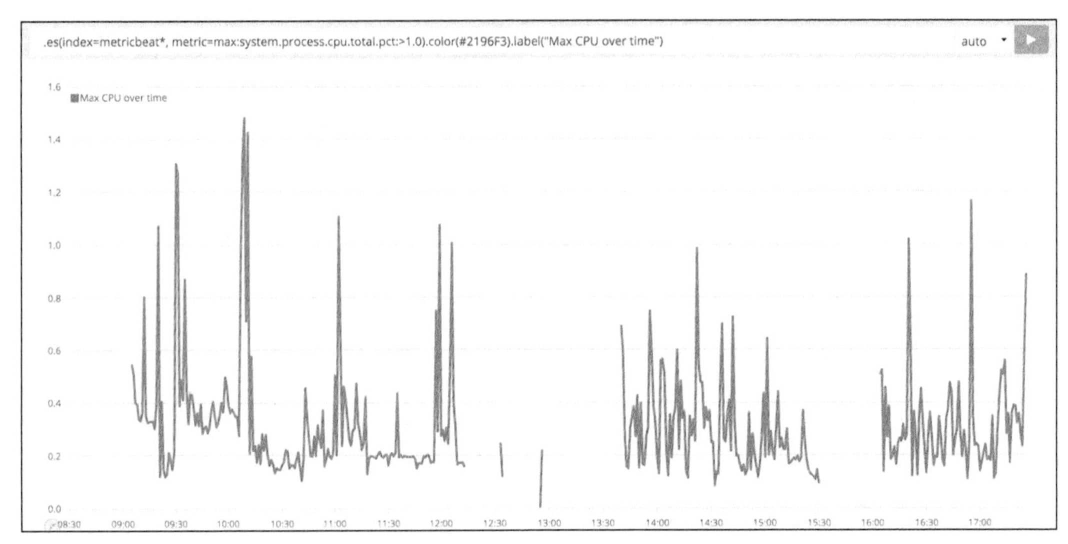

图 5-20　基于时间的最大 CPU 使用率

这里有一些数据点缺失了，这种情况在大量的用例中是很常见的，例如可能是由网络故障引起的。我们可以采用另一个叫作 fit 的函数，以特定的模式对数据进行插值，这样就能把数据点连接起来，如图 5-21 所示。

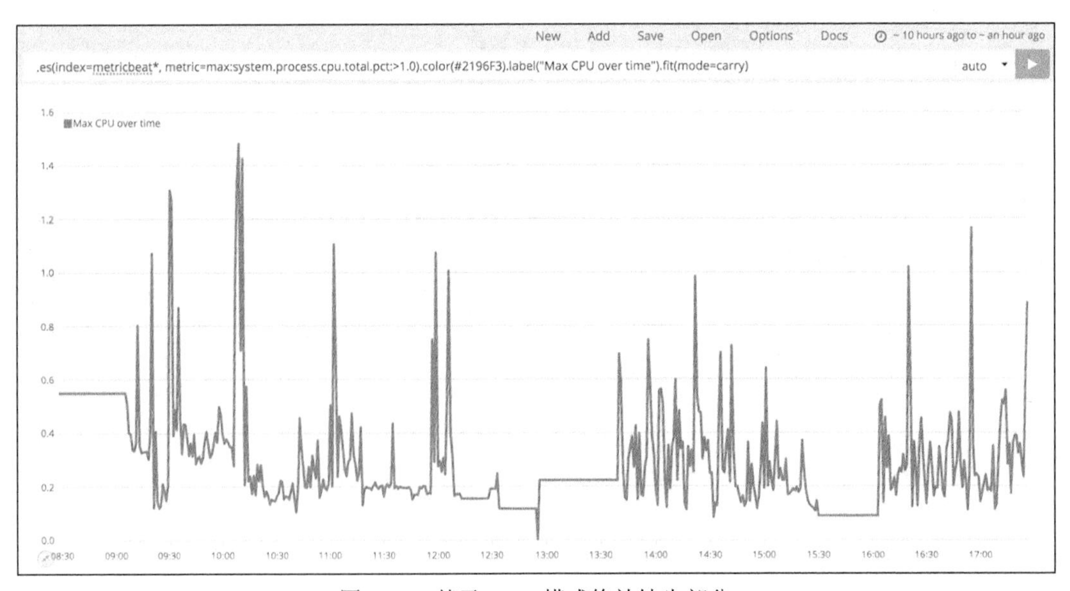

图 5-21　基于 carry 模式修补缺失部分

我故意在 `fit` 函数中使用了 `carry` 模式，因为它在本例中为 `max` 运算提供了最好的结果。别犹豫，还可以尝试其他方法，我们应该了解一些，比如 scale 法，不过它不太适合计算 max 的情况，你可以从本书源代码文件中的 server/fit_functions 的代码注释里直接找到每个模式的文档。

接下来的操作是在图表中打印输出两个阈值，换句话说，一条静态的直线表示警戒值，另一条线代表若被超过则问题严重，必须采取及时措施。我们就定义 CPU 使用超过 75%作为警戒值，100%作为严重阈值，此时的表达式如下：

```
.static(0.75).color(#FF9800).label(Warning),
.static(1.0).color(#F44336).label(Error)
```

效果如图 5-22 所示。

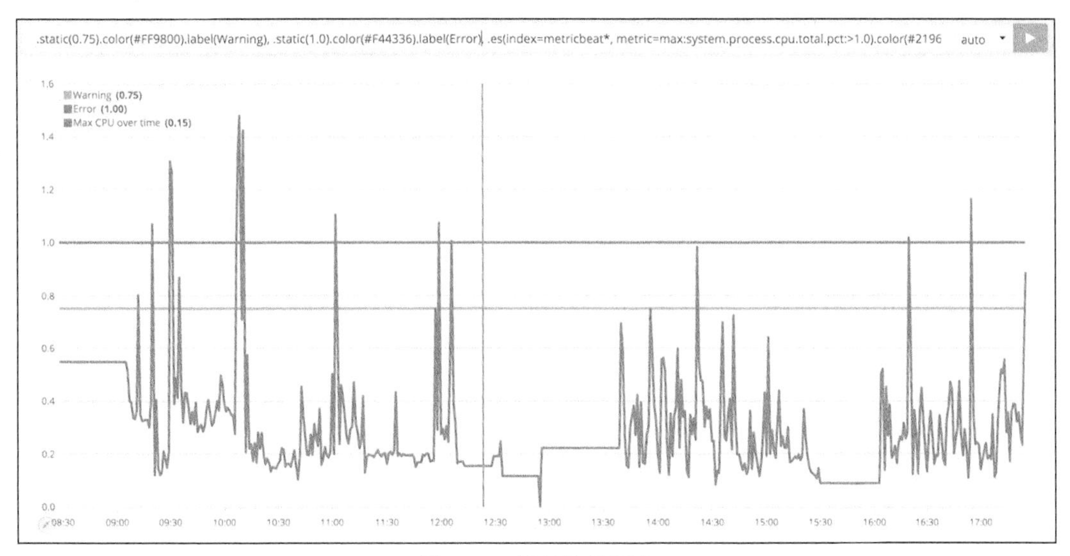

图 5-22　带阈值的图表

color 和 label 表达式给图表带来了可定制的特性，每条线可以有指定的颜色和图例标签。

如果加上一个 movingaverage 函数，我们就可以把 CPU 最大使用率的图优化得更平滑一些，代码如下：

```
.es(index=metricbeat*,
metric=max:system.process.cpu.total.pct:>1.0).color(#2196F3).label("Max CPU
over time").fit(mode=carry).movingaverage(2)
```

效果如图 5-23 所示。

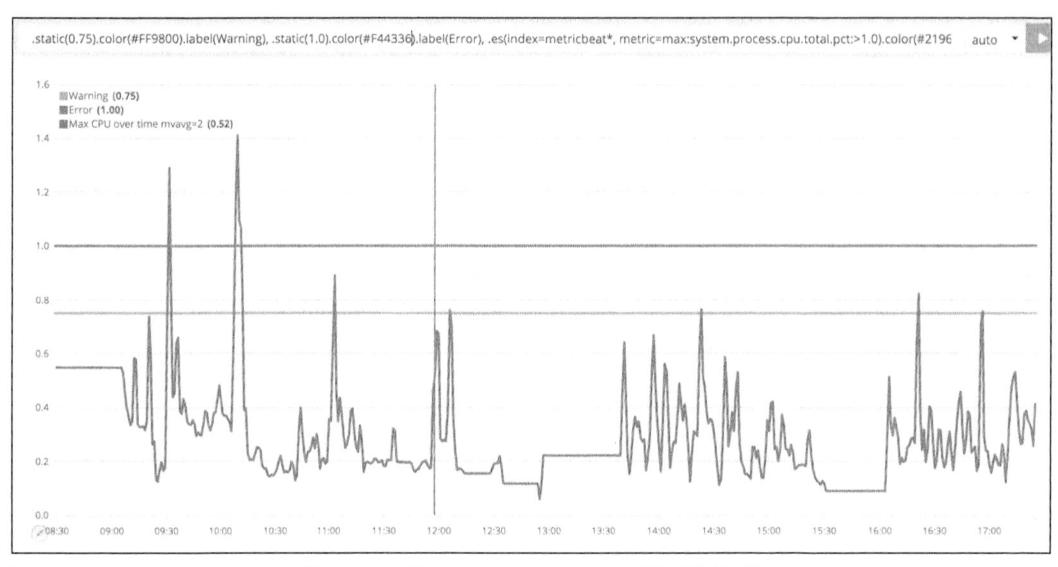

图 5-23　用 movingaverage 函数平滑线型

现在我们可以使用 point 函数来标记到达阈值的数据点，并且将所有内容乘以 100，这样就能在可视化中以百分比值的形式展示，代码如下：

```
 (.static(0.75).color(#FF9800).label(Warning),
.static(1.0).color(#F44336).label(Error),
.es(index=metricbeat*,
metric=max:system.process.cpu.total.pct:>1.0).color(#2196F3).label("Max CPU
over time").fit(mode=carry).movingaverage(2), .es(index=metricbeat*,
metric=max:system.process.cpu.total.pct:>1.0).color(#2196F3).fit(mode=carry
).movingaverage(2).condition(lt, 0.75).condition(gt,
1.0).points(symbol=diamond, radius=4).color(#EF6C00).label("1st level
alert"),
.es(index=metricbeat*,
metric=max:system.process.cpu.total.pct:>1.0).color(#2196F3).fit(mode=carry
).movingaverage(2).condition(lt, 1.0).points(symbol=diamond,
radius=4).color(#FF1744).label("2nd level alert")).multiply(100)
```

效果如图 5-24 所示。

上面这些表达式也没有想的那么复杂，我只是重复使用了绘制最大 CPU 使用率折线的表达式，其中显示橙色菱形条件是.condition(lt, 0.75).condition(gt, 1.0)，显示红色菱形条件是.condition(lt, 1.0)。

现在，我们已经拥有了一个完整的图表，它显示了一个平滑的基于指标的最大 CPU 使用率折线，能够实时显示异常跟踪点。我们可以轻松地在同一图表上看到哪些值超过了阈值。点击 **Save**（保存）按钮，就可以将图表存入 Kibana 的面板，然后把当前表达式存为 Kibana 仪表板条目，如图 5-25 所示。

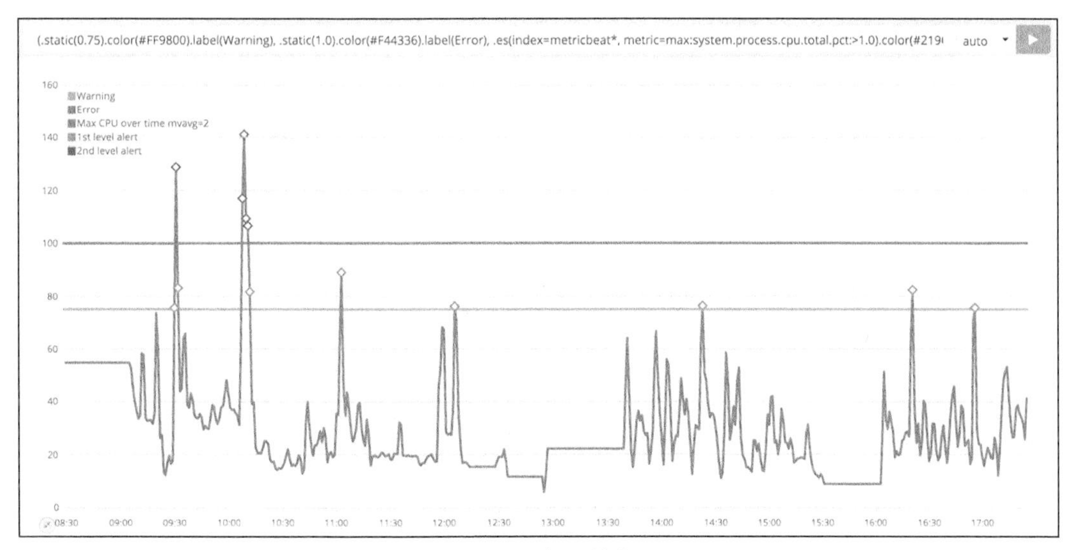

图 5-24　标记数值

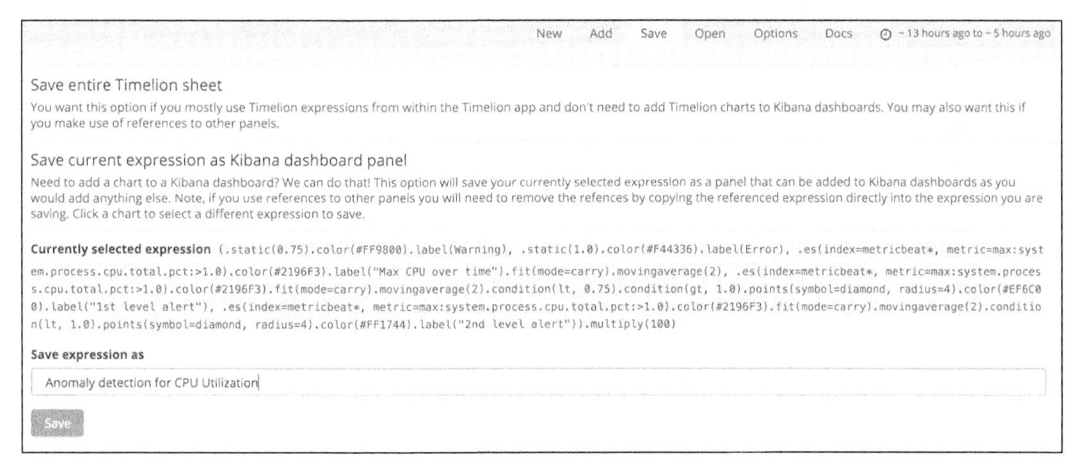

图 5-25　保存表达式

接着进入仪表板部分，点击 **Add**（新增）按钮，把它添加到 Metricbeat 系统统计（Metricbeat System Statistic）仪表板里，如图 5-26 所示。

通过不断组合各种可视化特性，Kibana 5.0 给用户带来了完整的可视化体验，

下面，我们将在可视化中增加警报功能来使其更强大，当警报真的被触发时进行可视化展示。

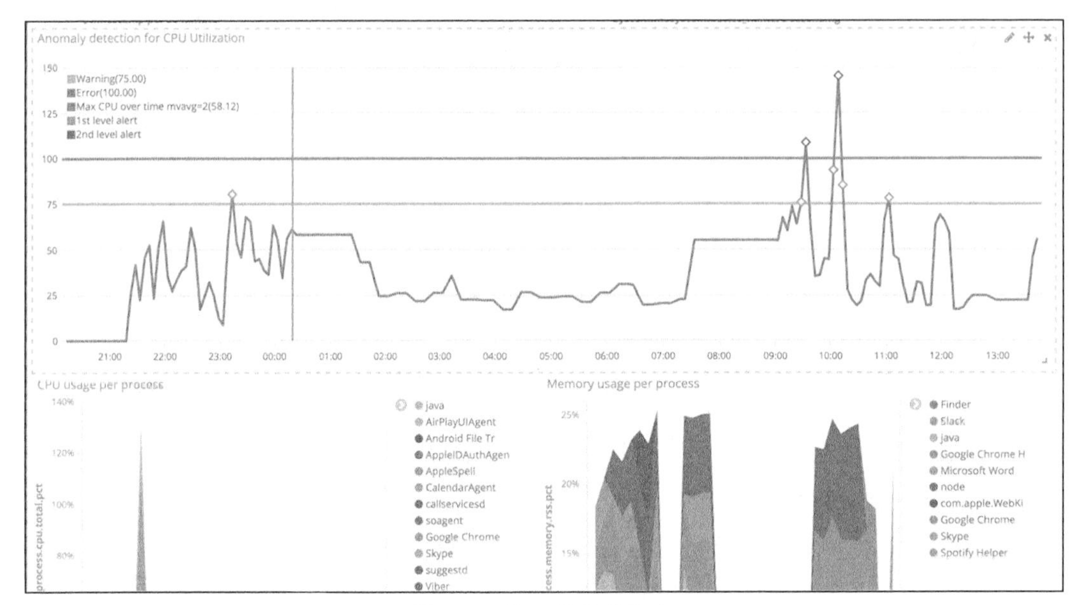

图 5-26　添加到仪表板中

5.4.2　使用 X-Pack 警报功能

首先我们需要创建一个警报，它基本上由以下特性组成。

- **触发器**：触发警报的频率。
- **输入**：警报所使用的数据。
- **条件**：触发执行警报动作的规则。
- **动作**：警报结果的发送通道。

如果需要了解关于警报的更多信息，推荐浏览在线文档 https://www.elastic.co/guide/en/x-pack/current/xpack-alerting.html。

在本例中，我们希望在系统 CPU 消耗最大值超过 40%时触发警报，这意味着要和 `system.process.cpu.total.pct` 配合工作，由它为我们提供这个值。警报的配置如下：

```
{
  "trigger": {
    "schedule": {
      "interval": "10s"
    }
  },
  "input": {
    "search": {
```

```
    "request": {
      "indices": [
        "metricbeat*"
      ],
      "body": {
        "size": 0,
        "aggs": {
          "max_cpu": {
            "max": {
              "field": "system.process.cpu.total.pct"
            }
          }
        },
        "query": {
          "bool": {
            "must": [
              {
                "range": {
                 "@timestamp": {
                    "gte": "now-10s"
                 }
                }
              }
            ]
          }
        }
      }
    }
  }
},
"condition" : {
  "script" : {
    "lang": "painless",
    "inline" : "if (ctx.payload.aggregations.max_cpu.value > 0.40) {
      return true; } return false;"
    }
  },
  "actions": {
    "log": {
      "transform": {},
      "logging": {
        "text": "Max CPU alert executed : {{ctx}}"
      }
    },
    "index_payload" : {
```

```
        "transform": {
          "script": {
            "lang": "painless",
            "inline": "Map result = new HashMap(); result['@timestamp'] =
              ctx.trigger.triggered_time; result['cpu'] =
              ctx.payload.aggregations.max_cpu.value; return result;"
          }
        },
        "index" : {
          "index" : "cpu-anomaly-alerts",
          "doc_type" : "alert"
        }
      }
    }
  }
```

正如所见，警报每 10 秒触发一次；它执行输入的请求，其中主要是对数据进行聚合，并根据 Metricbeat 最近 10 秒传送过来的数据计算出最大的系统值。

然后根据判断条件进行校验，验证其值是否高于 0.4（40%），如果是，则执行警报的动作。

- 用 `ctx` 变量将包含了所有上下文数据的信息记录下来，输出的示例如下：

```
[2016-09-12 22:16:40,159][INFO ][xpack.watcher.actions.logging]
[Jaguar] Max CPU alert executed : {metadata=null,
watch_id=cpu_watch, payload={_shards={total=35, failed=0,
successful=35}, hits={hits=[], total=225, max_score=0.0},
took=2, timed_out=false, aggregations={max_cpu=
{value=0.7656000256538391}}}, id=cpu_watch_53-2016-09-
12T20:16:40.155Z, trigger={triggered_time=2016-09-
12T20:16:40.155Z, scheduled_time=2016-09-12T20:16:39.958Z},
vars={}, execution_time=2016-09-12T20:16:40.155Z}
```

- 对 CPU 异常警报中输出的部分内容进行索引，如被触发的时间以及最大 CPU 值：

```
{
  "_index": "cpu-anomaly-alerts",
  "_type": "alert",
  "_id": "AVcgA-viVDHwfzZYssj_",
  "_score": 1,
  "_source": {
    "@timestamp": "2016-09-12T20:08:30.430Z",
    "cpu": 0.5546000003814697
  }
}
```

为了启用这个警报，我们必须进入 Kibana 的 Console 插件，将其添加到警报索引里，X-Pack 为此设计了一个专门的 API，如图 5-27 所示。

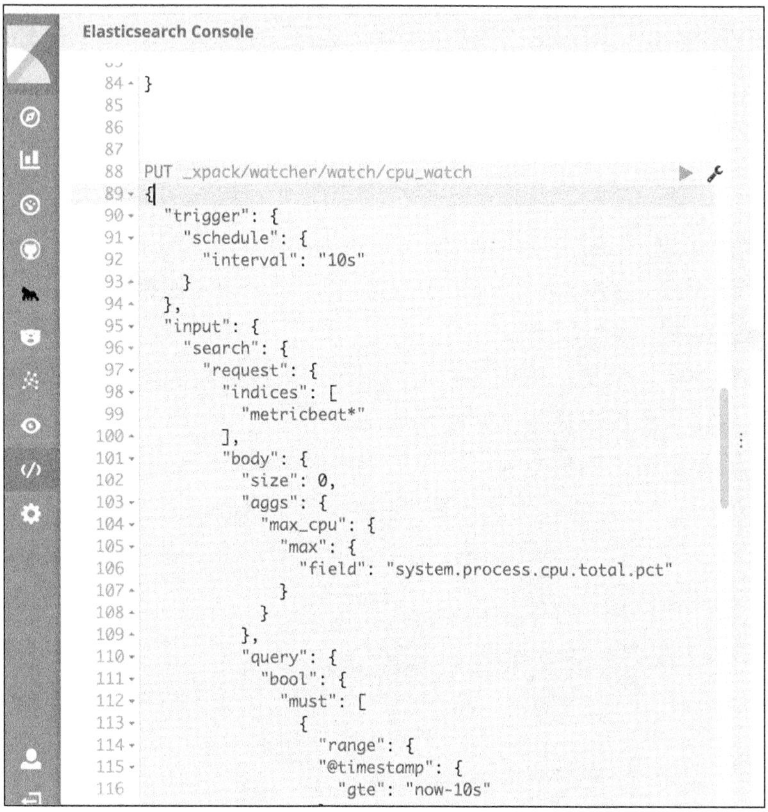

```
PUT _xpack/watcher/watch/cpu_watch
{
  "trigger": {
    "schedule": {
      "interval": "10s"
    }
  },
  "input": {
    "search": {
      "request": {
        "indices": [
          "metricbeat*"
        ],
        "body": {
          "size": 0,
          "aggs": {
            "max_cpu": {
              "max": {
                "field": "system.process.cpu.total.pct"
              }
            }
          },
          "query": {
            "bool": {
              "must": [
                {
                  "range": {
                  "@timestamp": {
                    "gte": "now-10s"
```

图 5-27　在 Kibana 控制台里创建警报

完成上述步骤之后，我们回到 Kibana 的 Timelion，调试表达式以绘制 CPU 最大值折线，以及警报被触发的数据点。下面是使用的表达式：

```
(
  .static(0.4).color(#FF9800).label(Warning),
  .es(index=metricbeat*, metric=max:system.process.cpu.total.pct)
    .color(#2196F3)
    .label("Max CPU over time")
    .fit(mode=carry).movingaverage(2),
  .es(index=cpu-anomaly-alerts)
    .condition(operator=lt,1)
    .points(symbol=cross)
    .color(#FF1744)
```

```
    .divide(
      .es(index=cpu-anomaly-alerts)
      .condition(operator=lt,1)
    )
    .multiply(
      .es(index=metricbeat*, etric=max:system.process.cpu.total.pct)
        .fit(mode=carry)
        .movingaverage(2)
    )
).multiply(100)
```

表达式首先创建了一个表示 40%的阈值的静态直线，然后绘制出动态的最大系统 CPU 使用率的平均值。接着使用 CPU 异常警报索引，让它保存所有的警报输出，每次警报被触发时就绘制一个交叉点。

注意，我使用的一个条件是从可视化中删除所有值为 0 的点，因为 Timelion 会把它们绘制出来，这将导致图表显得既繁复又杂乱。

把同样的数据集按它的值分开，每个值为 1 时，就会出现一个交叉，将其与用于求最大系统 CPU 使用率相同的表达式相乘。这样，要平滑展示图表上的所有值，只需要一个 y 轴，交叉线应该与 CPU 折线重叠。最后，把所有的东西都乘以 100，使之以百分比的形式可视化，如图 5-28 所示。

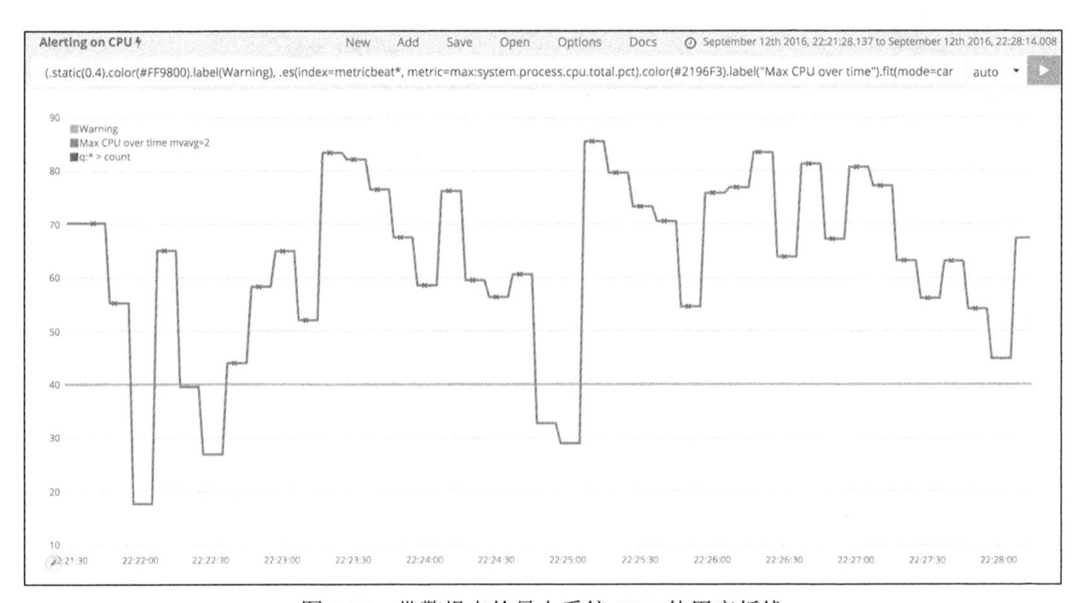

图 5-28　带警报点的最大系统 CPU 使用率折线

正如所见，我们现在可以清楚地看到所有那些有疑问的值，并且可以确定警报已经被触发，并采取了主动措施。

5.5 小结

在本章中，我们已经看到如何在技术指标分析的环境中使用 Kibana。我们依靠 Metricbeat 从服务器传送来的数据，在 Kibana 的仪表板和 Kibana 的 Timelion 里对结果进行可视化。在下一章中，我们仍将研究指标分析，但采用的是一个业务用例——美国国内航班用例。

第 6 章
探索 Kibana 中的 Graph

在前面几章中，我们主要应用 Elasticsearch 的聚合 API 来对日志和指标进行场景分析。

但是，如果不需要找出数据中的 KPI，而是要基于关联性来展示数据之间的内在联系，那该怎么办呢？这就是引入 Elastic Graph 的时候了。Graph 是一个 X-Pack 插件，它可以揭示出 Elasticsearch 索引的数据之间重要的关联关系。

Elastic Graph 给 Elasticsearch 带来了新的 API，给 Kibana 带来新的用户界面，它为探索数据提供了一种完全不同的方法：它不是从对数据的值进行聚合的角度来处理数据，也不使用过滤来探查模式以缩减范围，Graph 通过顶点（Elasticsearch 中索引的词条）和连接（有多少文档共享了索引中的词条）来处理数据，并绘制出它们之间的重要关联。

本章中我们将学到 Elastic Graph 流的一些概念。

- 将 Elastic Graph 与传统的图技术区分开来，不是从两者竞争的角度来看，而是作为技术比较，了解 Elastic Graph 试图解决哪些挑战。
- Stack Overflow 用例：分析数据结构，尝试不同的图探索，先从简单的探索开始，使用默认设置和有限的一组词条，然后再进行更复杂的步骤，包含一个以上词条，并使用 Elastic Graph API 的一些基本设置。

6.1 Elastic Graph 基础知识介绍

Elastic Graph 主要用于揭示数据之间的重要关系，以便我们看出问题中的变量是如何相互作用的。基于这些关系，可以形成一些建议。数据是高度关联的，无论是隐式的还是显式的。这些联系可以用图的形式来表达。对于以下用例，基于图的数据分析提供了独特的视角。

- 在搜索用例中，使用图技术可以提高搜索体验。根据用户提交的查询获取相关内容，典型的例子是在电子商务网站上看到的东西。例如，购买手机时，你会看到相关配件的信息。但在 Elasticsearch 的语境里，基于网站的点击流，用户就可以获得实时的、相关的、基于购买行为的重要建议。

- 在安全分析用例中，基于日志数据的检测，可以主动发现可疑连接。如果我们有应用程序的所有访问日志，如防火墙日志、代理日志、前端和后端日志，Elastic Graph 可以用来关联所有这些层面的数据，跟踪用户的活动。所有连接都和 IP 地址相关联，因此，如果有嫌疑，就可以建立禁用 IP 地址索引。
- 在业务分析用例中，如金融服务，Elastic Graph 能用于表示银行账户或实体之间的金融交易，目标是进行法务上的欺诈监测。比如说，这个思路就是监控账户之间的交易，可能一笔几百万美元的交易并不可疑，而两个账户之间的 100 万笔 1 美元的交易就很可疑。利用 Elastic Graph，我们可以突出显示出这种行为，并将欺诈行为检测扩展到相关联的账户上去。

上面的几个例子只是所有 Graph 能做的事情的一个子集。要理解它如何实现，我将会介绍 Elastic Graph 与通常的图技术之间的基本区别。

Elastic Graph 与其他图技术如何不同

理解 Elastic Graph 与其他图技术之间的区别是很重要的。两者间存在很多差异，第一个差异涉及数据采用了典型的图数据库建模的方法。图 6-1 给出了一个示例。

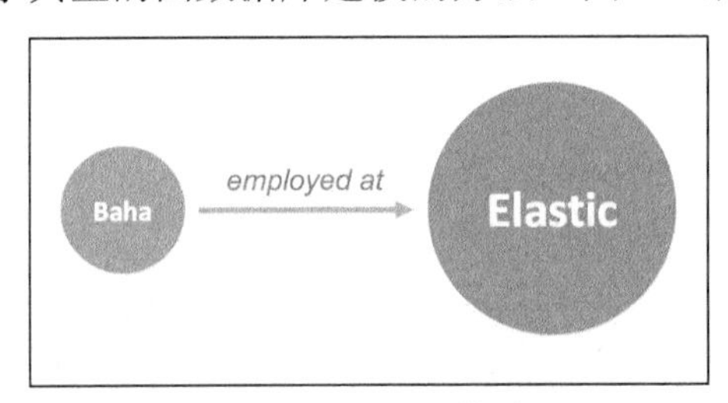

图 6-1　一个图模型

图 6-1 对图的概念进行了说明，它对 **Baha** 和 **Elastic** 公司的关系进行建模。每个顶点的大小取决于顶点的连接数。在上面的例子中，Elastic 顶点可能比 Baha 顶点有更多的连接。这个图由顶点（圆）和关系（箭头）组成。每个实体可以具有属性，比如这里的箭头就有个 **employed at**（受雇于）的属性。

在传统的图技术中，前面的模型是同步写入的，之后用户才能探索它。用户的探索不会有任何相关性的概念，Elastic Graph 恰恰与之相反。

Elastic Graph 会创建并展示出相关性，并基于索引数据展示出值得注意的关联。

图 6-2 说明了普通的图技术里发生了些什么。

一些图技术的搜索结果是基于记录的流行度的，因此，如果我们采用描述人们和他们所听内容这样的音乐数据，然后试着搜索莫扎特来获得相关艺术家的信息，我们将得到图 6-2 所示的结果。简单起见，我以绿色框的形式表示结果行，并将相关的艺术家放在顶部。

绿色框越大，则表示该艺术家越受欢迎。在我们的搜索示例中，第一行自然是莫扎特，但接下来我们会找到酷玩乐队、披头士乐队等，并在最后面的某个地方发现巴赫。

图 6-2 普通的图技术

从数据集来看，酷玩乐队和披头士乐队都很受欢迎，他们最有可能在每次对图的探索中都被呈现出来。他们的流行度削弱了搜索的信号——与莫扎特有关的古典音乐艺术家，他们产生了噪声。这被称为超级连接实体，因为数据点和它们之间的关联总是不会超过几跳，最终总是会接触到一个超级连接实体上，如图 6-3 所示。

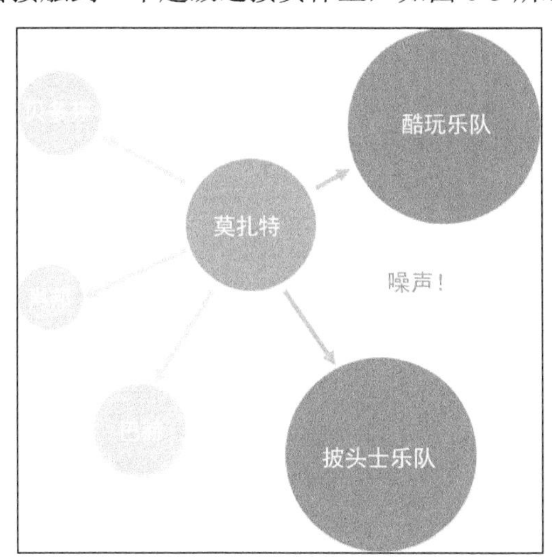

图 6-3 超级连接实体的噪声影响

这种情况常常发生在主流图技术里，而这仅仅是因为计算结果的相关性和重要性并不是它们的工作。

好消息是它们的薄弱之处正是 Elastic Graph 所擅长的。

当我们在 Elasticsearch 的索引里丢入一个词条，它天然就知道哪些数据对其最感兴趣，并会据此来构建图。

Elasticsearch 在许多文档中搜索能够增强连接的强度/相关性的因素，并将其展示出来。

> Elastic Graph 可以显示大量的东西，但是 Elasticsearch 首先显示相关性最高的，这正是重要链接算法要做的。

图 6-4 说明了在图里进行噪声检测的概念。

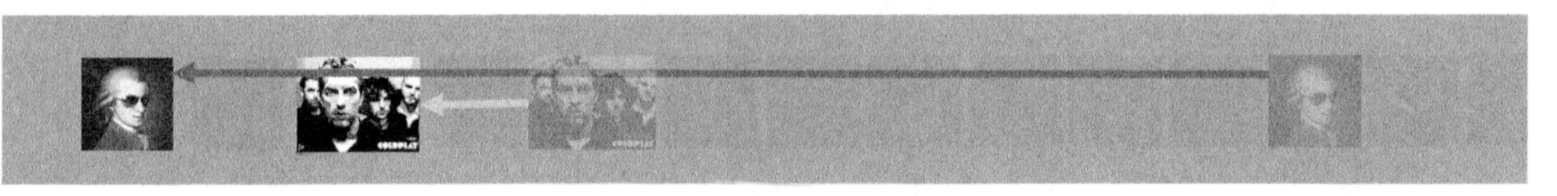

图 6-4　噪声检测的概念

在上面的说明里，我们能看到当用户搜索“Mozart”（莫扎特）的时候发生了什么。

- 与莫扎特相关的一些记录会朝着左侧上部的结果大幅靠近。这种情况会发生在巴赫、贝多芬、威尔第等人身上。
- 与酷玩乐队相关的另一些记录几乎不会发生移动，平克•弗洛伊德乐队、披头士乐队及其他一些乐队也是这样。

这就是 Elastic Graph 区分头等人群数据（信号）和次级的移动缓慢、相关性较低的人群数据（噪声）的方法。只有信号会被呈现给用户，如图 6-5 所示。

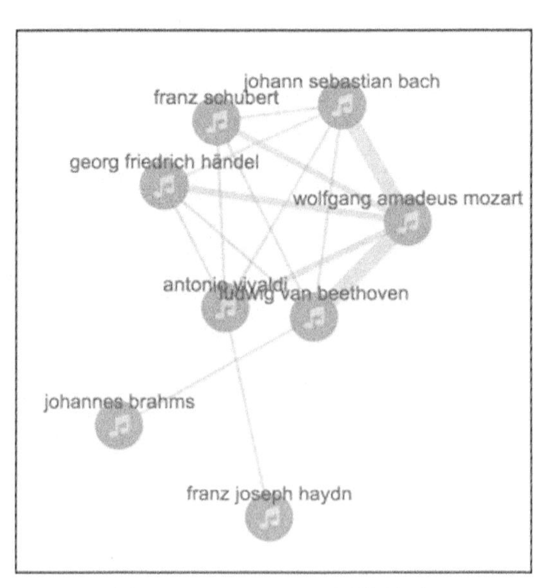

图 6-5　Elastic Graph 图的效果

现在是时候通过示例来探索 Elastic Graph 的更多特性了，我们采用的示例是 Stack Overflow 数据集。

6.2 用 Elastic Graph 探索 Stack Overflow 数据集

Stack Overflow 是一个应用广泛的用于咨询和回答问题的网站，它涉及的计算机科学行业主题非常庞杂。它是试用 Elastic Graph 的完美资源，它的数据里包含了大量用户，他们与问题、答案、标签、评论等相关联。在本节中，我们将在 Elasticsearch 里对 Stack Overflow 数据集进行索引，然后用 Elastic Graph 来查看数据结构，并建立关联。

6.2.1 准备使用 Graph

我们将要使用的数据集可以从本书资源第 6 章的文件夹里获得，找到一个名为 StackOverflow4Graph.zip 的 zip 文件，它包含以下文件。

- `IndexPosts.py`：Python 脚本文件，在你的 Elasticsearch 集群里索引数据。
- `Posts.csv`：数据集本身。
- `readme.txt`：readme 文件，同时其中也包含了一个 Twitter 链接，这个 Twitter 对我们这部分内容进行了说明。

下面的示例讲解了如何对 Stack Overflow 数据集进行图探索，也解释了为什么基于流行度的连接会导致显示出不那么相关的结果，如图 6-6 所示。

首先我们将 ZIP 文件解压，然后执行 Python 脚本让 Elasticsearch 对数据进行索引，脚本需要以下几个参数：

- Elasticsearch 主机名；
- Elasticsearch 用户名；
- Elasticsearch 密码。

如果 Elasticsearch 集群运行正常，执行如下的命令：

```
pythonIndexPosts.py ELASTICSEARCH_HOSTNAME USERNAME PASSWORD
```

需要检查一下数据是否被正确索引了，转到控制台，如图 6-7 所示。

在图 6-7 中，可以看到控制台的右侧显示有 **1192635** 个文档被索引了。现在，我们来看看这些数据到底是什么样的。

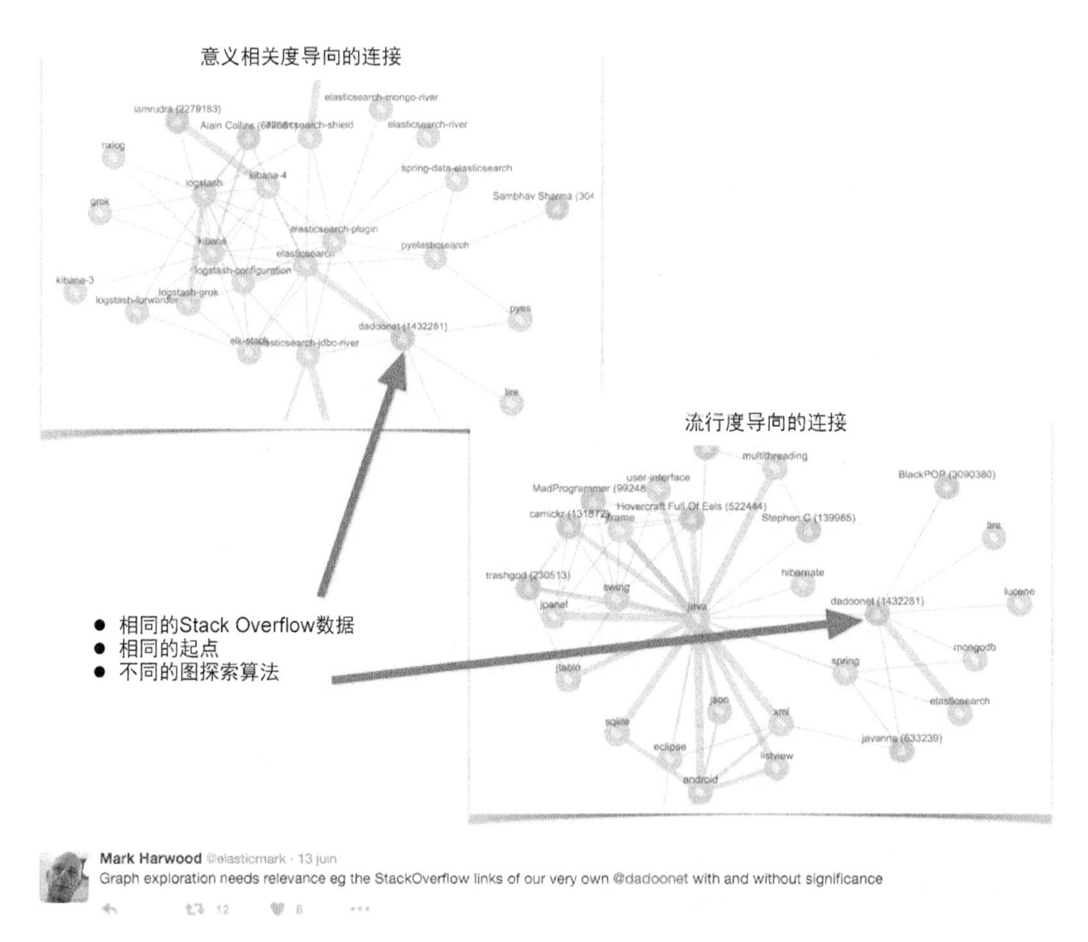

图 6-6　意义相关度连接和流行度连接的区别

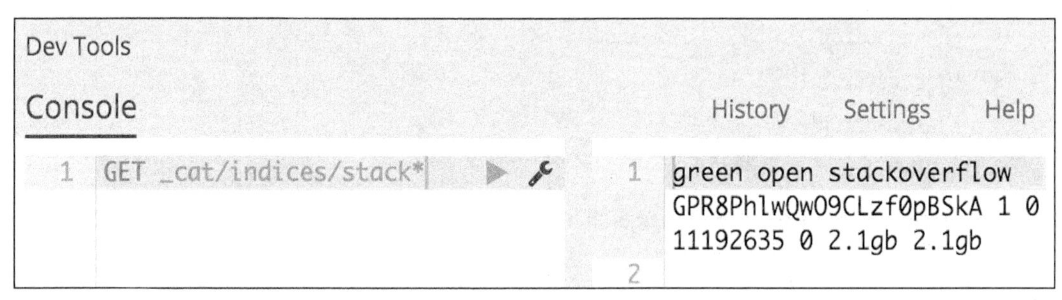

图 6-7　检查数据集是否被正确索引

6.2.2　数据结构

要使用 Elastic Graph，没有必要在 Elasticsearch 里创建特别的数据结构，Elastic Graph

利用你索引中的词条匹配工作。在对 Stack Overflow 数据进行图化之前，我们先检查一下结构数据。为此，需要在 Kibana 里创建一个索引模式，Elastic Graph 插件也会用到它。

转到管理/索引模式部分，创建一个 `stackoverflow` 索引模式，如图 6-8 所示。

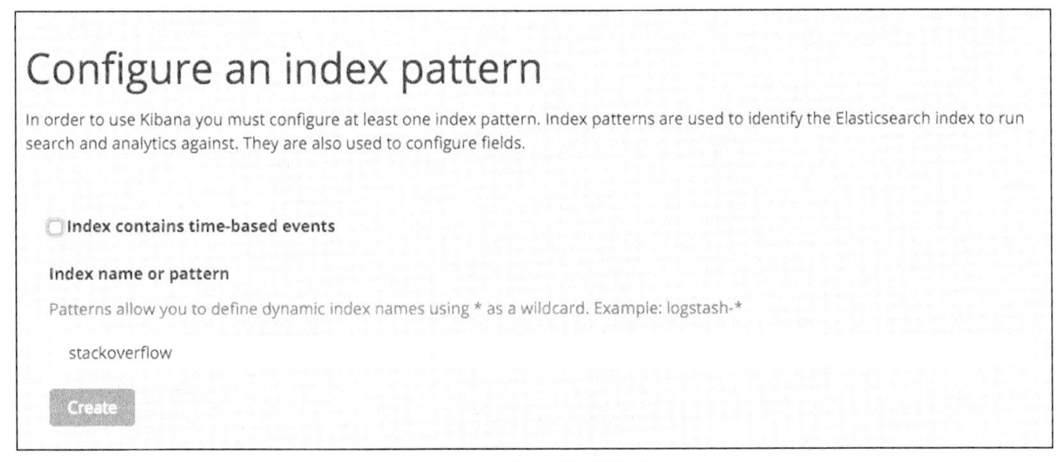

图 6-8　创建索引模式

创建完成后，转到 **Discover** 标签，随机展开一个文档，看起来类似于图 6-9 所示。

```
tag: javascript, jquery user: learnmore (1742289),
ckoverflow _score: 1

Table    JSON

1 {
2   "_index": "stackoverflow",
3   "_type": "qna",
4   "_id": "AVgSYpTT1vXMTQ2oWJCN",
5   "_score": 1,
6   "_source": {
7     "tag": [
8       "javascript",
9       "jquery"
10    ],
11    "user": [
12      "learnmore (1742289)",
13      "Vohuman (848164)"
14    ]
15  }
16 }
```

图 6-9　文档内容

这个文档的结构相当简单，包含了两个数组。

- `tag`：问题的主题。
- `user`：问题涉及的用户。

至此，我们可以开始探索数据，先从简单探索开始。

6.2.3 简单探索

开始探索数据之前，先简要介绍一下 Elastic Graph，它的组件菜单如图 6-10 所示。

图 6-10　Graph 的菜单

从图 6-10 所示的截图中可以看出，Graph 的菜单由 4 个部分组成。

- 一个选择进行探索的索引的组合框；
- 一个加号按钮，它将引导你选择字段作为图的顶点使用。
- 一个输入框，用来输入查询以便对图进行过滤。
- 一个管理工作区的工具栏，从中可以创建、打开和保存图。Elastic Graph 5.0 的用户界面与 2.x 版本并没有很大的差别，但包含了一些显著增强的功能，如这个工具栏。现在可以保存一个对图的探索，然后稍后再打开它，就和在仪表板中的功能一样。这样，就可以通过 URL 从一个图可视化场景切换到底层数据，为给定的工作区配置下钻。这个 URL 可以是动态的，我们会在第一次探索的时候对这个特性进行说明。

现在开始探索过程，我们会选择 `stackoverflow` 索引模式，使用 `tag` 字段，如图 6-11 所示。

图 6-11　探索 `stackoverflow` 索引模式

添加 `tag` 字段，通过在查询输入框里输入一些表达式来进行搜索。

我们试试搜索 `elasticsearch`，结果如图 6-12 所示。

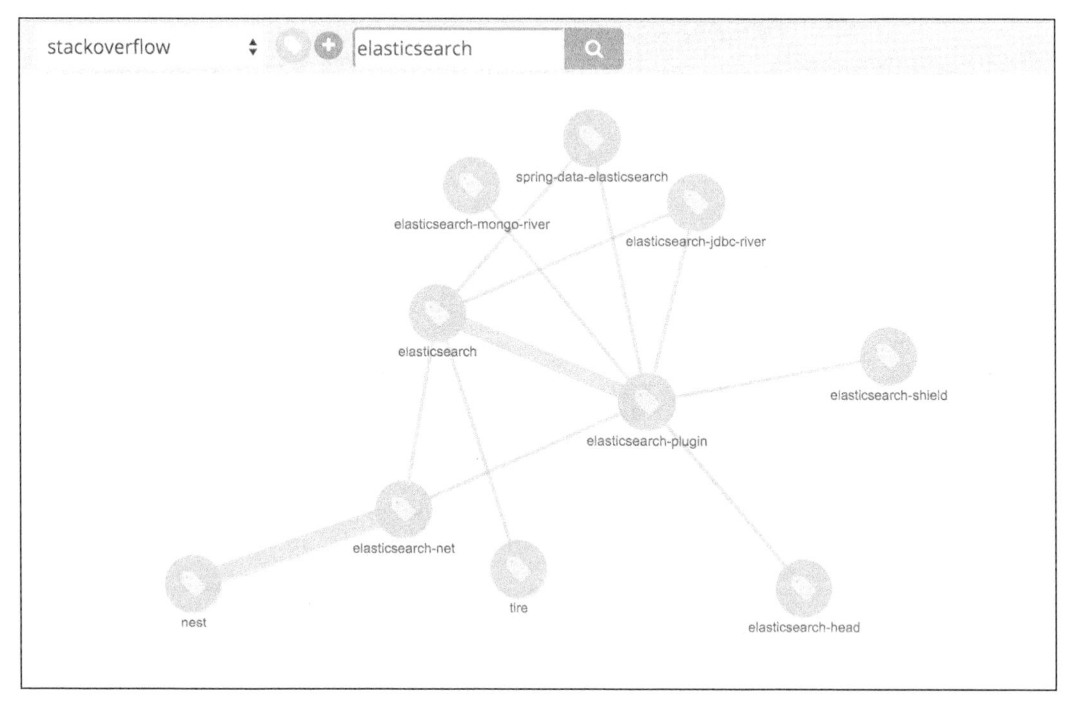

图 6-12 查找 `elasticsearch`

图 6-12 所示的图里包含了代表标签的顶点（圆圈）以及代表文档里共享的词条数量的顶点之间的连接。例如，选中从顶点 nest 出发的连接，会看到图 6-13 所示的统计信息。

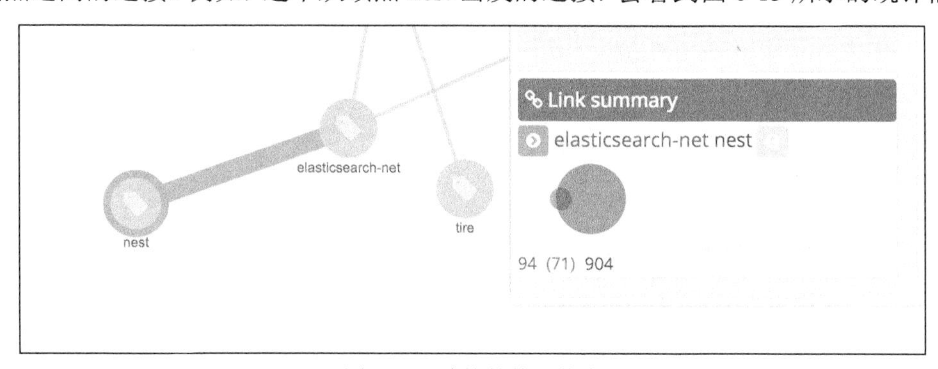

图 6-13 连接的统计信息

在图 6-13 中，我们能看到，**94** 个文档里包含了 **elasticsearch-net** 词条，其中 **71** 个文档里包含了 **nest** 词条，这完全可以理解，只要我们知道 nest 是 Elasticsearch 的.NET 客户端。

在探索的过程中，一个上下文菜单会出现在工作区的右侧，如图 6-14 所示。

这个菜单提供了一些操作功能，如加号按钮，用来在图里扩展词条的选择。如果在本次探索的当前状态下点击这个按钮，会看到图 6-15 所示的结果。

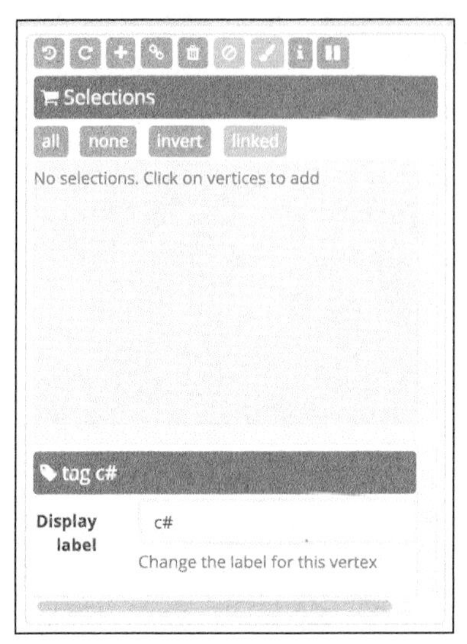

图 6-14　上下文菜单

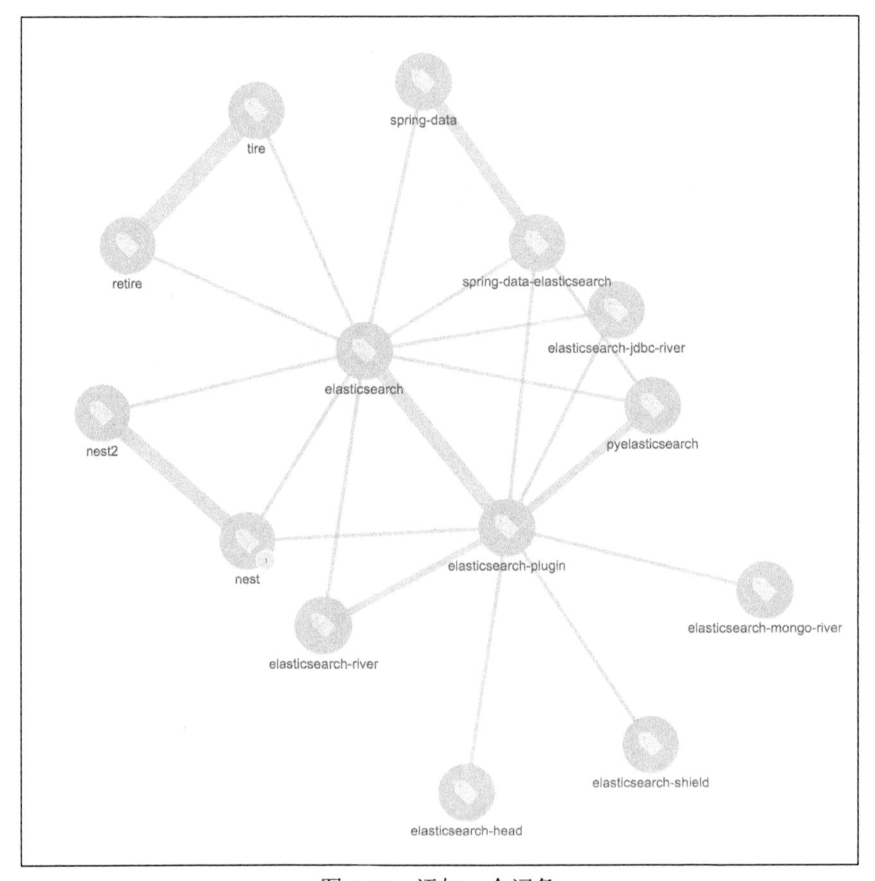

图 6-15　添加一个词条

在同一个菜单中，前两个按钮允许对操作进行取消和重做，这样在探索过程中就可以进行回退和前进。你可以试一下取消刚才所做的扩展，就会返回到图的最初版本。选择重做的话就又能看到上一次的图。

另一个可以使用的按钮是 **Delete**（删除）按钮。它可以删除当前工作区中的顶点，索引中的数据不会被删除。这个顶点在后续的探索中仍然可以检索，它和旁边的 **Blacklist**（黑名单）按钮是不一样的。后者会把当前工作区里的顶点放入黑名单，换句话说，它再也不会出现在你的探索里了。让我们试一个示例，例如，把 Elasticsearch 里的“river”列入黑名单，这样涉及“river”的探索结果都会被丢弃，如图 6-16 所示。

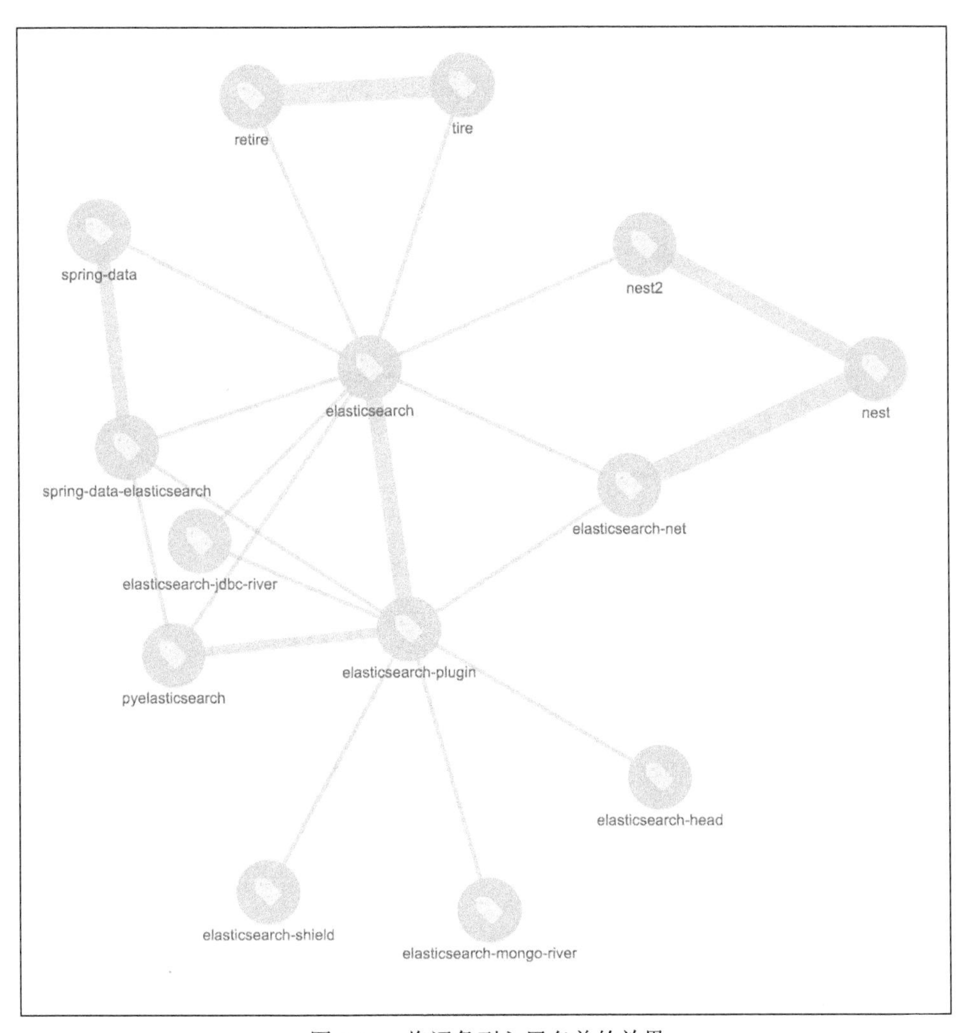

图 6-16　将词条列入黑名单的效果

只要愿意，你可以给图里的顶点自定义颜色，如 **elasticsearch** 词条，它大致位于这个图的中心，选择顶点颜色的界面如图 6-17 所示。

图 6-17　选择顶点的颜色

在加号按钮上单击多次，工作空间里就会出现很多词条，用下一组相关词条对图进行展开，图的布局会摇摆浮动，直到所有词条都处于屏幕的合适位置。要固定住布局，可以使用播放/暂停按钮。

最后还有两个可能用到的操作，即添加链接按钮（我们将在高级探索中看到它的应用）和下钻全局按钮（它能显示出所有可用的下钻动作，如图 6-18 所示）。

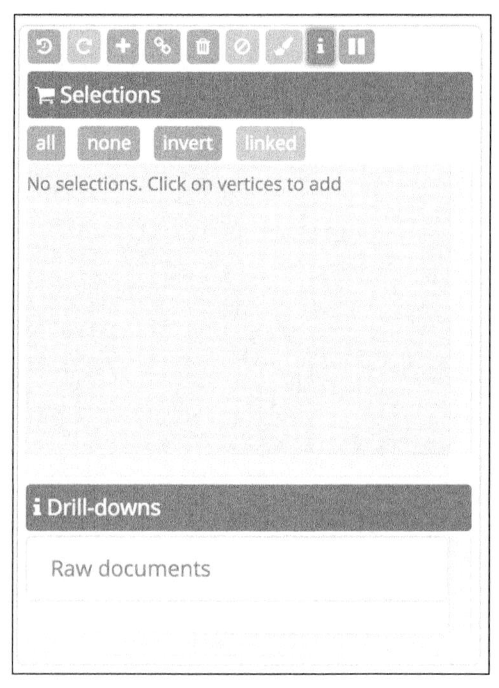

图 6-18　下钻操作

在图 6-18 中，只有 **Raw documents**（原始文档）一个可用的下钻操作，这基本上意味着，无论选择哪个顶点，你都能看到包含这些词条的所有文档。图 6-19 展示了下钻操作获取原始文档的工作方式。

图 6-19 获取原始文档

在上面的例子中，我们下钻到了包含“Elasticsearch”的原始文档。但是，如果我想要的是一个围绕特定主题的问题列表呢？这是下钻操作更有意义的地方。进入工作区设置，并点击 **Drill-Downs**（下钻）部分，会看到可以设置一个 URL 将在进行下钻的时候打开的 URL，如图 6-20 所示。

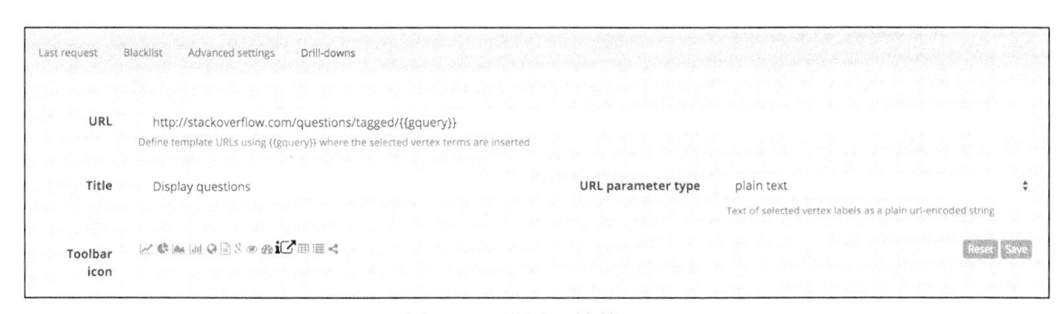

图 6-20 设置下钻的 URL

在图 6-20 中我们设置的 URL 为 `http://stackoverflow.com/questions/tagged/{{gquery}}`，其中 `gquery` 是真正的词条内容。这意味着，如果下钻到一个标签里，它应该重定向到与该标签相关的问题列表页面上。例如，如果创建一个 Kibana 的图，选择图中的 **kibana** 顶点进行下钻操作，会得到图 6-21 所示的选项。

在 Stack Overflow 上也有关于访问 Kibana 的问题，如果点击 **Display questions**（显示问题），你将被重定向到图 6-22 所示的页面。

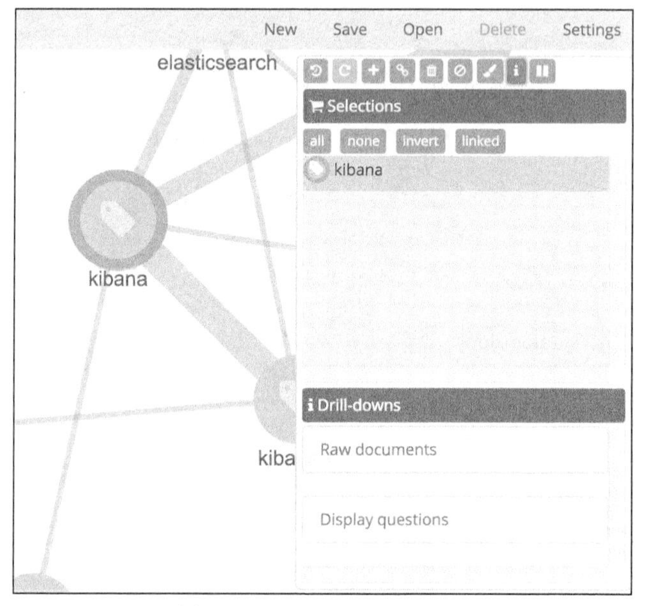

图 6-21　从 kibana 顶点下钻

在这一节中，我们针对文档中一个词条的情形做了简单探索。下一节我们会讨论更复杂的探索，对图的设置也更多一些。

6.2.4　高级探索

在本节中，我们将使用 Elastic Graph 来查看重要链接设置的影响，尝试连接不同的数据集，最后使用下钻功能在 Elastic Graph 和 Kibana 仪表板之间搭建一个桥梁。

1. 禁用重要链接

首先，继续使用上一节中创建的图，我们将研究超级连接实体的概念，方法是禁用用来清除噪声的 **Significant links**（重要链接）算法，这个算法只让信号显示出来，如图 6-23 所示。

如果我们用 **Delete** 按钮将工作区从当前图中清除掉，通过禁用 **Significant links**，然后搜索“elasticsearch”，得到的图应该如图 6-24 所示。

从图 6-24 可以看出，一些实体明显不是超级连接实体，而有些实体是，如 Java（Elasticsearch 最初是由 Java 写的，也是一个广泛使用的 Java 项目）、Lucene

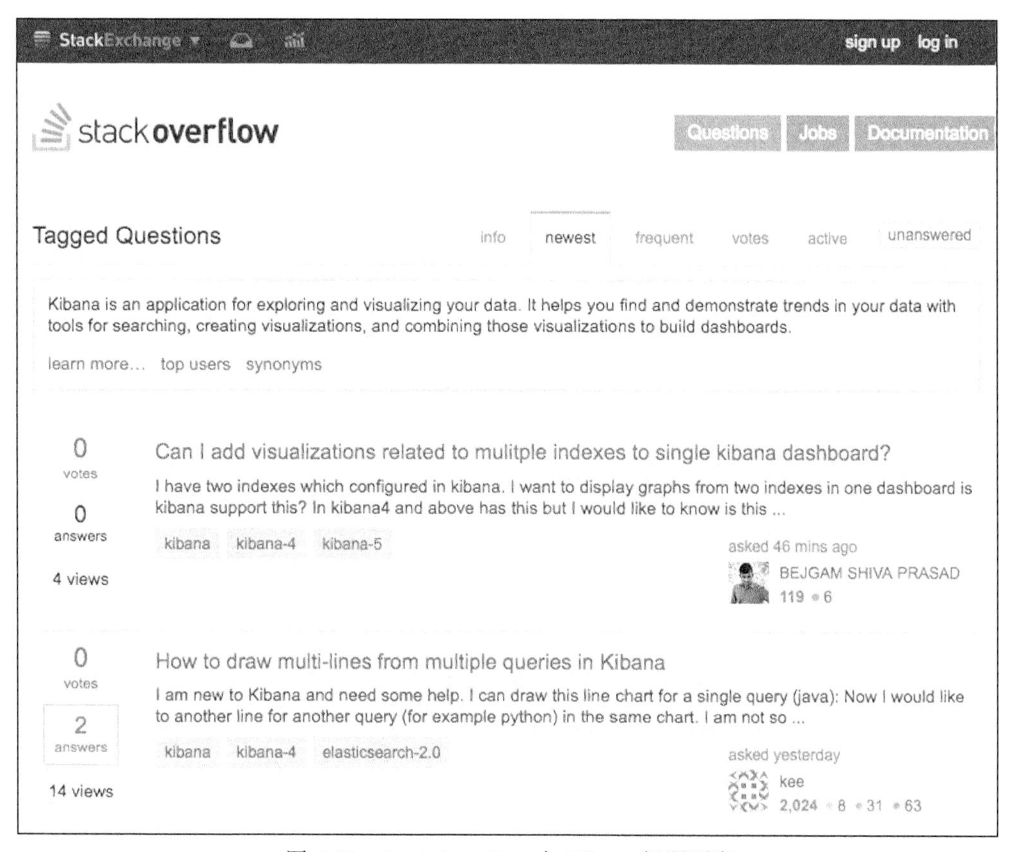

图 6-22 Stack Overflow 上 Kibana 问题列表

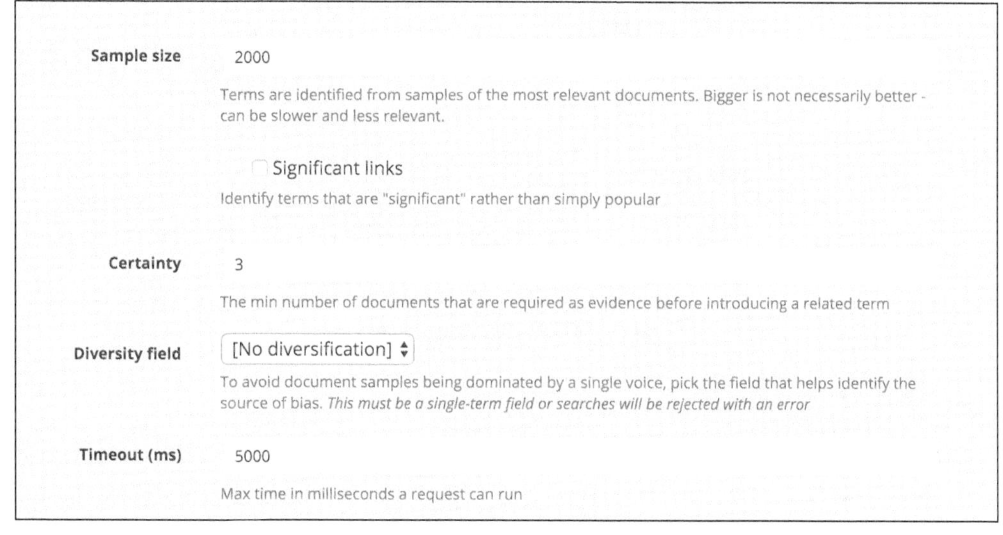

图 6-23 禁用重要链接

（Elasticsearch 是基于 Lucene 构建的）、JSON（数据在 Elasticsearch 中以 JSON 文档形式存储）等。于是可以看到，它与前一节中建立的图 6-11 不一样，这个图构建的依据是词条的流行度而不是它们的相关性。

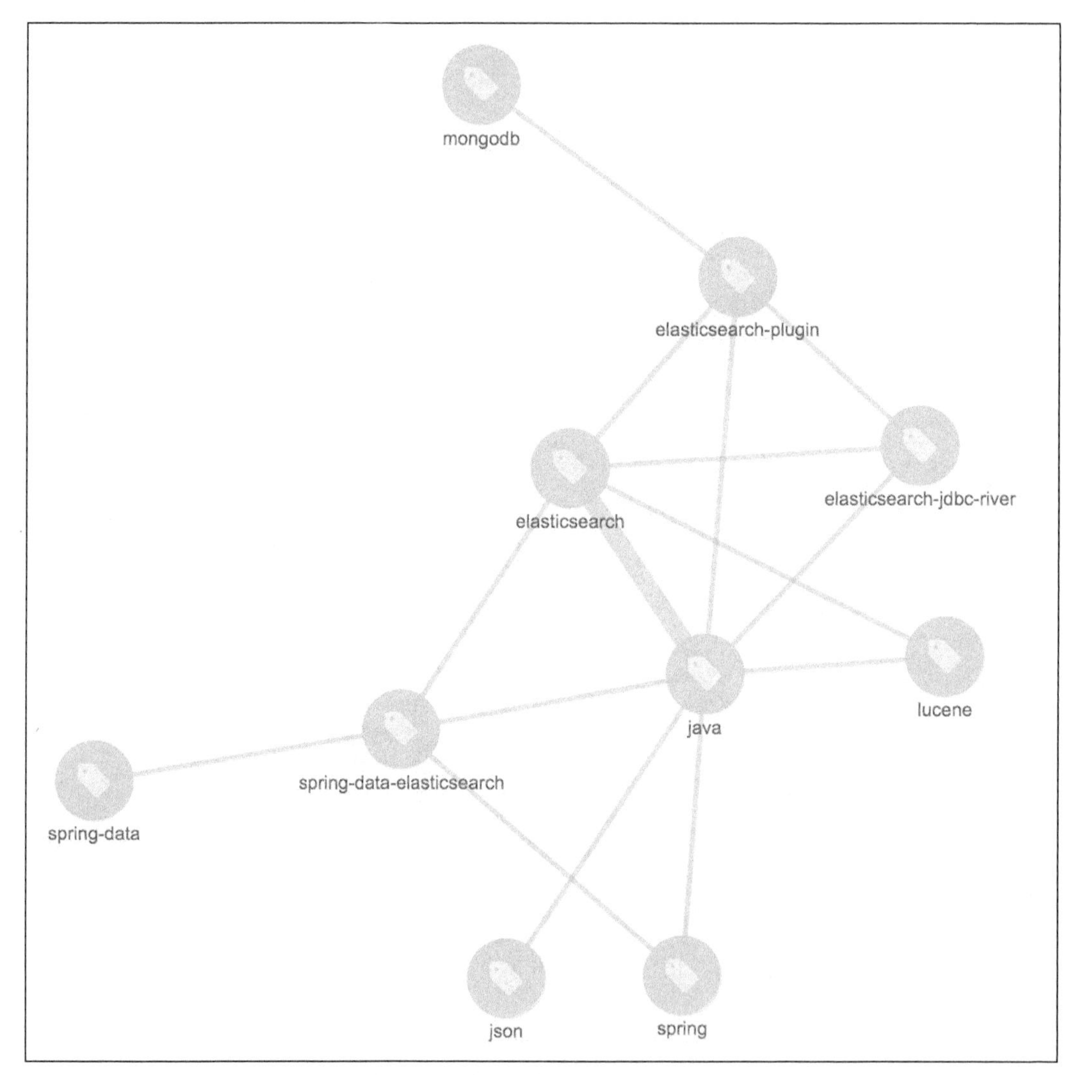

图 6-24　重新搜索“elasticsearch”

2. 探索多词条的图

在这个例子中，我们试着从招聘人员的角度来看，寻找一个在 Stack Overflow 里涉及多个主题的用户。作为示例，我们尝试寻找涉及 apache spark 和 apache kafka 这两个主题的具有最紧密关系的用户。为了实现这个目标，先点击索引选择器边上的加号，加入 user 字段，如图 6-25 所示。

我们首先要显示我们的标签，然后找出涉及这两个主题的用户，因此，按下 Shift 键并单击字段图标，就能在第一次搜索的时候禁用 user 字段，如图 6-26 所示。

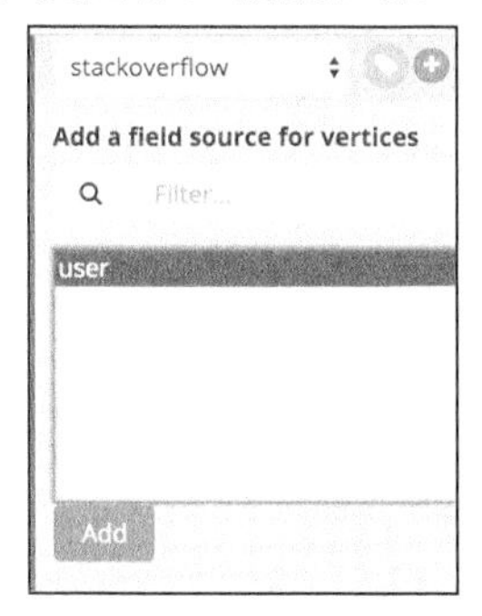

图 6-25 添加字段

图 6-26 裁剪搜索字段

搜索 Spark，我们得到图 6-27 所示的图，从这一图中可以看到，我们只想保留 **apache-spark** 和 **apache-kafka** 这两个词条。选中它们，再反向选择，删除这些节点，这样就得到变更后的结果。

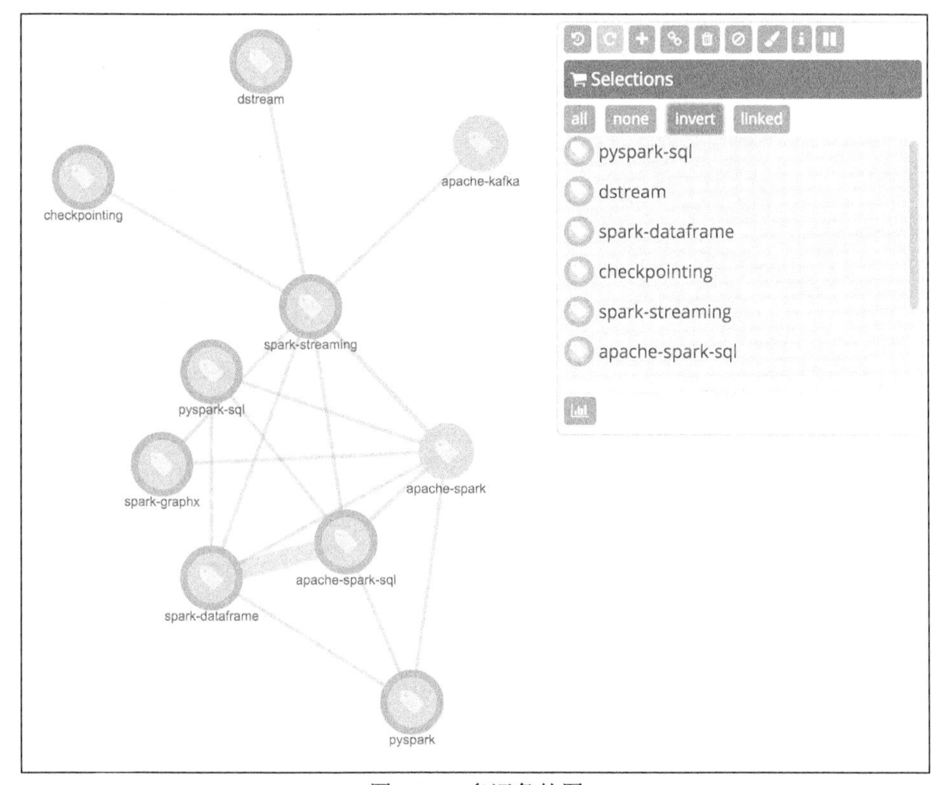

图 6-27 多词条的图

现在要做的是禁用 `tag` 字段，然后重新启用 `user` 标签。完成之后，单击 **apache-spark-sql**，接着再单击上下文菜单中的 **Plug** 按钮，这样就能让任何相关用户都展示出来。在没有更多用户的时候，对 **apache-spark** 执行同样的操作。最终得到的 **apache-kafkad** 的结果如图 6-28 所示。

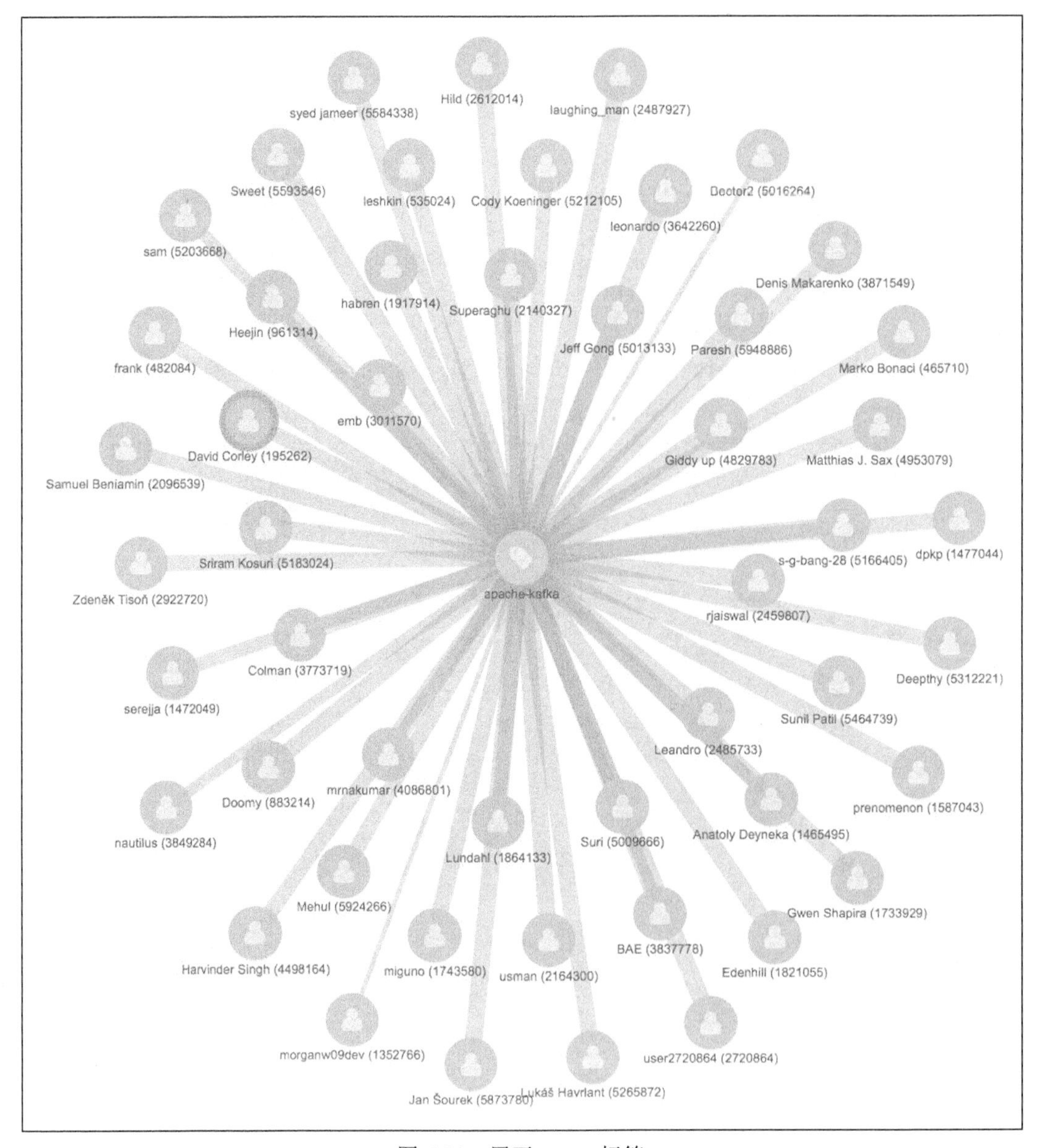

图 6-28　展开 `user` 标签

对于 **apache-spark**，也能得到类似的图。现在图里有两组词条显示，我们希望能将它们分组，各自代表 spark 用户和 kafka 用户。分别点击 **apache-spark** 词条或者 **apache-kafka** 词条，然后单击 **linked**（链接）选择相连的顶点。点击 **linked** 按钮的结果如图 6-29 所示。

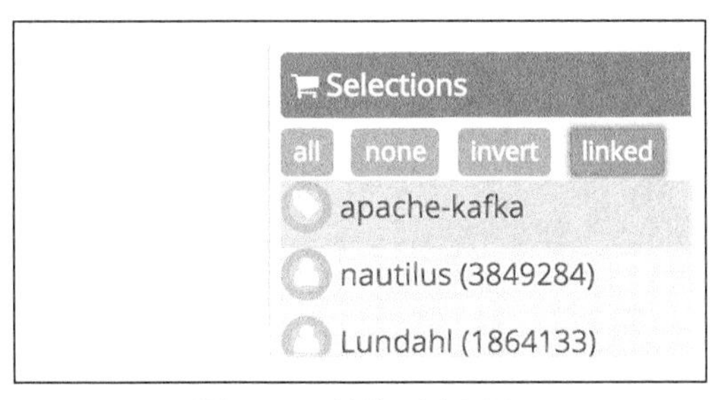

图 6-29　链接两个词条

在顶点列表里点击 **apache-kafka**，然后点击底部的 **group**（分组）按钮，将其进行分组，如图 6-30 所示。

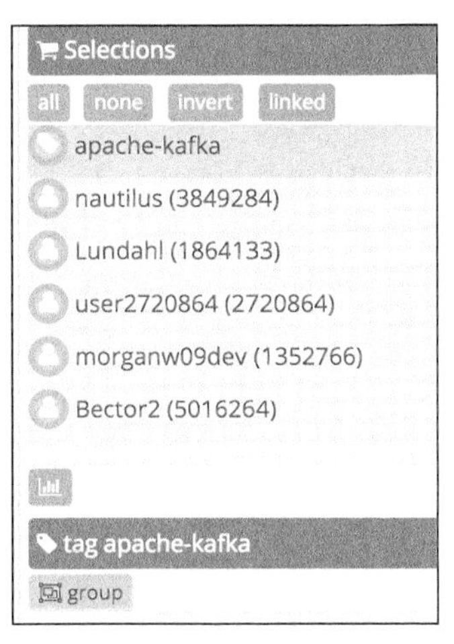

图 6-30　进行分组

对 **apache-spark** 执行同样的操作，得到的工作空间如图 6-31 所示。

现在把两者连接起来，首先要做的是按住 Shift 键把两个组都选中，然后点击按钮，如图 6-32 所示。

点击任一个组，都会在相同位置出现一个 **ungroup**（拆开分组）按钮作为在线选项，把它们的分组拆开，看到的结果如图 6-33 所示。

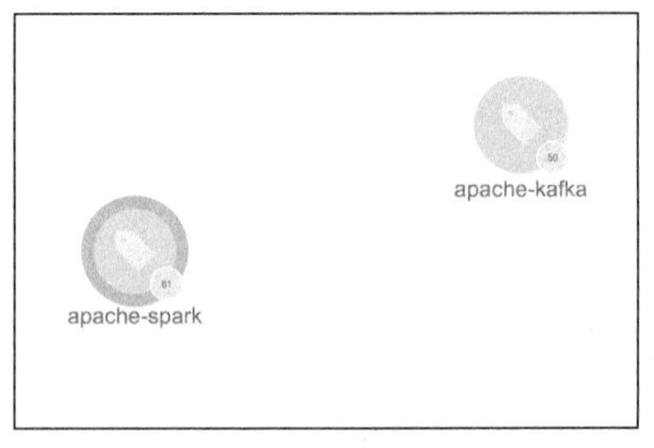

图 6-31　两个词条的工作空间

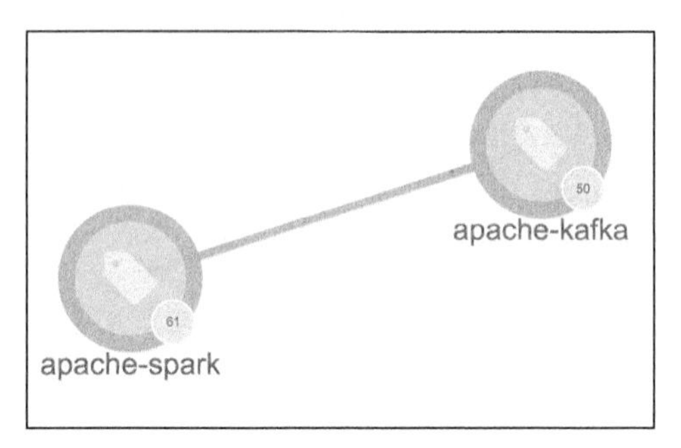

图 6-32　连接两个词条

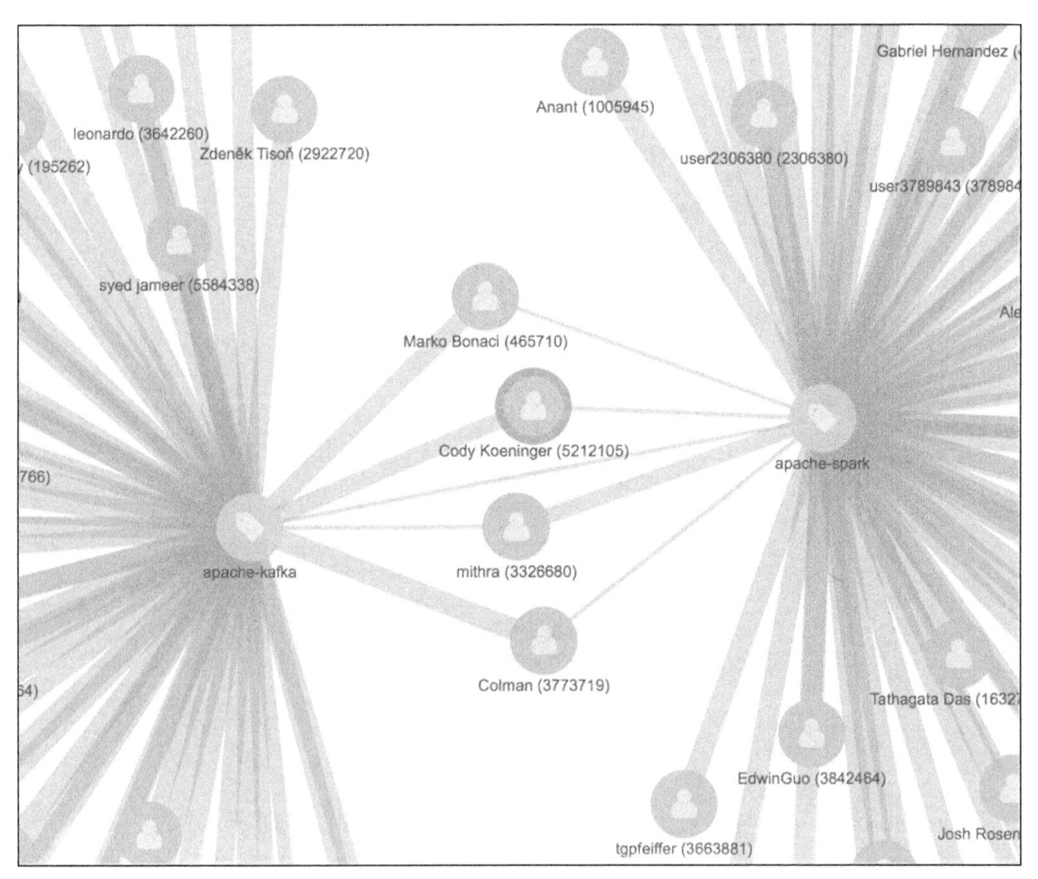

图 6-33　拆开分组

这里，要记住我们的任务：我们正在寻找一个用户画像，他讨论的问题涉及 Spark 和 Kafka。很好，我们找到了 4 个这样的用户。在下一节中，我们将看到如何用 Elastic Graph

创建第二个过滤器，并缩小选择范围。

3. 高级下钻操作

下钻操作的真正威力在与 Kibana 可视化协同应用的时候才能真正展示出来。这里，我们创建一个条形图可视化来显示前 10 个主题，如图 6-34 所示。

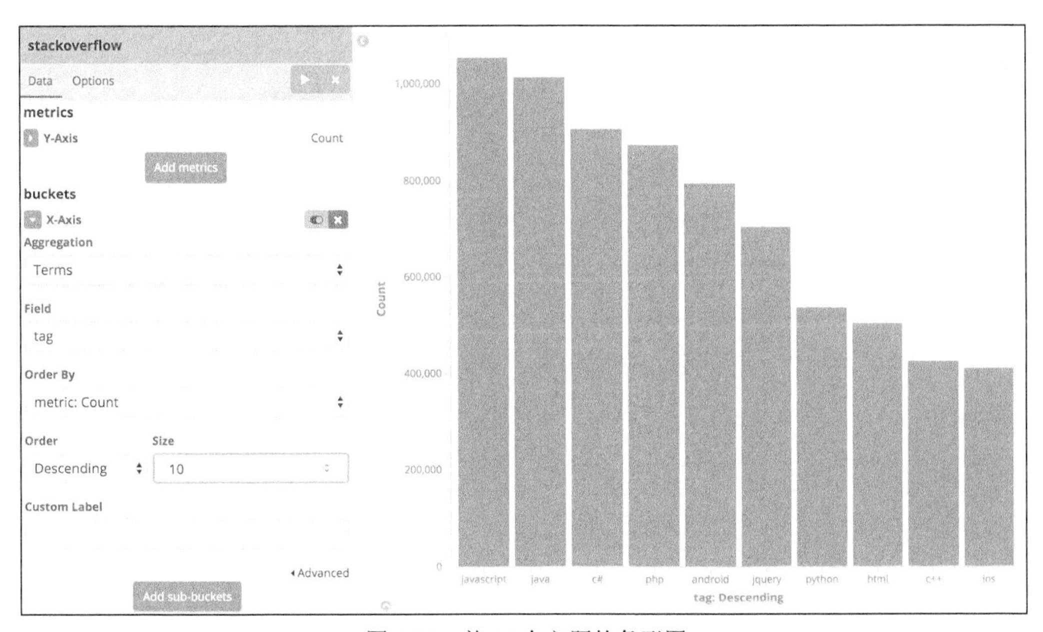

图 6-34　前 10 个主题的条形图

这里，可视化的 URL 让人很感兴趣，把它复制并粘贴到图里的一个新的下钻操作里，将会链接到新的可视化，如图 6-35 所示。

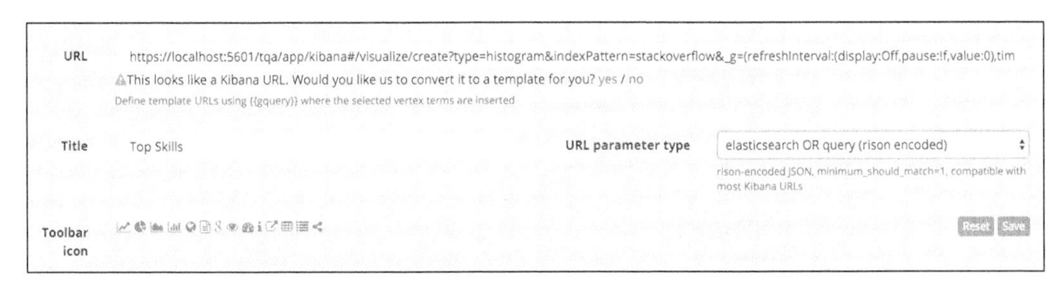

图 6-35　可视化 URL

设置会检测到那可能是一个 Kibana URL，就会将 URL 转为一个模板。点击“yes”，则{ { gquery } }模板将被妥善安置，并保存新的下钻选项。可以为图中的每个用户尝试一下新的下钻选项，如图 6-36 所示。

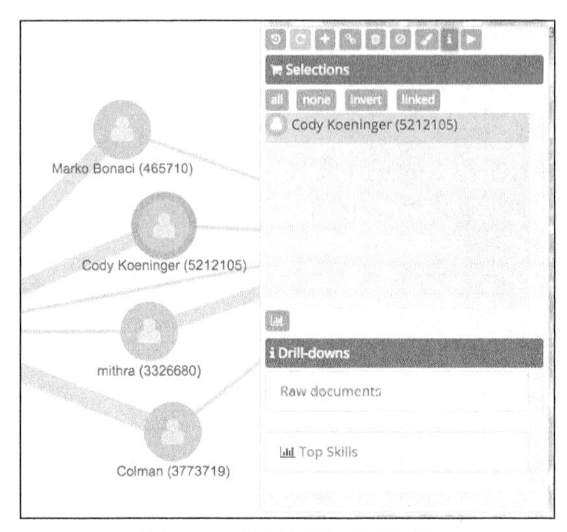

图 6-36　设置新的下钻选项

最后，我们对用户画像的期望稍有改变，我们想要找到一个用户画像，不但与 Spark 和 Kafka 相关，还要与 d3.js 开发可视化技术有关。

上面有一个用户可以满足我们的要求，它具有的技能画像如图 6-37 所示。

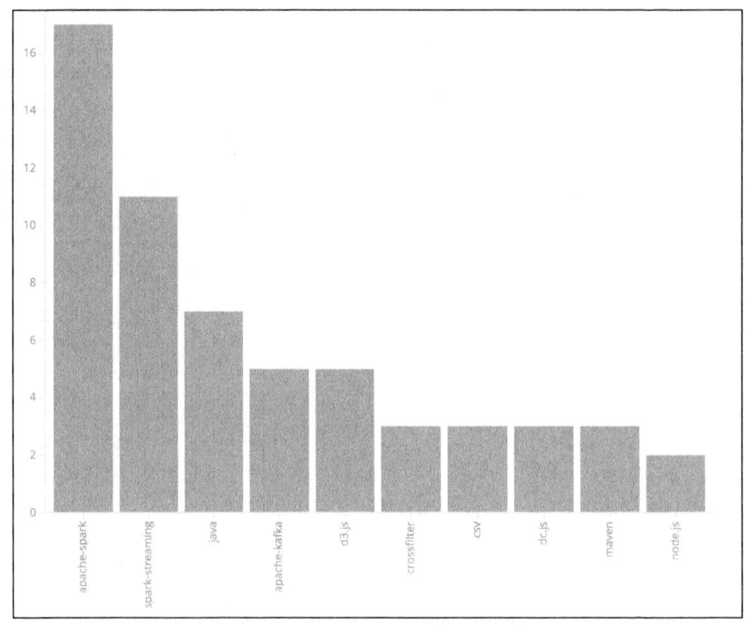

图 6-37　最终的用户技能画像

6.3 小结

本章中我们看到了工业级图技术和 Elastic Graph 所能提供的功能差别。Elastic Graph 利用聚合与关联特性将 Elasticsearch 中的文档联系起来。通过这个过程，用户可以创建索引内容里的推荐。然后我们引入了一些例子，说明 Elastic Graph 是如何通过简单探索或高级探索来处理多词条的图，并进行高级下钻操作的。

下一章中我们将通过实施 Timelion 扩展，开始更深入地研究 Kibana 定制的世界。

第 7 章
定制 Kibana 5.0 的 Timelion

在前面几章中，通过各种不同的插件，我们完整地体验了 Kibana 提供的可视化。其中，需要特别注意以下特性。

- 仪表板插件，从渊源上来说，它是 Kibana 里的第一种数据可视化方式。
- Graph 插件，它帮用户将数据中的连接可视化地展现出来。
- Timelion 插件，支持时间序列数据的可视化。
- 可视化作为 Kibana 仪表板的组成部分。
- Timelion 里的表达式。

如果想从 Kibana 里获得更多的功能，如将数据可视化为标准调色板里没有的图表类型，或者寻找另一种方式来处理数据，可以对现有调色板的功能进行扩展，或者或构建自己的插件。Timelion 就是一个很好的扩展备选者。

Timelion 拥有一个插件驱动的架构，从某种意义上说，可以很容易地对现有的功能集合进行扩展。在本章中，我们将编写自己的扩展功能来从谷歌分析报告 API（Google Analytics Reporting API，GARA）中提取数据。这样做的原因在于，Kibana 能做的不仅仅是基于 Elasticsearch 提供一体化可视化的经验，还可以将其扩展成一个集中的可视化平台。

Kibana 采用 AngularJS 1.4.7 构建，这意味着要对 Timelion 进行扩展，就得编写 JavaScript 代码。幸运的是，我们不需要全面了解 Kibana 架构的复杂性，只需将重点放在实施和内在逻辑部分。

7.1 深入 Timelion 代码

了解 Kibana 插件的结构是进行扩展开发的前提基础。因此，在深入研究 Timelion 的函数代码之前，我们先要了解以下内容。

7.1.1　了解 Kibana 插件的结构

一个 Kibana 插件基本上就是一个 Angular 应用，它需要遵循一个特定的结构，即布局：

```
public
app-logo.png
app.js server
api.js
index.js
qulpfile.js
package.json
README.md
```

- public 文件夹包含所有的公用文件，用来给用户的浏览器提供服务，除了 app.js 文件，它专门用来加载以下部分：
  - 所有应用的用户界面组件和库；
  - 后端 API 提供的所有路由。
- server 文件夹包含所有后端文件，用于实现前端代码调用的 API。一般来说，app.js 文件中定义的路由会指向相应的 API。注意，这个文件夹也可以有不同的名称。
- index.js 文件是用来引导应用，进行基本管理并运行插件生命周期里所需的操作步骤。
- gulpfile.js 是一个 Gulp 配置文件，是构建 Kibana 的首选系统。
- package.json 文件里包含项目说明，以及开发过程和项目依赖。
- readme.md 文件里包含插件的说明。

与任何其他 Kibana 插件一样，Timelion 也要遵循前面的结构。我们要进行扩展的是后端代码中的一部分，基本上是 server 文件夹中的代码，用于用户界面中。

如果去 Timelion 的 GitHub 库 https://github.com/elastic/kibana/tree/master/src/core_plugins/timelion 的 server 文件夹下查看，所见的文件夹结构如图 7-1 所示。

其中有 5 个文件夹。

- route 文件夹：包含 HTTP 开放 API，由用户界面端调用（public 文件夹）。
- lib 文件夹：包含了 Timelion 的核心框架。
- handlers 文件夹：包含了 Timelion 表达式功能的处理程序。
- series_functions 文件夹：包含了 Timelion 表达式中所有可用的函数。
- fit_functions 文件夹：包含了一些特殊的函数，用来在丢失部分数据的图表中对数据进行适配。

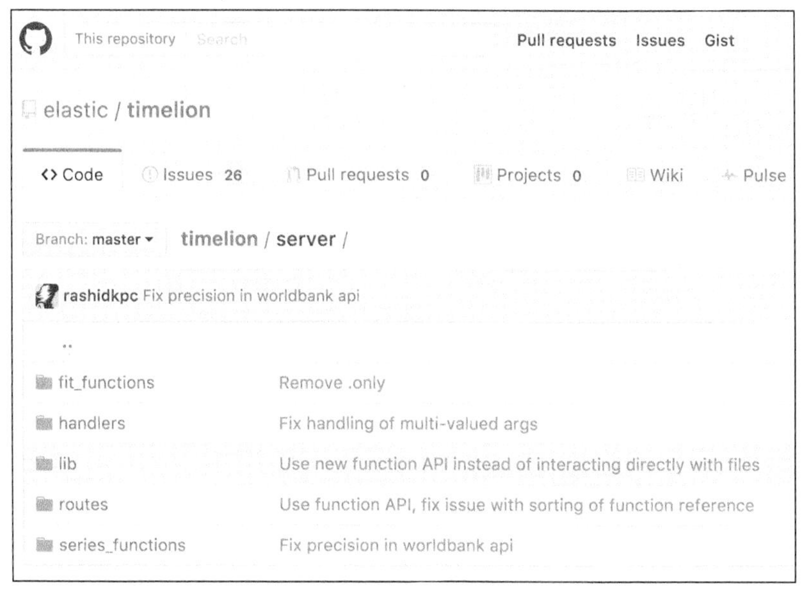

图 7-1　Timelion 的 server 文件夹结构

本书中我们会创建一个新的函数，将其作为 Timelion 函数的组成部分，因此应该将其放在 `series_functions` 文件夹下。

7.1.2　使用 Timelion 函数

Timelion 函数可视为 Timelion 表达式生成器的组成部分，如图 7-2 所示。

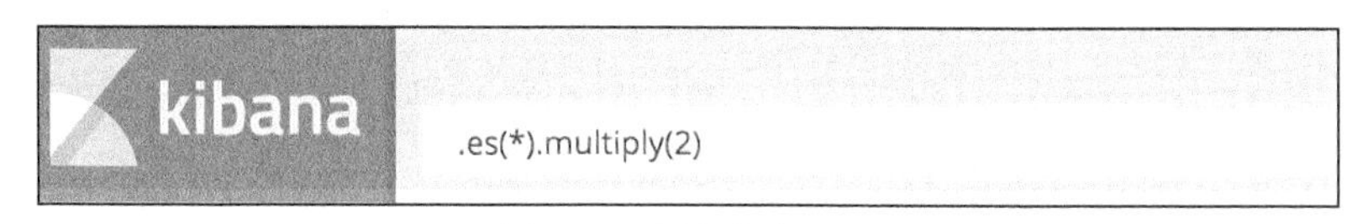

图 7-2　表达式生成器

共有两种类型的函数，它们的实现方法参见 https://github.com/elastic/kibanacore_plugins/timelion/server/lib/classes。

- **数据源型**：这些函数指向数据源，通常用于启用表达式，如 `es()`、`quandl()` 和 `graphite()`等。
- **连贯型**：这些函数对数据源型函数返回的数据进行处理，如 `multiply()`和 `derivates()`等。

在本章后续章节中，我们将要创建一个新的数据源型函数，它从谷歌分析报告 API 获取数据，并返回一系列列表，在 Timelion 中进行渲染。

这里我们以 worldbank 函数作为示例来分析数据源的结构：

```
...
module.exports = new Datasource ('worldbank', {
  args: [
    {
      name: 'code', // countries/all/indicators/SP.POP.TOTimelion
      types: ['string', 'null'],
      help: '...'
    }
  ],
  aliases: ['wb'],
  help: '...',
  fn: function worldbank(args, TimelionConfig) {
    var config = _.defaults(args.byName, {
      code: 'countries/wld/indicators/SP.POP.TOTimelion'
    });
    var time = {
      min: moment(TimelionConfig.time.from).format('YYYY'),
      max: moment(TimelionConfig.time.to).format('YYYY')
    };
    var URL = 'http://api.worldbank.org/' + config.code + \
      '?date=' + time.min + ':' + time.max + \
      '&format=json' + \
      '&per_page=1000';
    return fetch(URL).then(function (resp) { return resp.json(); }).then(function
    (resp) {
      var hasData = false;
      var respSeries = resp[1];
      var deduped = {};
      var description;
      _.each (respSeries, function (bucket) {
        if (bucket.value != null) hasData = true;
        description = bucket.country.value + ' ' + bucket.indicator.value;
        deduped[bucket.date] = bucket.value;
      });
      var data = _.compact(_.map(deduped, function (val, date) {
        // Discard nulls
        if (val == null) return;
        return [moment(date, 'YYYY').valueOf(), parseInt(val, 10)];
      }));
      if (!hasData) throw new Error('Worldbank request succeeded, but there was no
      data for ' + config.code);
      return {
        type: 'seriesList',
```

```
            list: [{
              data: data,
              type: 'series',
              label: description,
              _meta: {
                worldbank_request: URL
              }
            }]
          };
        }).catch(function (e) {
          throw e;
        });
      }
    });
```

上面代码片段里，我删除了一些组成部分，要查看完整代码，可以访问 https://github.com/elastic/kibana/blob/master/src/core_plugins/timelion/server/series_functions/worldbank.js。

上面的代码导出了一个数据源模块，它由以下几个部分组成。

- **参数**：表示传递给函数的参数。它们都有名称、类型和参数描述。如果类型的数组里包含 `null` 值，则意味着参数是可选的。
- **别名**：用来代替全部函数名。例如，别名 `wb` 可以代替完整的 `worldbank` 函数名。
- **帮助**：提供了函数描述。
- **函数体**：这表示数据源函数，之前在参数部分已经做了解释，还有 Timelion 的配置变量，包含了所有上下文变量。

因此，基本上，函数由功能描述和实现两部分组成，如果再深入研究实现部分，你会注意到以下几点。

首先，参数会被查看，在 `_.defaults(args.byName, ...)` 函数里设置为默认值 `null`，这样用户可以不传递任何可选参数，这也是我们在实现扩展时要用到的。

另一个选项是能够获取 Kibana 时间选择器当前选择的时间段，如图 7-3 所示。

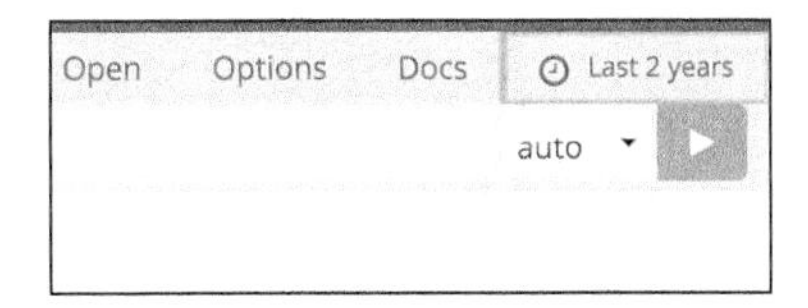

图 7-3　Kibana 时间选择器

这是 Timelion 的 `config` 变量起作用的地方，这个对象里包含了两个值，一个是起始值

（TimelionConfig.time.from），另一个是结束值（TimelionConfig.time.to）。

一旦获取到了参数和时间段，代码就在 URL 变量中构建好 API URL，做好准备去调用 worldbank 的 API。fetch 函数被用来调用 API，并从 worldbank API 抓取数据。

最后一个步骤是对数据进行格式化，以便 Timelion 可以对其进行解析和渲染。Timelion 的规矩是返回一系列的列表，如下：

```
{
  type: 'seriesList',
  list: [{
    data: data,
    type: 'series',
    label: description,
    _meta: {
      worldbank_request: URL
    }
  }]
};
```

从上面的代码可以看出，worldbank 函数只能返回仅包含一个序列的连续列表。这在我们的实现过程中是一个重要的特性。这个序列包含了类型、标签和元组型数据构成的数组，其结构如下：

```
[ ['timestamp_1', 'numeric_value_1'] , ... , ['timestamp_n', 'numeric_value_n']]
```

元组里必须包含时间戳和数值型的值，用来在图表里绘制点。

以上就是为了实现第一个扩展，我们需要了解的全部内容。它很直截了当：描述函数，收集参数和时间段，调用外部 API，最后将返回值进行格式化以适应 Timelion 的要求。

7.2　当谷歌分析器遇到 Timelion

谷歌分析报告 API（GARA）是谷歌 API 库的一部分，提供钩子以获取来自网站流量的数据，可以作为谷歌分析可视化检索的一部分，如图 7-4 所示。

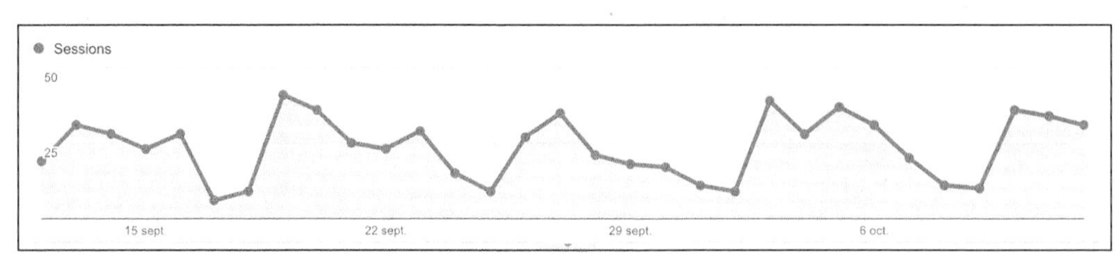

图 7-4　基于时间的谷歌分析会话

如果把站点分析集中到单个可视化应用里，会怎么样呢？这正是 Timelion 带给 Kibana 的多样可能性：除了 Elasticsearch，还能从外部数据源获取数据。在本节中，我们将对开发环境进行设置，为 GARA 实现扩展。然后建立我们的谷歌 API 账户，并最终实现函数。

7.2.1 配置开发环境

为了实现 Timelion 函数，你需要安装一些工具，先从 Node.js 4.6.0 开始吧。根据操作系统的不同，下载适当的包并运行安装。Node.js 是 Kibana 运行的后端，从 elastic.co 网站上下载 Kibana 的时候，不用考虑它，但在开发模式下，为了在运行时的完整周期里拥有完全控制权，就需要 Node.js 了。

安装完毕后，还需要在系统上安装 Gulp。为此，运行以下 shell 命令：

```
npm install --global gulp-cli
```

上面的命令将安装 Gulp，它主要有以下两个用途。

- 同步我们的扩展到 `Kibana source` 文件夹，这意味着每次你对代码做出修改，这些改变都会被同步到 Kibana，并重新启动。
- 编译链接并打包扩展。

我们现在首先要克隆 Kibana 项目，然后再克隆 Timelion 扩展项目。你会看到项目中已经包含了实现过程，为了让其更简单明了，我将对它的每个部分进行解释。

要克隆代码库，必须要先安装 Git CLI。

安装完成后，执行以下命令来克隆 Kibana 库：

```
git clone https://github.com/elastic/kibana.git
```

在默认情况下，主分支代码是克隆库时的组成部分，而本书里我要构建的扩展是基于 Kibana 5.0.0-beta1 版本实现的，因此，我们采用标签来指定使用这个版本：

```
git checkout tags/v5.0.0-beta1
```

上面的命令将代码状态由主分支转到 beta1 分支。在这个层面上把扩展库克隆到你的文件系统中：

```
Git clone https://github.com/bahaaldine/timelion-google-analytics.git
```

现在，就生成了以下目录结构：

```
$ pwd
kibana timelion-google-analytics
```

现在要下载每个项目的依赖，在前面的两个目录下都执行如下命令：

```
npm install
```

上面的命令将下载所有 Kibana 运行所需的 JavaScript 库，并编译链接扩展。

运行 Kibana 5.0.0-beta1 意味着你需要运行 Elasticsearch5.0.0-beta1 版本，可以到以下地址下载：https://www.elastic.co/downloads/past-releases/elasticsearch-5-0-0-beta1。本书的开始部分已经对如何下载、安装和运行 Elasticsearch 进行了说明。

7.2.2 验证安装

现在，所需的一切都已经安装好了，我们还要配置 Kibana 以简化开发过程。你可能已经注意到，在 Kibana 里安装一个插件时，总需要花一点儿时间，有时要好几分钟。这是因为 Kibana 在对包含在插件里的代码进行优化。在我们的示例中，情况也许更糟，可能每次我们改动代码都会触发优化步骤。这显然不是一个好的选择。

这就是必须添加以下设置到 Kibana 配置文件（kibana/config/kibana.yml）的原因。

```
optimize:
sourceMaps: '#cheap-source-map' # options ->
http://webpack.github.io/docs/configuration.html#devtool
unsafeCache: true
lazyPrebuild: false
```

这样，优化步骤总体上将大大缩短，以便于快速开发。

现在万事俱备。

（1）先启动 Elasticsearch。

（2）然后启动 Kibana。

（3）最后在 timelion-google-analytics 目录下执行以下命令：

```
gulp sync
gulp dev
```

第一条命令允许用户对 sibing kibana installation 文件夹里的扩展代码进行同步，这个目录定义保存在 gulpfile.js 中。

```
gulp.task('sync', function(done) {
  syncPluginTo(kibanaPluginDir, done);
});
```

在上面的代码中，kibanaPluginDir 位于../kibana5.0.0-beta1。

第二条命令将在两个文件夹之间打开一个同步管道，这样，每次修改扩展中的文件，Gulp 都将把变化传递给 Kibana。

现在一切运行正常，打开浏览器，访问 `http://localhost:5601`，切换到 Timelion 部分，检查一下 `.ganalytics` 扩展是否可用，如图 7-5 所示。

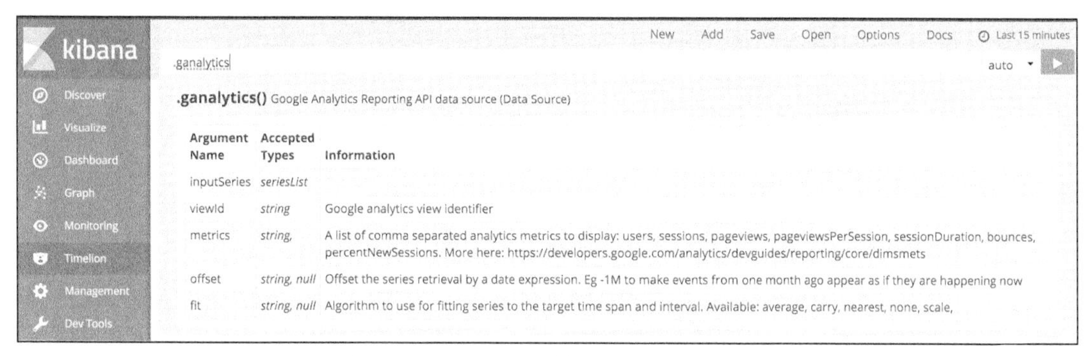

图 7-5　Timelion 中的 ganalytics 扩展

我们还得配置一下谷歌 API 账号。

7.2.3　配置谷歌 API 账号

让一个应用从 GARA 中抓取数据的步骤如下。

（1）创建一个谷歌 API 项目。

（2）启用分析报告 API。

（3）从 IAM 控制台配置访问权限。

（4）添加一个新用户到谷歌分析的授权用户里。

我们先从创建 **Google APIs** 项目开始，打开 `https://console.developers.google.com`，如图 7-6 所示。

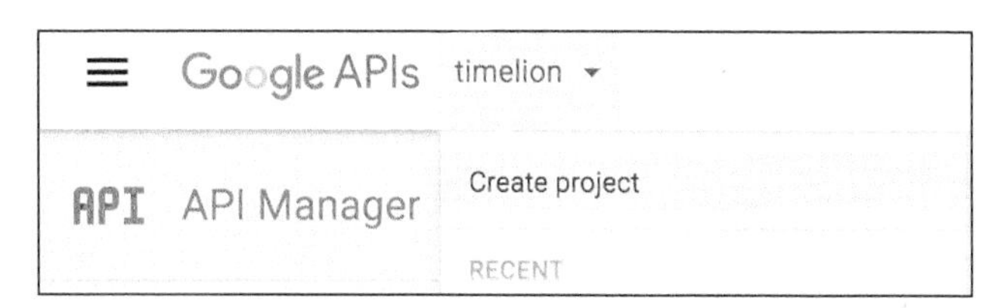

图 7-6　创建一个谷歌 API 项目

点击 **Create project**（创建项目）链接，给项目命名，然后创建它，如图 7-7 所示。

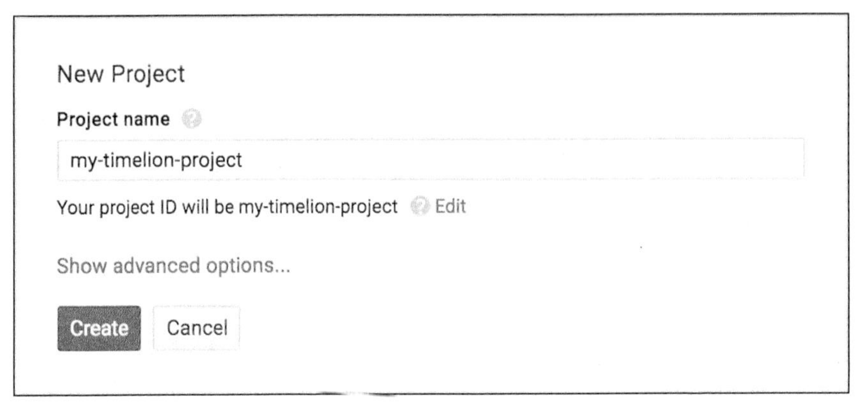

图 7-7　创建菜单

项目创建之后，还要启用我们将用到的 API，方法是点击 **ENABLE API**（启用 API）按钮，如图 7-8 所示。

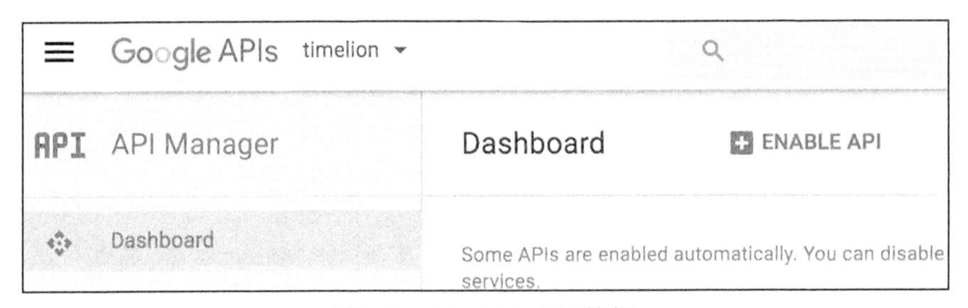

图 7-8　ENABLE API 按钮

在本例中，我们要用到的 API 是谷歌分析报告 API，如图 7-9 所示。

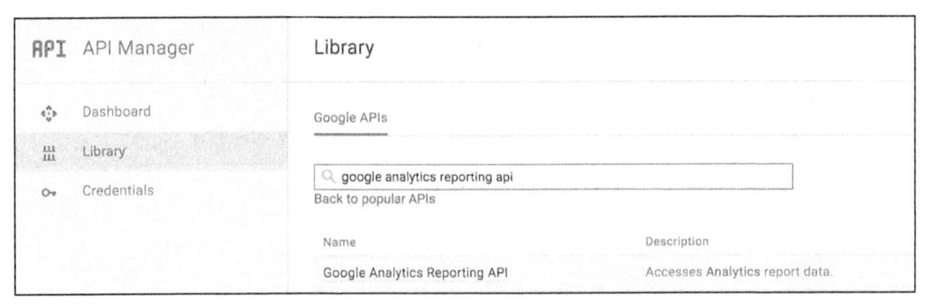

图 7-9　查找“谷歌分析报告 API”

点击 **ENABLE**（启用）按钮，如图 7-10 所示。

图 7-10　ENABLE API 按钮

现在该处理安全特性了。我们先要创建一个服务账户，以允许 Kibana 的 Node.js 服务器和谷歌 API 服务器之间的通信。

这里会弹出一个窗口，你需要选择新创建的项目，当前服务账号列表也会出现（此时还应是空的），点击 **CREATE SERVICE ACCOUNT**（创建服务账号）按钮，如图 7-11 所示。

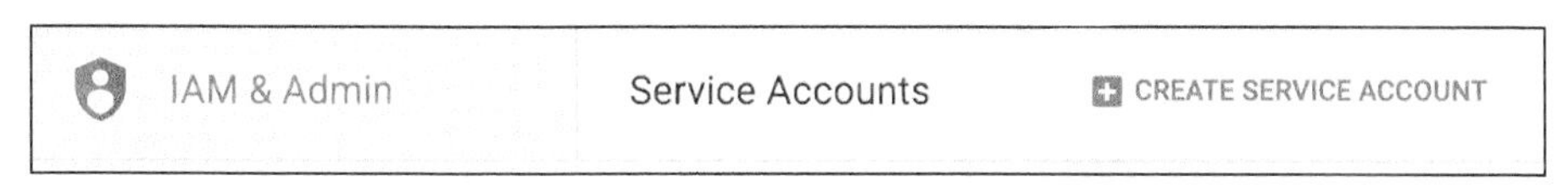

图 7-11　CREATE SERVICE ACCOUNT 按钮

输入服务账号名，点选所有者角色，选中 **Furnish a new private key**（布置一个新私钥）复选框，并选择 **JSON** 选项，如图 7-12 所示。

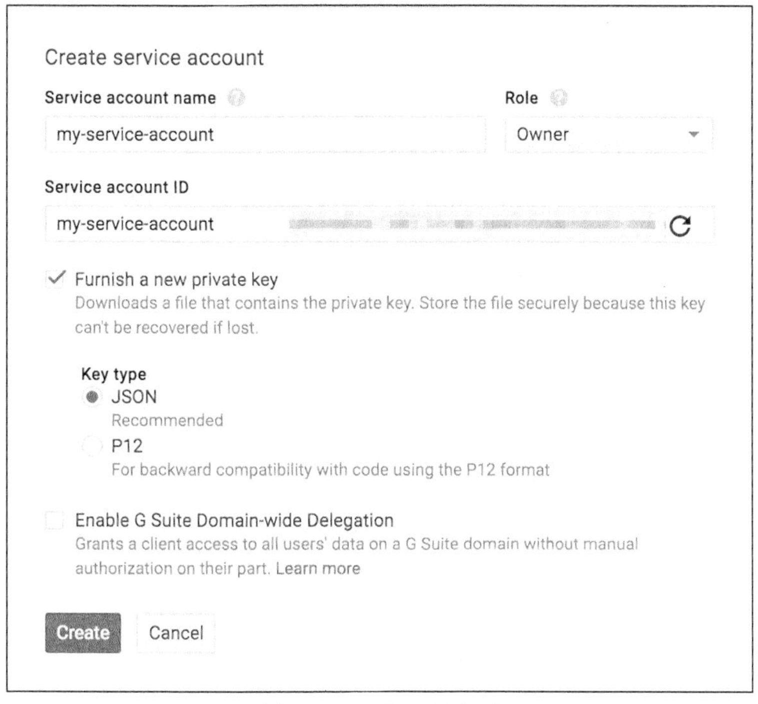

图 7-12　服务账号向导

点击 **Create**（创建）按钮，这样即会触发下载一个 JSON 文件，它包含如下结构：

```
{
  "type": "service_account",
  "project_id": " ... PROJECT ID ... ",
  "private_key_id": " ... PRIVATE ID ... ",
  "private_key": " ... PRIVATE KEY ... ",
  "client_email": " ... CLIENT EMAIL ... ",
  "client_id": " ... CLIENT ID ... ",
  "auth_uri": " ... AUTH URI ... ",
  "token_uri": " ... TOKEN URI ... ",
  "auth_provider_x509_cert_url": " ... AUTH PROVIDER X509 CERT URL ... ",
  "client_x509_cert_url": " ... CLIENT X509 CERT URL ... "
}
```

我们需要把这个密钥传给 Kibana，这样才能在扩展中调用 GARA。Timelion 的目录里有一个配置文件。请转到 `Kibana installation` 文件夹下，在 `Timelion source` 目录下打开 `timelion.json`：

```
$ cd kibana5.0.0-beta1/
$ cd src/core_plugins/timelion/
$ pwd
/Users/bahaaldine/Dropbox/elastic/plugins/kibana/kibana5.0.0-
beta1/src/core_plugins/timelion
$ ls
bower.json bower_components index.js init.js package.json public server
timelion.json vendor_components
```

打开文件，文件的关键配置与以下结构相同：

```
{
  "quandl": {
    "key": "someKeyHere"
  },
  "es": {
    "timefield": "@timestamp",
    "default_index": "_all"
  },
  "graphite": {
    "url": "https://www.hostedgraphite.com/UID/ACCESS_KEY/graphite"
  },
  "default_rows": 2,
  "default_columns": 2,
  "max_buckets": 2000,
  "target_buckets": 200,
  "google": {
    "service_account": {
```

```
        "type": "service_account",
        "project_id": " ... PROJECT ID ... ",
        "private_key_id": " ... PRIVATE ID ... ",
        "private_key": " ... PRIVATE KEY ... ",
        "client_email": " ... CLIENT EMAIL ... ",
        "client_id": " ... CLIENT ID ... ",
        "auth_uri": " ... AUTH URI ... ",
        "token_uri": " ... TOKEN URI ... ",
        "auth_provider_x509_cert_url": " ... AUTH PROVIDER X509 CERT URL ... ",
        "client_x509_cert_url": " ... CLIENT X509 CERT URL ... "
      }
    }
  }
```

保存文件之后，Kibana 服务器会自动重启，在日志里会看到如下内容：

```
restarting server due to changes in "src/core_plugins/timelion/timelion.json"
```

最后一个配置步骤是将新创建的服务账户添加到谷歌分析控制台中的授权用户里。用户通过 `client_email` 在你的 JSON 私钥里进行验证。一般来说，你需要访问谷歌分析器中的用户管理控制台，并在那里添加用户。

7.2.4　验证配置

完成了前面的步骤，现在已经可以使用 Timelion 中的表达式了。为此，你需要一个谷歌分析视图标识符对报告进行标识。在本例中，我使用谷歌分析器监控的网站所产生的流量数据如图 7-13 所示。

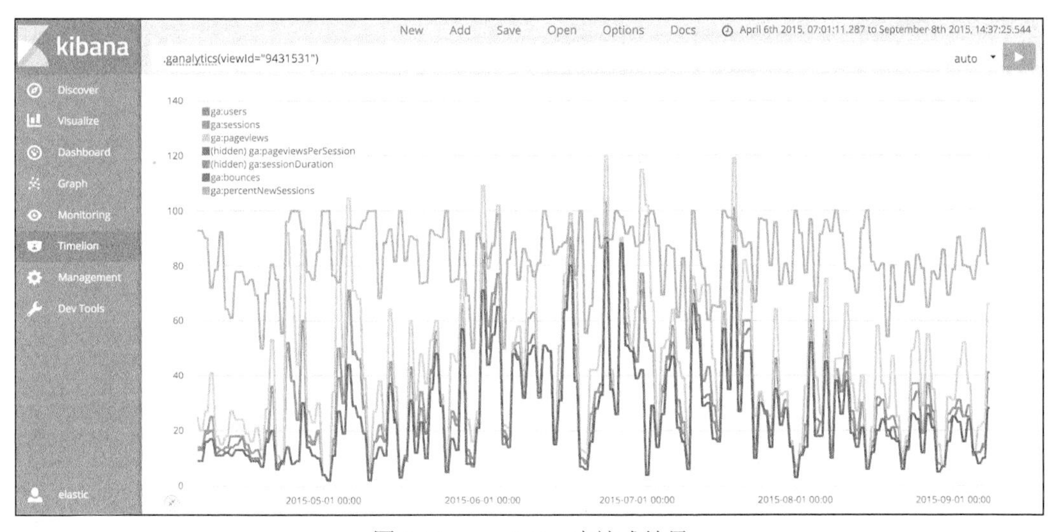

图 7-13　ganalytics 表达式结果

这些数据很容易在谷歌分析器的控制台里进行验证，在数据被生成时会触发更新。

现在，开发环境已经准备好了。在下一节中，我们将通览这个扩展的实现细节。

7.2.5　通览实现过程

本节我们将重点讨论扩展的实现逻辑。下一节我们将探讨如何将其编译链接和打包。让我们先回顾一下项目的结构：

```
$ ls -lrt
LICENSE
gulpfile.js
index.js
functions
mkdocs.yml
timelion-google-analytics.png
README.md
docs
package.json
node_modules
test.sh
```

我们将解释每个文件的作用，但若只考虑实现部分，只要考虑以下文件。

- `index.js`：在 Timelion 中加载扩展的函数。
- `functions/ganalytics.js`：包含函数实现。
- `functions/google_utils.js`:包含 helper 函数。

1. google_utils.js

`index.js` 是一个强制性的文件，解释一下，它将在可用的 Timelion 函数中注入表达式。它的实现很直接，并且可以在想创建的交叉扩展中复用：

```
module.exports = function (kibana) {
  return new kibana.Plugin({
    name: 'timelion-google-analytics',
    require: ['timelion'],
    init: function (server) {
      server.plugins.timelion.addFunction(
        require('./functions/ganalytics'));
    }
  });
};
```

`index.js` 直接引用了 `ganalytics.js` 文件，调用 `addFunction` 函数把它加入

Timelion 函数库中，如果需要加载函数，你可以拥有多个 addFunction 实例。

google_utils.js 文件里包含着 ganalytics.js 文件使用的函数，例如，一个用来连接到 GARA 所必需的用户验证函数：

```
module.exports.authorize = function(request, TimelionConfig) {
  return new Promise(function (resolve, reject) {
    var key = {...}
    var jwtClient = new google.auth.JWT(key.client_email, null,
      key.private_key,
      ["https://www.googleapis.com/auth/analytics"],null);
    jwtClient.authorize(function(err, tokens) {
      if (err) {
        reject(err);
      }
      resolve( {
        'headers': {'Content-Type': 'application/json'},
        'auth': jwtClient,
        'resource': request,
      });
    });
  });
}
```

正如所见，该函数里使用了 JSON 键（为了可读性，我故意把它隐藏在这里以缩短代码），这样一来，如果检查源文件，你会看到大量使用 TimelionConfig 对象的键。下面是一个例子：

```
"type": TimelionConfig.settings['timelion:google.service_account.type']
```

这个键接着被用来编译链接 JWT 客户端（JSON Web Token），用来授权 Timelion 访问 GARA。

得到授权后，该函数返回一个已授权的 JWT 客户端，它可以被其他函数使用，如文件中的第二个函数：

```
module.exports.getReport = function(request) {
  return new Promise(function(resolve, reject) {
    analyticsreporting.reports.batchGet(request, function(err,
    resp) {
      var metricsList =
      _.map(resp.reports[0].columnHeader.metricHeader.metricHeaderEntries,
    function(metric){
      return metric.name;
      });
      var data = resp.reports[0].data.rows;
```

```
      var lists = [];
      for ( var i=0, l=metricsList.length; i<l; i++ ) {
        var serieList = {
          data: [],
          type: 'series',
          label: metricsList[i]
        }
        serieList.data = _.map(data, function(item) {
          return [ moment(item.dimensions, "YYYYMMDD").format("x"),
               item.metrics[0].values[i] ]
        });
        lists.push(serieList);
      }
      resolve({
        type: 'seriesList',
        list: lists
      });
    });
  });
}
```

getReport 函数的目标是抓取来自 GARA 的数据，并进行格式化后传送给 Timelion。最后的序列列表包含了每个传送给 ganalytics 表达式的指标。例如，假定你要传送以下内容：

```
.ganalytics(viewId="9235382", metrics="user,sessions,bounces" )
```

getReport 将创建 3 个序列，并将它们添加到列表里。正如前面解释过的，该函数将把数据格式化。如果想显示 GARA 的响应对象的内容，可以采用下面这样的方式：

```
console.log(resp.reports[0])
```

你会看到类似下面的结果：

```
{ columnHeader:
  { dimensions: [ 'ga:date' ],
    metricHeader: { metricHeaderEntries: [Object] } },
  data:
    { rows: [ [Object] ],
      totals: [ [Object] ],
      rowCount: 1,
      minimums: [ [Object] ],
      maximums: [ [Object] ] } }
```

因此，返回的对象是由一系列指标（metricheaderentries）组成的，显然在请求中被传递的那个也在其中，还有对应的值列表存储在 rows 数组中。如果查看数组中的某个项，看到的结果应该像下面这样：

```
{ dimensions: [ '20161014' ],
  metrics: [ { values: [ '23',
  '27',
  '51',
  '1.8888888888888888',
  '4359.0',
  '13',
  '70.37037037037037' ]
} ] }
```

在上面的示例中，dimensions 字段包含了时间戳、指标和相关的值，本例中有 7 个值，因为请求中包含了 7 个指标，如 users、session 和 bounces 等。在任何情况下，上述几项都必须被格式化成这样的形式：

```
[ 时间戳, 值 ]
```

这个步骤由函数的剩余部分完成，最后结果被传送到 ganalytics.js 的主函数里。

2. ganalytics.js

ganalytics.js 函数安排了以下的操作步骤。

它收集参数、视图标识符、多维列表、由 startDate 和 endDate 组成的时间段等。它还包含指标列表，默认情况下这些列表将包含下列值：

```
var config = _.defaults(args.byName, {
  metrics: "users, sessions, pageviews, pageviewsPerSession, sessionDuration, bounces,
  percentNewSessions"
});
```

这解释了为什么默认情况下 google_utils.js 文件中的每个项目都有 7 个值。

参数设置完成后，请求即被创建成功：

```
var req = {
  reportRequests: [{
    viewId: viewId,
    dateRanges: [{
      startDate: startDate,
      endDate: endDate,
    }],
    metrics: _.map(metricsList, function(metric) {
```

```
      return { expression: metric }
    }),
    dimensions: _.map(dimensionsList, function(metric) {
      return { name: metric }
    })
  }]
};
```

然后验证和数据抓取的进程就会启动了：

```
return googleUtils.authorize(req, TimelionConfig).then( function(request){
  return googleUtils.getReport(request).then(function(seriesList) {
    return seriesList;
  });
}, function(err) {
  console.log(err)
});
```

以上基本涵盖了我们在实现方面所需的内容。正如所见，我已经把所有谷歌 API 调用放到 `google_utils.js` 里了，这意味着我还可以延伸这个扩展的范围，也许是在那里再添加另一个谷歌 API。如果这样，那我就要添加另外一个 JavaScript 文件，它和 `ganalytics.js` 完成一样的流程，只不过是它调用一个不同的 `google_utils.js` 函数。

完成插件的实现后，还要考虑发布管理方面的问题，这将是下一节讨论的内容。

7.3　插件发布管理

发布管理是 Kibana 扩展的一个重要特性，因为随着 Kibana 不断发布新版本，一个插件可能不能正常工作：因为 Kibana 插件 API 还不稳定，所以可能会发生变化，因此不能保证向后兼容。因此，你必须跟踪新版本的发布情况，并相应地更新你的 Kibana 插件。这意味着，你的用户应该能够轻松地在你的存储库中找到适当的扩展版本。要做到这一点，我们首先要标记代码库。

标识记代码库并创建发布版

为了识别代码的特定版本，我们将在 Git 中使用标签的概念。为此，我们必须标识代码库，操作如下：

```
git tag <标签名>
```

记住，我们希望我们的扩展与 Kibana 的版本一致。这就是为什么在编写本书的时候，如果查看我的代码库标签，你会看到我标记的代码版本是 **v5.0.0-beta1**，如图 7-14 所示。

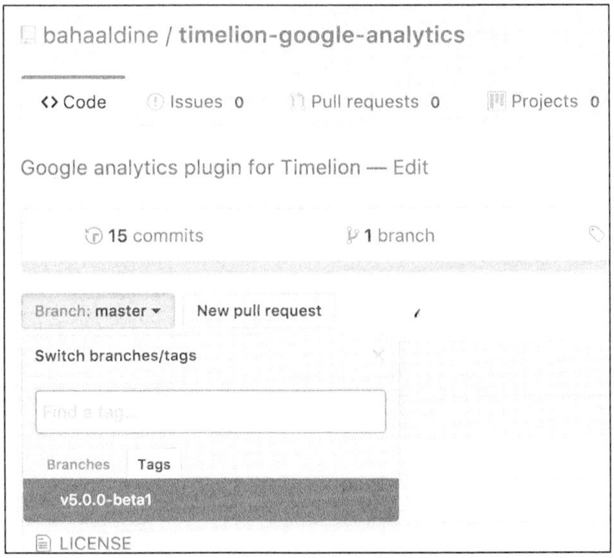

图 7-14　Timelion-google-analytics 可用标签

标签在 GitHub 的发布管理中也是必不可少的。如果试着用标签创建一个发布版（可以在 https://help.github.com/articles/creating-releases/找到关于创建发布版的步骤的概述），会看到图 7-15 所示的界面。

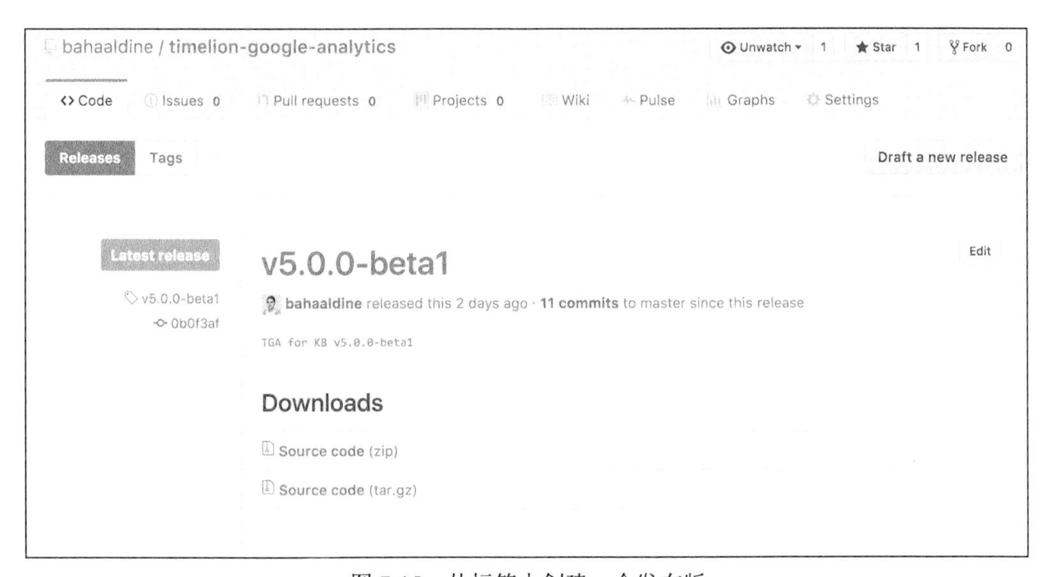

图 7-15　从标签中创建一个发布版

现在，当新版本发布的时候，用户可以通过以下命令来安装扩展：

```
./bin/kibana-plugin install
https://github.com/bahaaldine/timelion-google-analytics/releases/download/
version_name/timelion-google-5.0.0-beta1.zip
```

7.4　小结

在本章中，我们看到了对 Kibana 进行定制的一种方法：通过添加调用谷歌分析报告 API 对 Timelion 的能力进行扩展。在下一章中，我们会更进一步，创建一个新的 Kibana 插件。

第 8 章
用 Kibana 5.0 进行异常检测

2016 年 9 月，Elastic 宣布收购 Prelert，这是一家行为分析公司，现在叫 Machine Learning（机器学习）。Prelert 集成了一个异常检测引擎，Elasticsearch 用它来进行存储分析，Kibana 则用来对分析进行可视化。

异常检测引擎给 Elastic Stack 带来了无监督机器学习的能力，因此，Prelert 能够在采集数据的同时进行学习，并能将偏离期望的事件凸显出来。

在本章中，我们将探讨以下内容。

- 应用 Prelert 的用例，找出异常检测的解决方案。
- 利用 Prelert 和 Kibana 进行运维分析。
- 利用 Timelion、X-Pack 报警和报告功能对异常现象进行可视化和告警。

作为一个免责声明，本章使用的 Prelert 版本是即将到来的 GA 版本的一个专用预览版，而非公开版。
撰写本章时，当前运行在 Kibana 4.0 上的公开版版本号为 2.1.2。你应该用它来运行你的项目。

8.1 了解异常检测的概念

在本节中，我们将尝试总结 Prelert 如何解决异常检测的挑战，首先了解为什么数据可视化能够成为发现异常的媒介，然后再说明为什么传统的警报系统不能大规模用于异常检测。

8.1.1 了解人类对数据可视化的局限

异常检测是一门艺术，它检测不该发生的事物，或者与正常情况不同的情况。异常检测也是统计建模技术的统称，用于识别基于时间事件中的异常模式。

观察图 8-1 所示的仪表板我们可以看到发生了一些不同寻常的事。

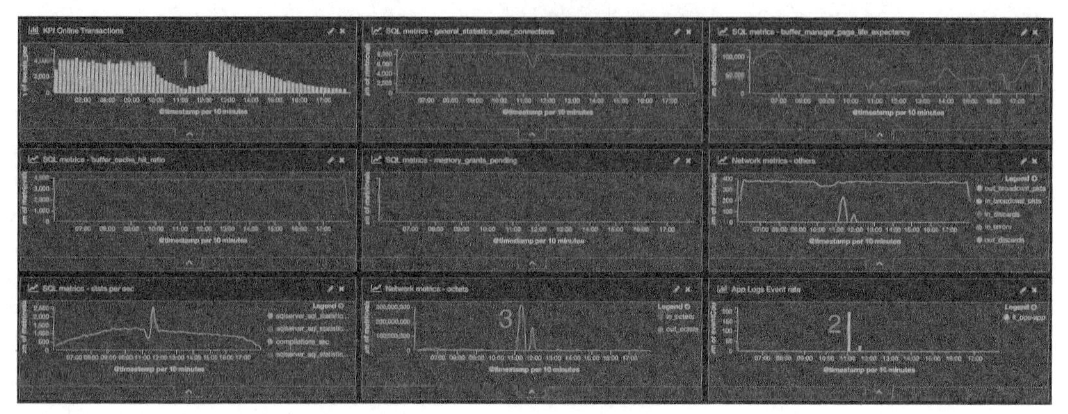

图 8-1　包含潜在异常的 IT 运维仪表板

在图 8-1 中，我们可以看到第一个图中有一处明显的下降（点 1）。这看起来很可疑，并暗示可能出现了问题。现在，和边上其他图进行比较，可以看出，点 2 和点 3 的增加似乎与上述的降低在时间上有关联。但这些都是基于我们的眼睛所见而进行的假设，不同的视角可以进行完全不同的解释。另一个问题是，有的时候，从图表中发现异常事件并不是一件容易的事。图 8-2 说明了这一点。

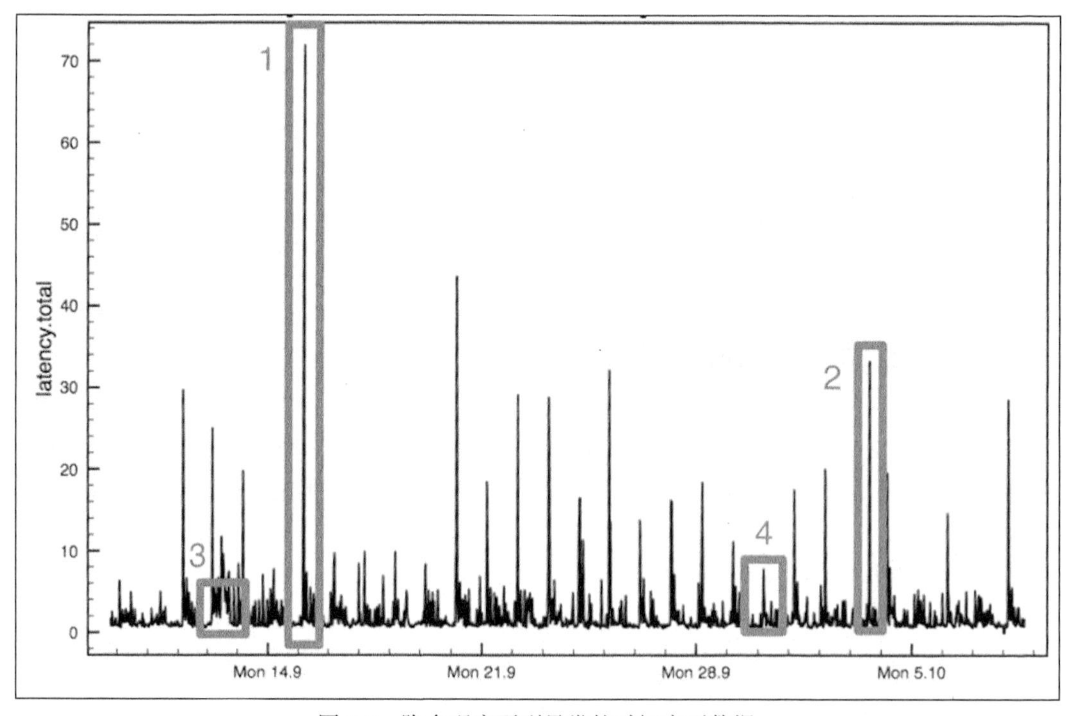

图 8-2　隐含观察不到异常的时间序列数据

假设你的任务是鉴别上述时间序列图中的常规活动。你可能会发现事件率急剧上升（点 1）和下降（点 4），但也可以看到，在给定时间段内的事件率上出现了异常事件（点 2）。虽然你的眼睛可能擅长识别细微的模式变化，但是却很难推断出点 3 的重要性——在这个地方出现了显著的增长。如果把这部分进行放大，你就会注意到，这个时段的增长是出乎意料的，它是一个真正的异常点。

从上面的例子可以明显看出，大量的事件让人目不暇接，这样就容易对数据产生错误的感觉。由此引起另一个问题：当异常情况被发送到警报系统时，你不可能一直盯着仪表板，因此在意想不到的事情发生时，你希望能被尽快地通知到。

下一节中我们将探讨一些通常采用的策略及其结果。

8.1.2 了解传统异常检测的局限

在多个网络设备上进行指标分析时，你可能会使用以下几种仪表板，如图 8-3 所示。

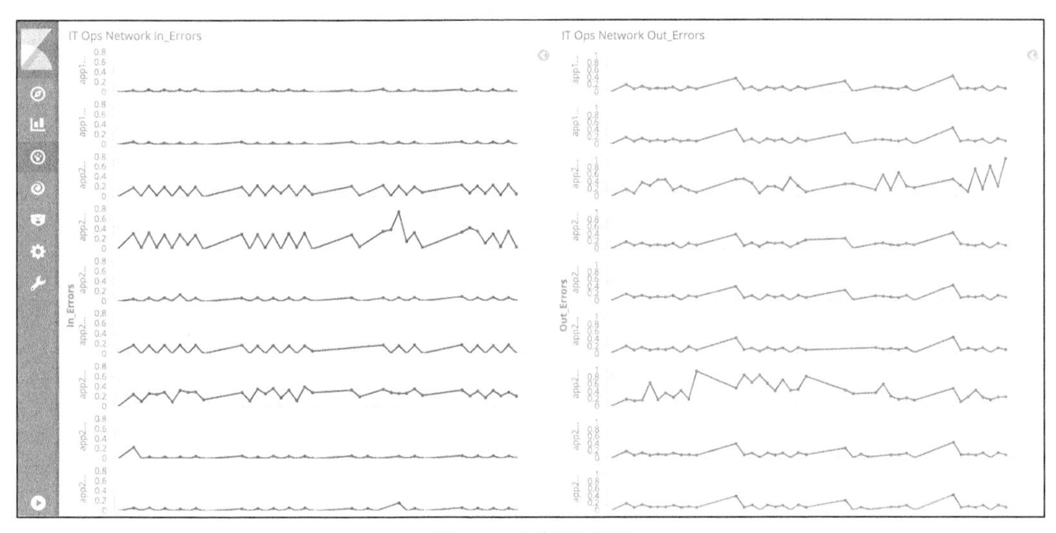

图 8-3 网络仪表板

图 8-3 和我们之前看到的图存在一样的问题，也就是说，人类很难发现数据中的异常情况。此外，如果策略是通过警报自动检测，而要监视发生变化的设备的数量是如此之多，以至于到最后，我们不得不基于静态阈值在每个设备上构建一大堆规则，而这对于长时间的检测来说，很可能是无效的。因此，我们需要进行调整。

另一个问题涉及简单的统计导向的警报。我们也可能陷入假阳性（false positive）和假阴性（false negative）警告，如图 8-4 所示。

这在很大程度上抵消了警报的所有好处，因为运维人员将得到大量的警报，而其中相当多的部分其实代表的是正常操作。

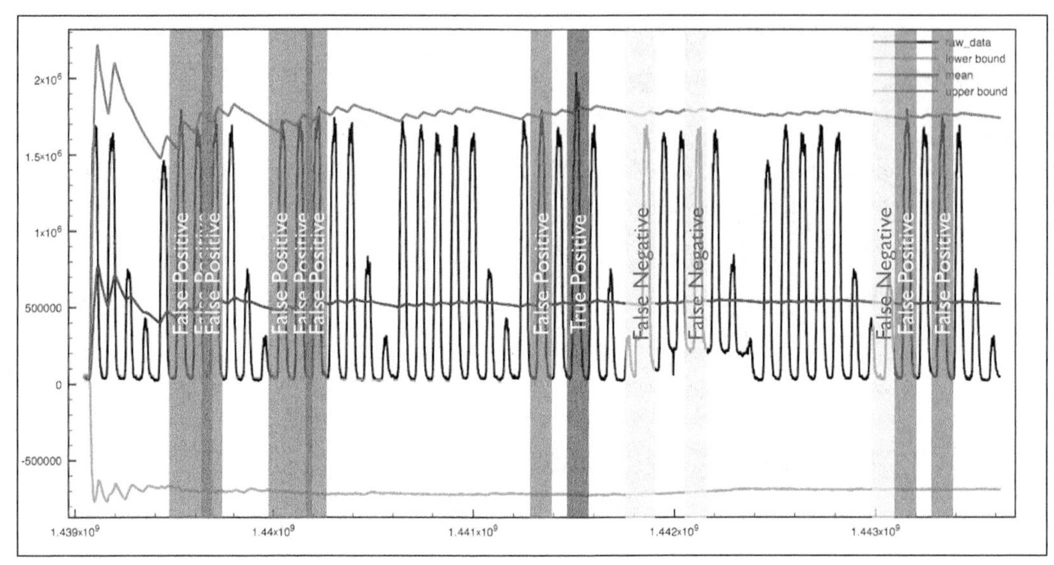

图 8-4　假阳性和假阴性警报

这就是 Prelert 通过无监督机器学习的方法来方便地解决异常检测的场景。

8.1.3　了解 Prelert 如何解决异常检测

基于前面提到的内容，Prelert 采用周期时间序列数据，使用无监督机器学习对其进行处理，再生成结果。它能够有效地学习以下内容。

- 数据的周期性，如图 8-5 所示。

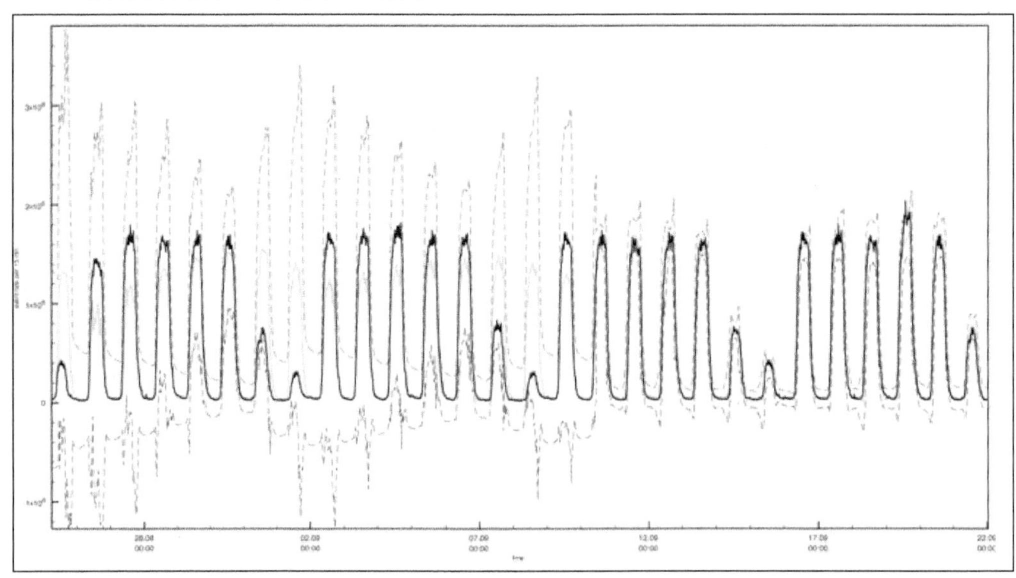

图 8-5　周期趋势学习

实黑线表示源数据，红色虚线数（最上面的虚线）据是计算模型的上界，深蓝色虚线（最小面的虚线）是模型的下界。蓝绿色的线（中间浅色实线）是平均期望信号。正如所见，数据源是周期性的，由其他线表示的 Prelert 学习的模型周期与信号越来越接近。

- 通过计算概率密度分布估计事件发生的可能性多大，如图 8-6 所示。

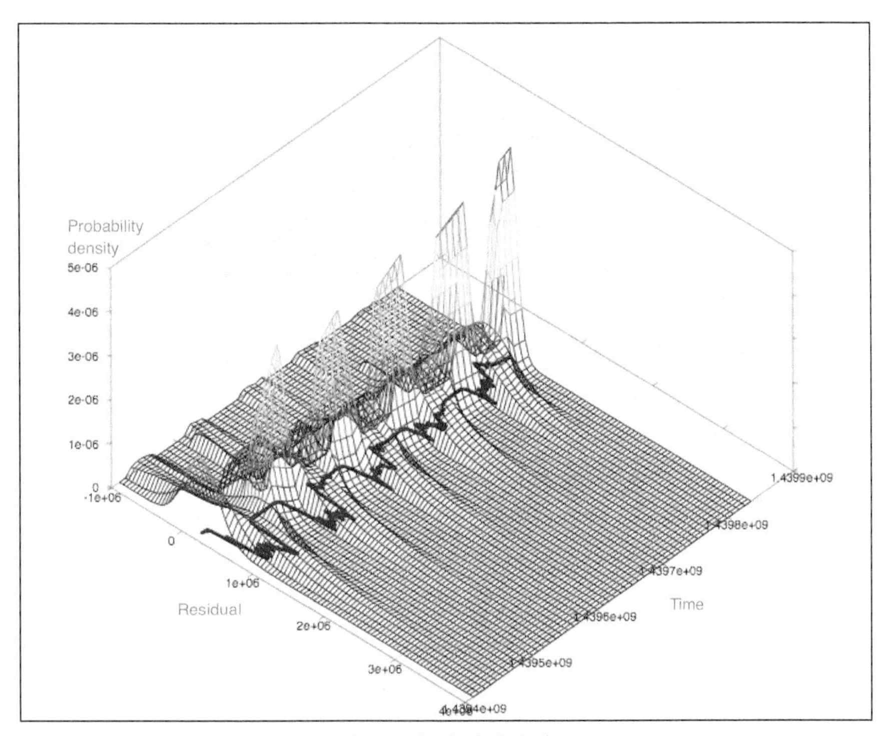

图 8-6 概率密度分布

图 8-6 表示信号残差基于时间的概率密度分布（图 8-6 中显示的蓝线），这里的概率的变化是由于其范围是时间的一个函数，这大致上意味着 Prelert 可以理解和解释一天中不同时段的差异（如白天和夜晚）。

- 检测事件偏离正常值的程度，如图 8-7 所示。

  图 8-7 中的图表示从信号（橙色线）扣除周期趋势（蓝线）后的残差（红线）。由此，在模型稳定之后（本例中是 3 个周期之后），Prelert 就能直接判断事件是否可能发生。

在下一节中，我们将使用刚学到的知识来实践运维分析用例，还要牢记传统异常检测的局限性。我们也会研究 Prelert 如何解决异常检测的挑战。

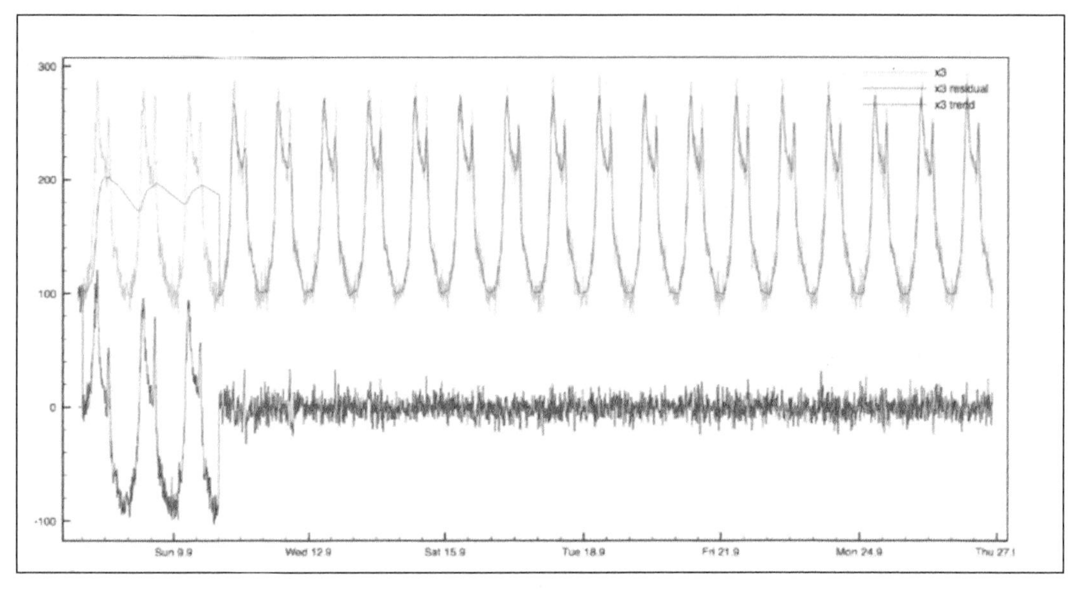

图 8-7　扣除周期趋势时的残差

8.2　使用 Prelert 进行运维分析

在本节中，我们将使用第 5 章中学过的知识，并把它运用到 Prelert 里。我们的设想是使用 Metricbeat 生成系统数据，分析 CPU 使用率并检测异常。我们可以在服务器上运行 Metricbeat，如果你在亚马逊上有一些服务器，你也可以在不同的服务器上做同样的事。无论在哪里运行，我们都会运行一个压力工具来产生 CPU 使用率，这只是为了方便演示，以确保真的有异常发生。

首先要做的是下载 Metricbeat，进行安装，然后导入 Kibana 仪表板，步骤就如第 5 章中所介绍的那样，更多细节参见第 5 章。安装完成后，运行 Metricbeat 并开始生成数据。

8.2.1　配置 Prelert

在写本书的时候，Elastic 收购 Prelert 刚刚 4 个星期，这意味着将 Prelert 整合到 Elastic Stack 的进程还在进行中。因此，你要了解 Prelert 的两个方面。

- 从你的角度来看，你会下载和使用基于 Kibana 4 的当前版本。
- 从我的角度来看，我会展示集成在 Kibana 5 中的 Prelert 截图，再强调一次，写作本书时还不是 GA 版本。它只能被看作是一个预览版，用来给用户了解在版本集成完成后它会是什么样。

以上是前提，现在开始在你的服务器上设置 Prelert。先从 http://www.prelert.com/reg/behavioral-analytics-elastic-trial.html 下载当前版本。

你会发现，要下载 Prelert 必须先注册。请照做，然后再继续下载。这个 Prelert 安装程序包含着你所需的一切。执行安装程序如下：

```
$ chmod +x prelert_engine_2.1.2_release_macosx_64bit.bin
$ ./prelert_engine_2.1.2_release_macosx_64bit.bin
```

Prelert 安装程序开始安装，你会被问到一些问题，你可以大胆地回答。如果不给出回答，系统会使用默认值：

```
Do you wish to continue? [N]: Y
Please enter the license key provided by Prelert []: the license
key you received by email
Please enter the top level Prelert Engine installation directory
[/opt/prelert/prelert_home]:
/Users/bahaaldine/Downloads/prelert_pack_home
'/Users/bahaaldine/Downloads/prelert_pack_home' does not exist -
would you like to create it now? [Y]: Y
Would you like to configure advanced options? [N]: Y
Please enter the Prelert Engine data directory
[/Users/bahaaldine/Downloads/prelert_pack_home/cots/elasticsearch/data
  ]:
'/Users/bahaaldine/Downloads/prelert_pack_home/cots/elasticsearch/data'
does not exist - would you like to create it now? [Y]: Y
Please enter the Prelert Engine logs directory
[/Users/bahaaldine/Downloads/prelert_pack_home/logs]:
'/Users/bahaaldine/Downloads/prelert_pack_home/logs' does not exist -
  would you like to create it now? [Y]: Y
```

Prelert 安装程序将检查引擎——Elasticsearch 实例以及 Kibana 使用的端口是否被其他进程使用。因为你已经在服务器上运行了 Elastic Stack，所以这些端口应该是已经被使用了，如下日志所示：

```
Elasticsearch HTTP port                      9200 NOT AVAILABLE
Elasticsearch transport port range start     9300 NOT AVAILABLE
Elasticsearch transport port range end       9400 Available
Kibana HTTP port                             5601 NOT AVAILABLE
Prelert Engine REST API HTTP port            8080 NOT AVAILABLE
```

你要做的就是设置可用的端口：

```
Elasticsearch HTTP port [9200]: 9201
```

```
Elasticsearch transport port range start [9300]: 9500
Elasticsearch transport port range end [9400]: 9600
Kibana HTTP port [5601]: 5701
Prelert Engine REST API HTTP port [8080]: 8081
```

这样检查结果才能通过：

```
pmElasticsearch HTTP port                    9201 Available
Elasticsearch transport port range start     9500 Available
Elasticsearch transport port range end       9600 Available
Kibana HTTP port                             5701 Available
Prelert Engine REST API HTTP port            8081 Available
Are the TCP ports that Prelert Engine is going to use acceptable to
you? [Y]:Y
```

安装到最后，直接启动 Prelert：

```
Would you like to start the Prelert Engine now? [Y]:
```

服务启动后，你会看到如下信息（取决于你设置的端口号）：

```
The Prelert Engine REST API is available at http://MacBook-Pro-de-Bahaaldine.local:
8081/engine/v2
The Prelert Engine Dashboard is available at http://MacBook-Pro-de-Bahaaldine.
local:5701/app/prelert
To access the Prelert Engine REST API remotely, ensure TCP port 8081 is not blocked
by any firewall, and then point a web browser at one of:
http://192.168.0.16:8081/engine/v2
http://MacBook-Pro-de-Bahaaldine.local:8081/engine/v2
(depending on whether DNS is available)
```

接着，打开浏览器，访问 `http://localhost:8081`（根据你的配置调整这个端口），你会看到一个简单的页面，其中包含了一个到引擎 API 的链接和一个到仪表板的链接，如图 8-8 所示。

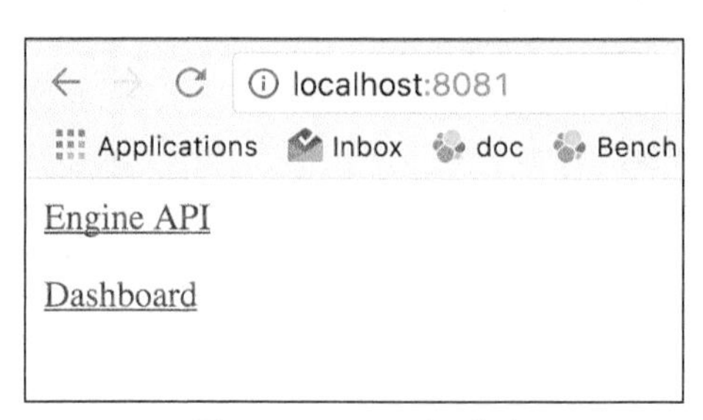

图 8-8　Prelert 主页面

点击两个链接以确保安装全部正确无误。

图 8-9 给出了安装的 Prelert 版本和主机信息。现在我们可以着手准备基于 Metricbeat 数据创建 Prelert 作业。

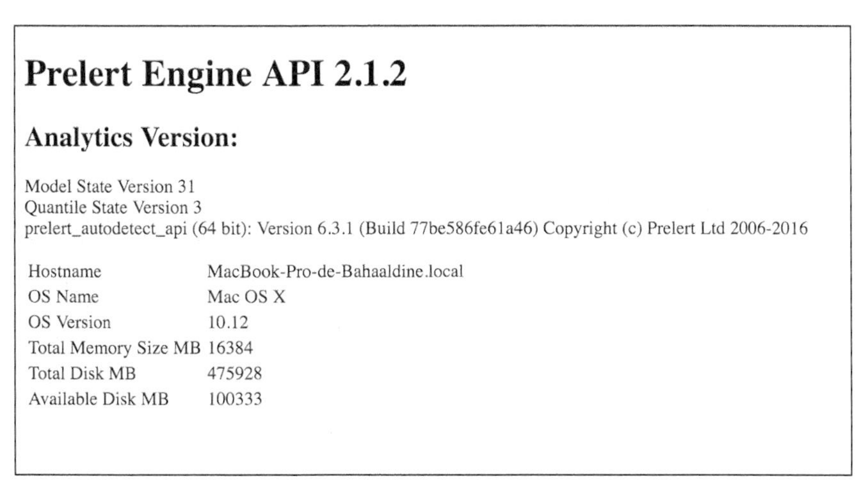

图 8-9 点击引擎 API 链接之后的信息

点击 Dashboard（仪表板）链接，将导航到 Prelert 控制台，在这里可以创建作业，如图 8-10 所示。

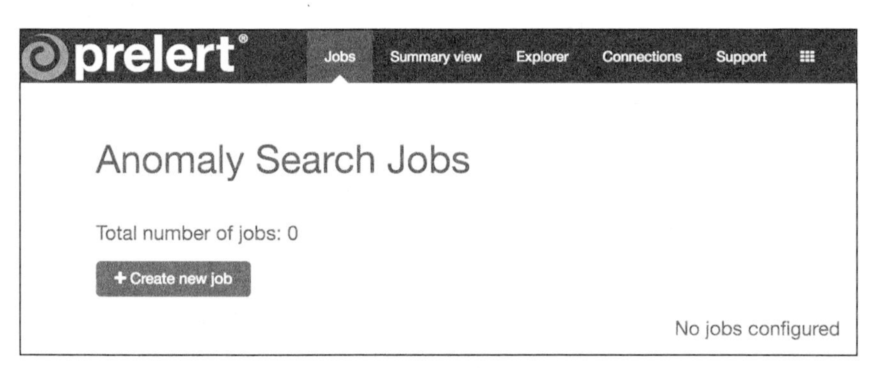

图 8-10 Kibana 中的 Prelert

8.2.2 创建 Prelert 作业

在本节中，即使我们运行的 Prelert 版本不完全相同，创建作业的界面仍然是一致的，因此截图也不会有什么差别。

Prelert 作业是一个单元组，它会执行用户在 Prelert 控制台里预先配置的计划。

作业计划的配置由一个通览向导组成：用户可以在这里对 KPI 进行建模，以应用于异常检测。

创建一个 Prelert 作业有两个选项：要么手动在 Kibana 里创建，要么通过 Prelert API。我们采用第一个选项，如果想使用 REST API，我会给出一个 JSON 示例供参考。

要创建一个作业，从 `http://localhost:5701/app/prelert` 连接到 Prelert 的 Kibana 仪表板，点击 **Create new job**（创建新作业）按钮开始进行创建，如图 8-11 所示。

图 8-11　创建 Prelert 作业的第一步：选择数据源

Prelert 给了你抓取数据的几个选项：从 Elasticsearch 抓取、从 CSV 文件抓取甚至从不同的 REST API 抓取。在本例中，我们选择第一项，即 Elasticsearch 索引。

在图 8-12 图中，我只是传递了连接到 Elasticsearch 所需的所有信息（我使用的是没有安装 X-Pack 的实例，如果你选择的实例使用了 X-Pack，请勾选 Authenticated 复选框，并输入凭据），然后选择了将要从中拖取数据的索引（`metricbeat*`）。

这个索引里包含了不同的类型，但这里我只想使用 **metricsets** 类型，最后使用 **@timestamp** 字段作为时域。单击 **Next**，你会看到带有不同分段的向导，如图 8-13 所示。

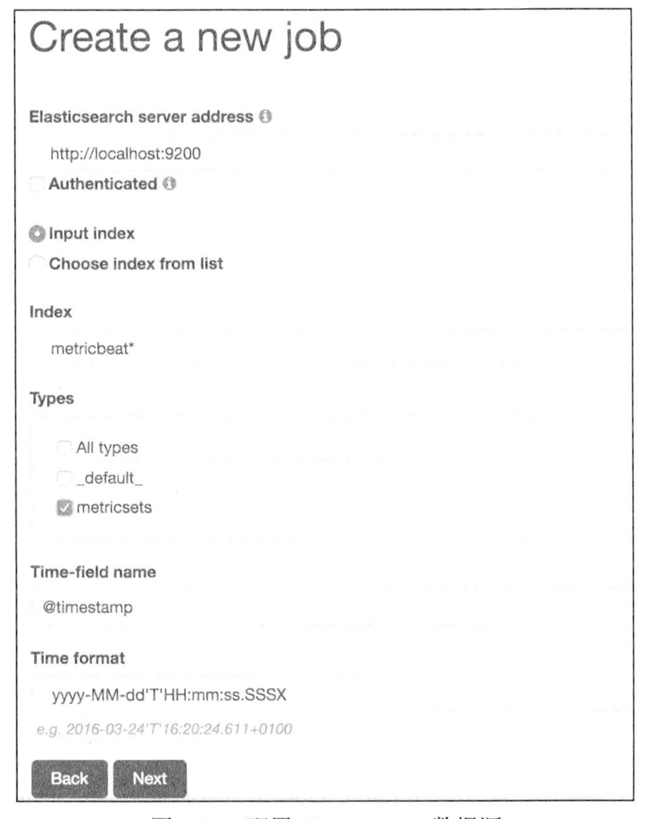

图 8-12　配置 Elasticsearch 数据源

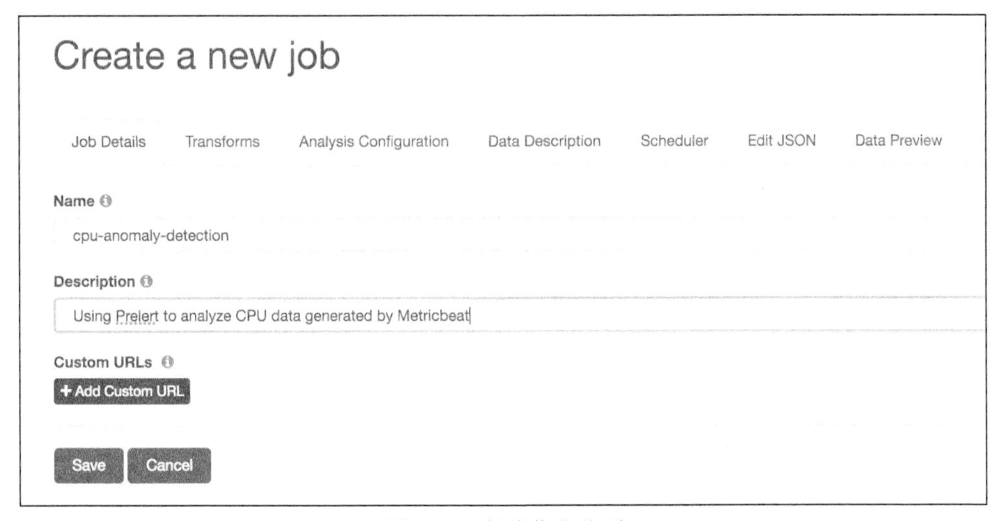

图 8-13　创建作业选项

图 8-13 展示了创建作业所需的不同步骤。

- **Job Details（作业详情）**：这里可以给作业命名，并添加描述。
- **Transforms（转换）**：可以用来配置数据转换选项。由于我们采用 Metricbeat 收集数据时，已经将其正确格式化了，所以不必对这部分选项进行设置。

对分析进行配置是创建作业的主要工作，因为这是异常检测真正需要配置的地方。本节会介绍大量的设置，它们都是文档化的，简单起见，本章中我们将主要关注检测方面。

单击 **Add Detector**（添加检测器）按钮，就可以添加一个新的检测器，它将根据你选择的函数来分析传入的数据。Prelert 有许多内置函数可供选择；在本例中，我们将创建一个使用 `metric` 函数的检测器，它主要采用 `mean`、`min` 和 `max` 函数来分析数据，如图 8-14 所示。

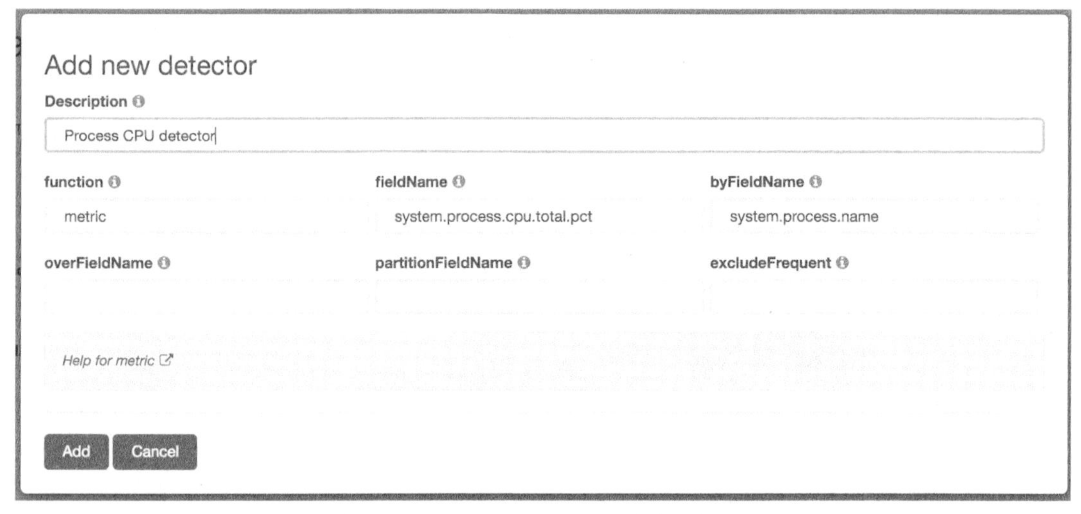

图 8-14　添加一个新的 CPU 进程检测器

这些检测器也使用 `system.process.name` 对每个进程分析进行分解。

- **Data description（数据描述）**：允许设置时间字段和模式来描述数据格式。
- **Scheduler（调度器）**：可以在这里设置 Prelert 调度器如何采集数据。Prelert 采用扫描和滚动 API 来抓取每批的数据。例如，可以在这里设定以什么样的频率进行数据滚动或设定滚动区间大小，如图 8-15 所示。
- **Edit JSON（编辑 JSON）**：包含了创建作业所需的 JSON 配置，它是作为 Prelert REST API 创建作业的输入使用的真正的 JSON 文件。
- **Data preview（数据预览）**：给出调度器将采集的数据的预览。

检测器创建之后，点击 **Save** 按钮即可创建作业。一个弹出窗口会提示没有影响力被创建，我们并不需要它，我们不希望文档中有其他的数据影响异常检测。接着调度器会弹出窗口询问配置从什么时间开始采集数据，如图 8-16 所示。

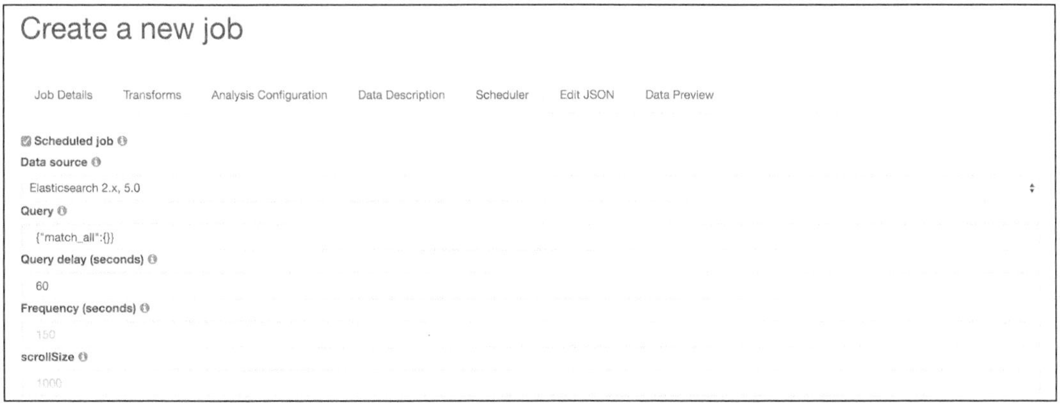

Create a new job

Job Details　Transforms　Analysis Configuration　Data Description　Scheduler　Edit JSON　Data Preview

Scheduled job
Data source
Elasticsearch 2.x, 5.0
Query
{"match_all":{}}
Query delay (seconds)
60
Frequency (seconds)
150
scrollSize
1000

图 8-15　调度器配置

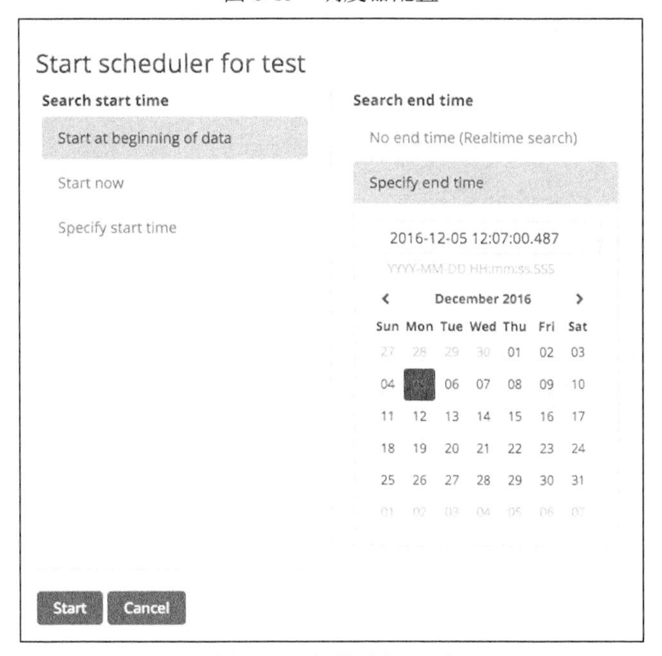

图 8-16　起始时间配置

在本例中，我们将从数据集中最早的时间段开始，因此 Prelert 将从历史数据的开头处建立异常检测模型。点击 **Start**，作业就开始滚动数据，你能看到它正从 Metricbeat 索引中拉取数据，如图 8-17 所示。

当 Prelert 分析数据时，你可以访问仪表板，单击 **Open results**（打开结果）按钮以查看是否检测到了异常，如图 8-18 所示。

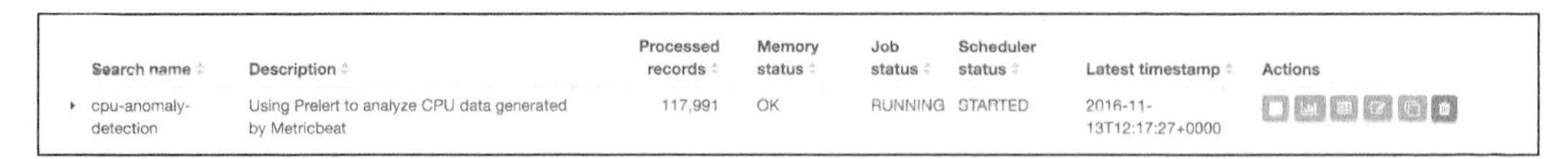

Search name	Description	Processed records	Memory status	Job status	Scheduler status	Latest timestamp	Actions
cpu-anomaly-detection	Using Prelert to analyze CPU data generated by Metricbeat	117,991	OK	RUNNING	STARTED	2016-11-13T12:17:27+0000	

图 8-17　创建的作业正在拉取数据

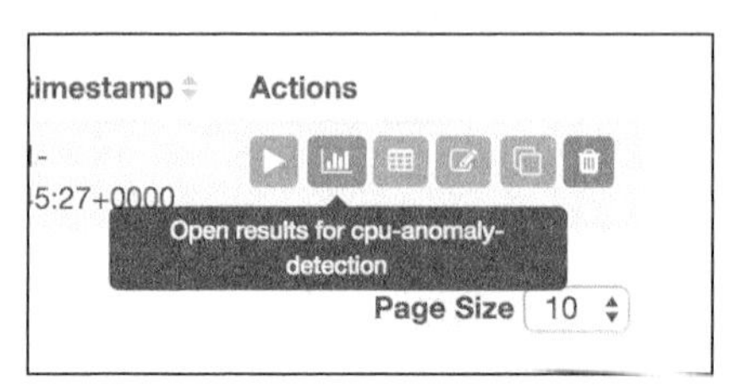

图 8-18　每个 Prelert 作业可用的操作按钮

总结视图展示了一个示例，顶部是数据源，不同的泳道图包含了鉴别出来的信号异常，如图 8-19 所示。

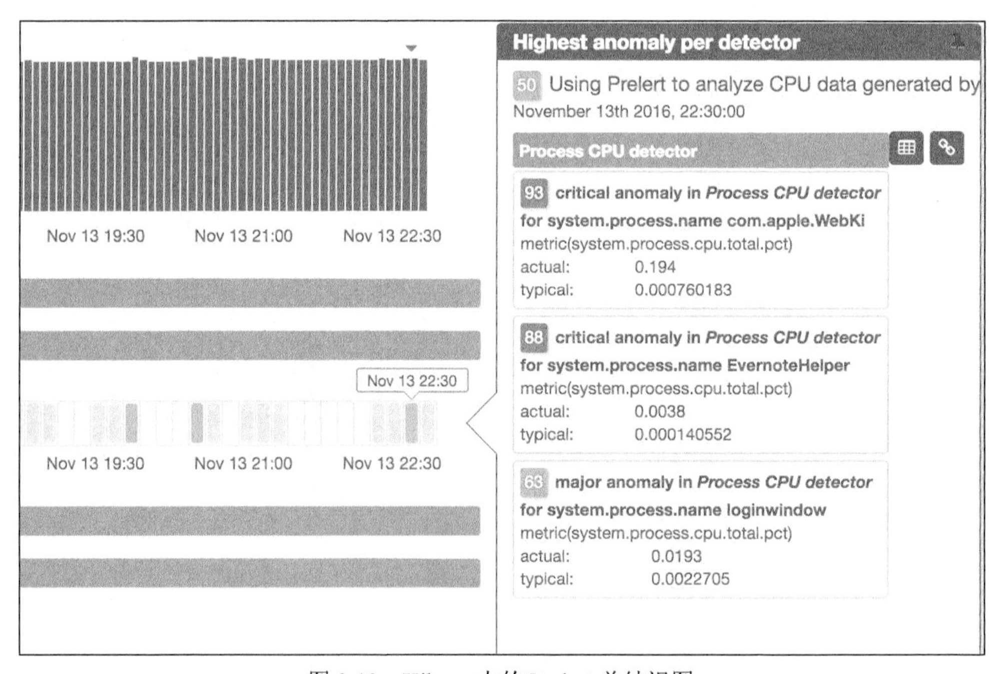

图 8-19　Kibana 中的 Prelert 总结视图

正如所见，这里已经确定了一些严重异常。在这里，这样的数据范围内，`com.apple.Webkit` 看起来比预期（0.07%）使用了更多的 CPU（19%）。单击 **Open explorer**（打开浏览器）按钮，将看到如图 8-20 所示的内容。

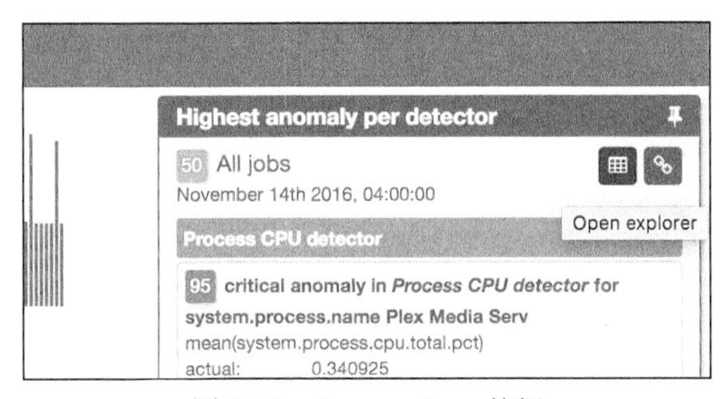

图 8-20　Open explorer 按钮

为了证明这一点，我会给出更多这个类型的结果，这样就能看得更明显，如图 8-21 所示。

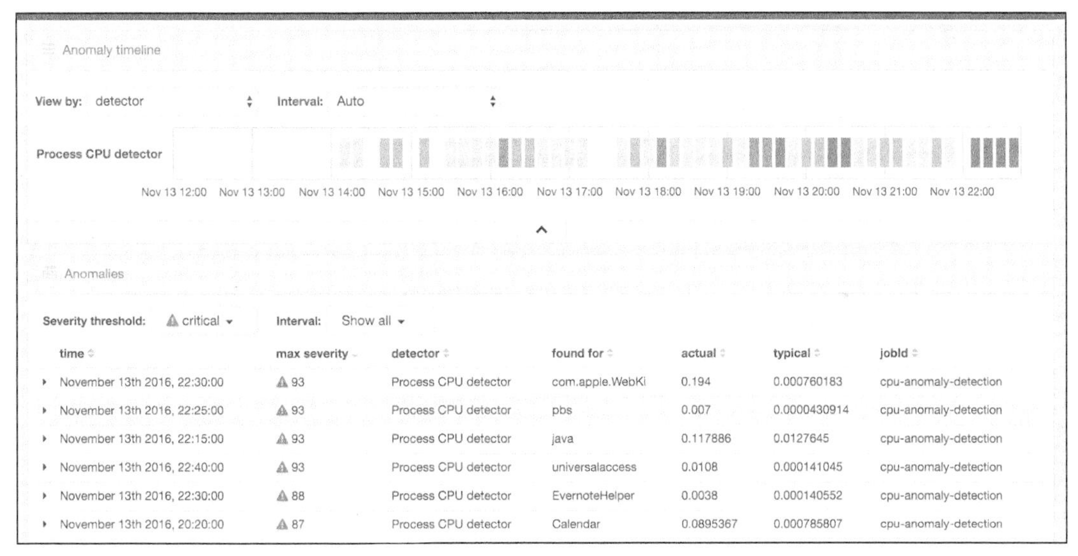

图 8-21　打开浏览器视图

我可以根据严重性对这里列出的每个异常（图 8-21 中只显示严重异常）进行过滤。你还可以选择展开细节，如图 8-22 所示。

对于由 **com.app.Webkit** 进程引起的 CPU 异常，它的得分相当高（**93**），因为它与这个事件的非常低的可能性（**1.47031e-21**）成正比。

关于数据的一句话：可能会没有足够的数据供 Prelert 建立一个精确的模型。至少在我的例子中，异常可能在我正常使用笔记本电脑一周后开始出现。为了让它真的出现，我建议在更高使用率的环境中运行，并运行更长时间。

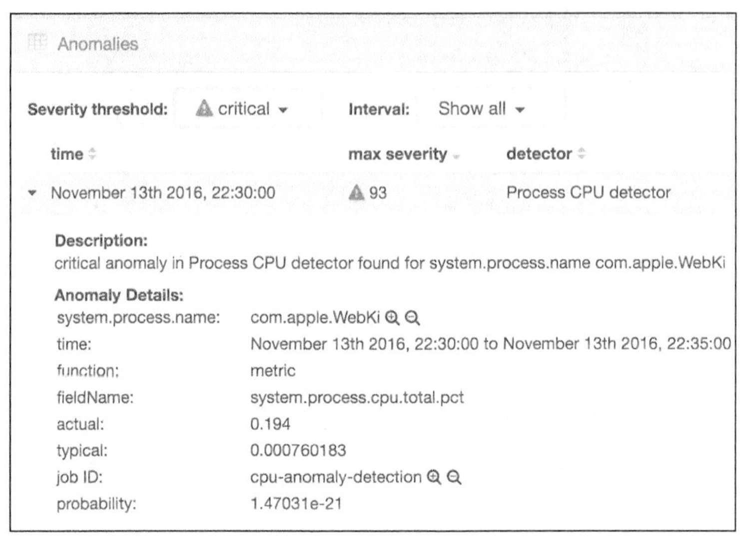

图 8-22　异常的细节

为了展示一下 Prelert 5.x 预览版的用户界面看起来是什么样的，我将不使用之前的数据集，而是采用另一个数据集，它的周期趋势清晰可见，如图 8-23 所示。

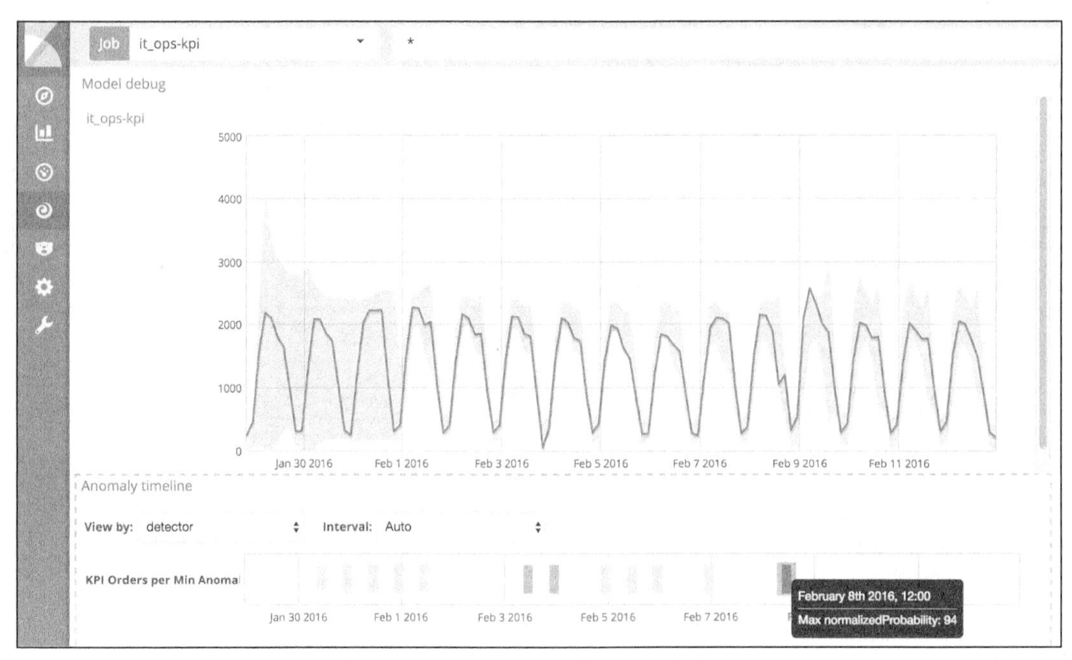

图 8-23　Kibana 5.0 中的 Prelert 预览版

在图 8-23 中，蓝线表示信号，蓝色区域代表 Prelert 建立的模型。在图表的开头部分，模型甚至与数据都不是很一致，但随着时间的推移，模型越来越趋近于信号。

在上面的例子中，在信号数据发生了不同寻常的降低的某个时刻，检测到了异常（得分为 94）。但是，如果采用 Metricbeat 数据，得到的结果如图 8-24 所示。

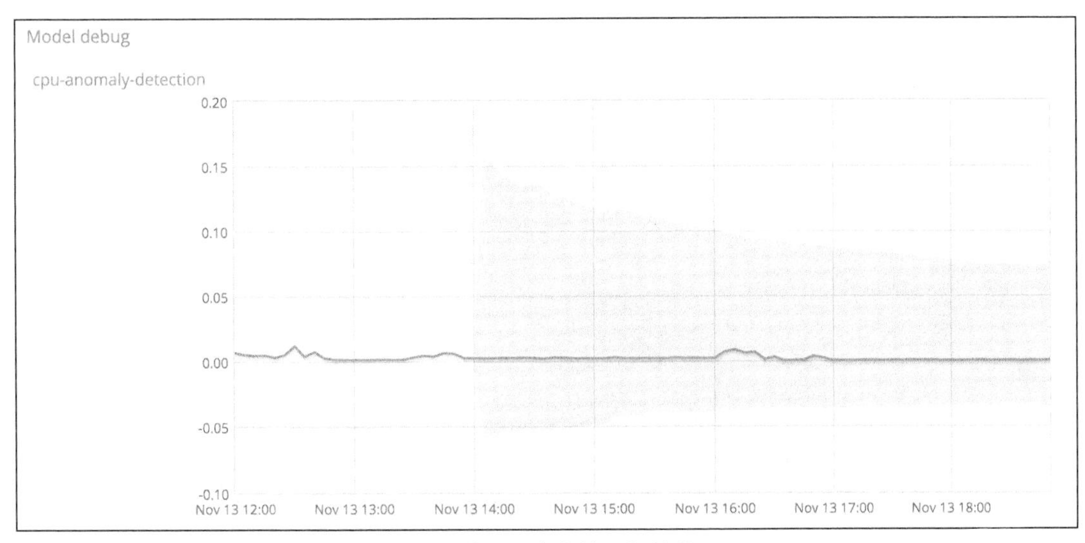

图 8-24　模型和真实情况相差甚远

再强调一次，因为我们使用的是非常短期的数据，没有给 Prelert 提供太多历史数据，不过，模型会随着时间的推移越来越准确。

既然，我们已经运行了一个异常检测作业，那么将结果与报警功能结合，以启用 Kibana 5.0 的报告怎么样？这就是下一节要讨论的内容。

8.3 组合使用 Prelert、警报和 Timelion

Prelert 检测 Elasticsearch 索引的数据里的异常，其结果存储在 Elasticsearch 里，同时还提供了开箱即用的仪表板来探索和理解异常。Elastic Stack 为数据分析提供了一个全面的平台，我们可以选择其中的产品来扩展异常检测的经验。X-Pack 警报是第一选择，因为它可以使用 Prelert 的结果来触发相关的、准确的警报。Timelion 也是一个很好的选择，它能通过它拥有的统计功能和定制特性将异常检测结果与源数据关联起来。

之前提到过，Prelert 开放 REST API，让用户可以管理作业，并获取分析的结果，如图 8-25 所示。

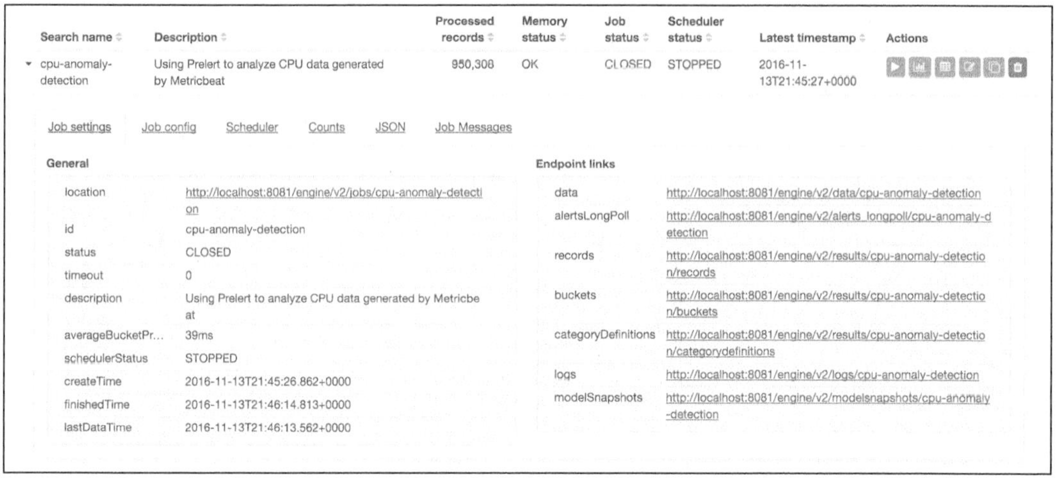

Search name	Description	Processed records	Memory status	Job status	Scheduler status	Latest timestamp	Actions
cpu-anomaly-detection	Using Prelert to analyze CPU data generated by Metricbeat	950,308	OK	CLOSED	STOPPED	2016-11-13T21:45:27+0000	

Job settings　Job config　Scheduler　Counts　JSON　Job Messages

General

location	http://localhost:8081/engine/v2/jobs/cpu-anomaly-detection
id	cpu-anomaly-detection
status	CLOSED
timeout	0
description	Using Prelert to analyze CPU data generated by Metricbeat
averageBucketPr...	39ms
schedulerStatus	STOPPED
createTime	2016-11-13T21:45:26.862+0000
finishedTime	2016-11-13T21:46:14.813+0000
lastDataTime	2016-11-13T21:46:13.562+0000

Endpoint links

data	http://localhost:8081/engine/v2/data/cpu-anomaly-detection
alertsLongPoll	http://localhost:8081/engine/v2/alerts_longpoll/cpu-anomaly-detection
records	http://localhost:8081/engine/v2/results/cpu-anomaly-detection/records
buckets	http://localhost:8081/engine/v2/results/cpu-anomaly-detection/buckets
categoryDefinitions	http://localhost:8081/engine/v2/results/cpu-anomaly-detection/categorydefinitions
logs	http://localhost:8081/engine/v2/logs/cpu-anomaly-detection
modelSnapshots	http://localhost:8081/engine/v2/modelsnapshots/cpu-anomaly-detection

图 8-25　作业详情和端点

图 8-25 详细说明了 **Endpoint links**（端点链接）部分的内容，其中列出了我们将用于警报的 REST API。所有 API 的文档记录在 http://www.prelert.com/docs/products/latest/engine_api_reference/results/results.html。我们将使用通用型记录 API 端点，它能返回结果集上的异常检测。

8.3.1　在 Timelion 中可视化异常结果

Timelion 是时间序列数据可视化的好方法。在第 5 章中已有阐述，在本节中我们将充分利用其特性以可视化展示异常检测的结果，并绘制自定义的可视化。

因为 Prelert 的安装必须在其自己的 Elasticsearch 集群上，我们要做的第一件事就是采集 Prelert 创建的数据，并把它们带入 Elasticsearch 集群的 Kibana 5.0 中。

如果调用了记录 API，本例中是在 `http://localhost:8081/engine/v2/results/cpu-anomaly-detection/records`，你会得到如下的记录 API 输出结果（还记得，为了讨论我们曾使用过记录端点）：

```
{
  "hitCount" : 1193,
  "skip" : 0,
  "take" : 100,
  "nextPage" : "http://localhost:8081/engine/v2/results/cpu-anomaly-detection/records/?
  skip=100&take=100&includeInterim=false&sort=normalizedProbability
    &desc=true&anomalyScore=0%2C0&normalizedProbability=0%2C0",
  "previousPage" : null,
  "documents" : [ {
    "timestamp" : "2016-11-14T03:20:00.000+0000",
```

```
    "bucketSpan" : 300,
    "fieldName" : "system.process.cpu.total.pct",
    "function" : "mean",
    "normalizedProbability" : 95.71811,
    "anomalyScore" : 50.5083,
    "detectorIndex" : 0,
    "initialNormalizedProbability" : 96.9458,
    "byFieldValue" : "Plex Media Serv",
    "functionDescription" : "mean",
    "typical" : 6.70872E-4,
    "actual" : 0.340925,
    "probability" : 9.75444E-44,
    "byFieldName" : "system.process.name",
    "isInterim" : false
  }
...
```

Python 脚本一直调用这个 API，直到 nextPage 字段具有一个值，对于每个批次产生的 100 条记录，可以调用 Elasticsearch Python API（https://www.elastic.co/guide/en/elasticsearch/client/python-api/current/index）中的 bulk API 来进行操作。代码如下：

```
for record in response.json()['documents']:
  action = {
    "_index": "prelert",
    "_type": "record",
    "_source": record
  }
  actions.append(action)

  if len(actions) > 0:
  helpers.bulk(es, actions)
```

要调用这个脚本，可以执行如下命令：

```
./grab_prelert_results.py URL_TO_THE_RECORD_API
```

只要把参数替换成你的记录 API URL，然后连接到 Kibana 5.0 的开发工具，就能在 `record` 文档中得到一个 CPU 异常检测结果索引，如图 8-26 所示。

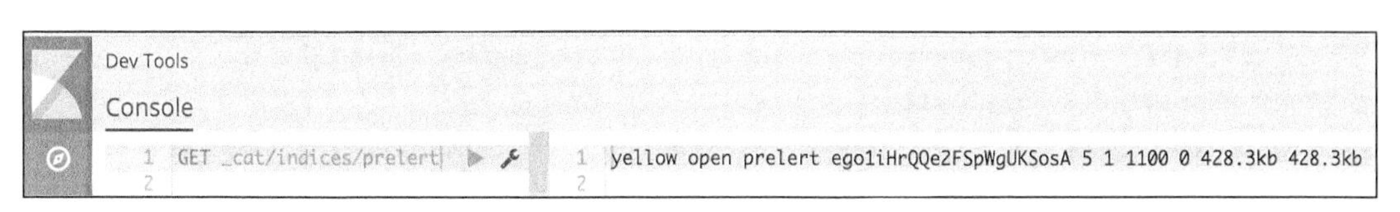

图 8-26　查看 CPU 异常检测结果索引是否正确创建

现在，我们准备采用 Timelion 创建一个可视化，展示以下内容：

- 信号，即服务器上基于时间的最大 CPU 使用率；
- 异常的不同级别（也就是警告、次要、主要和严重异常）。

为此，我们要用到 Timelion 的可变特性，它允许保存表达式，并能在表达式工具条里直接使用。

我们准备创建 5 种类别，4 种是异常级别，还有 1 种是数据源。代码如下：

```
# Warning level
$warning=.es(index=cpu-anomaly-detection-results,
timefield=timestamp).divide(.es(index=cpu-anomaly-detection-results,
timefield=timestamp)).multiply(.es(index=metricbeat*,
metric=max:system.process.cpu.total.pct).fit(mode=average).multiply(100)).
points(radius=3, fill="10",
fillColor="#2196F3").color(#2196F3).condition(operator=gt, 10).label(warning)
# Minor level
$minor=.es(index=cpu-anomaly-detection-results,
timefield=timestamp).divide(.es(index=cpu-anomaly-detection-results,
timefield=timestamp)).multiply(.es(index=metricbeat*,
metric=max:system.process.cpu.total.pct).fit(mode=average).multiply(100)).
points(radius=3, fill="10",
fillColor="#FFEB3B").color(#FFEB3B).condition(operator=lt,
10).condition(operator=gt, 50).label(minor)
# Major level
$major=.es(index=cpu-anomaly-detection-results,
timefield=timestamp).divide(.es(index=cpu-anomaly-detection-results,
timefield=timestamp)).multiply(.es(index=metricbeat*,
metric=max:system.process.cpu.total.pct).fit(mode=average).multiply(100)).
points(radius=3, fill="10",
fillColor="#FF9800").color(#FF9800).condition(operator=lt,
50).condition(operator=gt, 70).label(major)
# Critical level
$critical=.es(index=cpu-anomaly-detection-results,
timefield=timestamp).divide(.es(index=cpu-anomaly-detection-results,
timefield=timestamp)).multiply(.es(index=metricbeat*,
metric=max:system.process.cpu.total.pct).fit(mode=average).multiply(100)).
points(radius=3, fill="10",
fillColor="#F44336").color(#F44336).condition(operator=lt, 70).label(critical)
# Source signal
$maxCPU=.es(index=metricbeat*,
```

```
metric=max:system.process.cpu.total.pct).color(#00C853).fit(mode=average).
multiply(100).label("max cpu over time").bars(width=2)
# Render data
$maxCPU, $warning, $minor, $major, $critical
```

对于异常级别，我们采用的是与前面第 5 章中提到过的相同的归一化过程，对序列列表自行进行划分，并将结果与信号数据相乘，使异常点与数据源同步，并精确指出异常发生的时点。

源信号也和第 5 章中的基于时间的最大 CPU 使用率一样，如果复制并粘贴其表达式到 Timelion 中，得到的结果如图 8-27 所示。

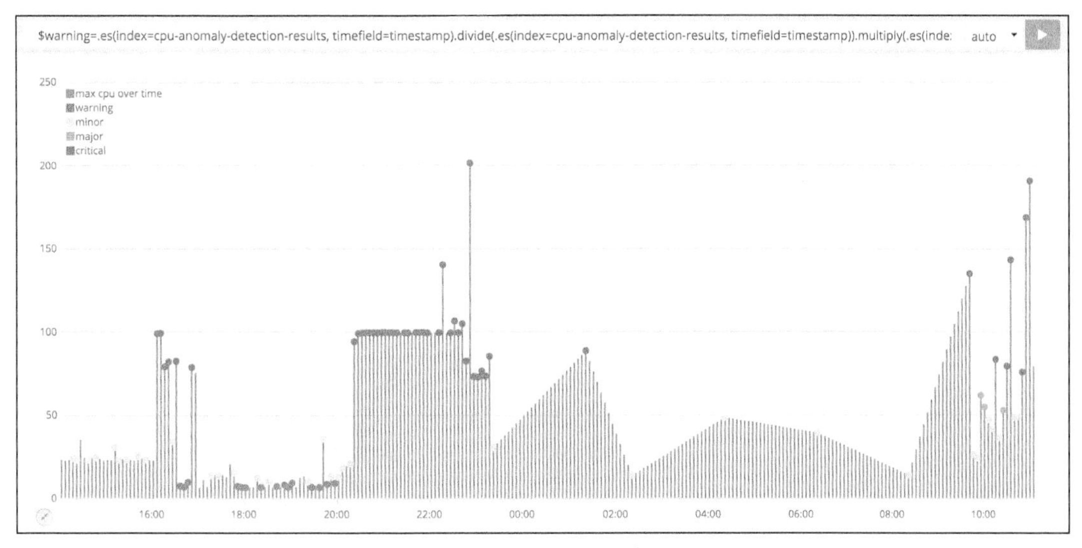

图 8-27 Timelion 的异常检测图表

信号由绿色柱状图表示[①]，上面显示出所有级别的异常点：蓝色是警告（**warning**），黄色是次要的（**minor**），橙色是主要的（**major**），红色是严重的（**critical**）。这样就提供了一种高度可定制的方法，可在基于时间的异常检测时进行可视化，同时展示异常记录和原始数据。不过现在还没全部完成，试一下将进程名与异常关联起来怎么样？这是完全可行的，因为 Timelion 图表可以保存为 Kibana 面板。点击 **Save** 按钮即可保存该图表，创建一个新的 Kibana 仪表板，并添加新面板，如图 8-28 所示。

至此，为了获取进程名，我们只需简单地新建一个新的 Kibana 可视化——数据表，

① 因本书为黑白印刷，无法呈现出图的颜色，为了方便读者学习，凡本书读者均可在异步社区（https://www.epubit.com）本书页面免费下载。——编者注

展示前 20 个 CPU 使用率最高的进程，如图 8-29 所示。

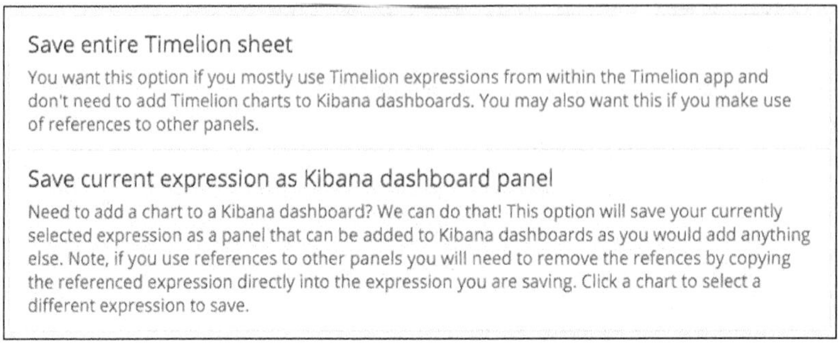

Save entire Timelion sheet

You want this option if you mostly use Timelion expressions from within the Timelion app and don't need to add Timelion charts to Kibana dashboards. You may also want this if you make use of references to other panels.

Save current expression as Kibana dashboard panel

Need to add a chart to a Kibana dashboard? We can do that! This option will save your currently selected expression as a panel that can be added to Kibana dashboards as you would add anything else. Note, if you use references to other panels you will need to remove the refences by copying the referenced expression directly into the expression you are saving. Click a chart to select a different expression to save.

图 8-28　将表达式保存为 Kibana 面板

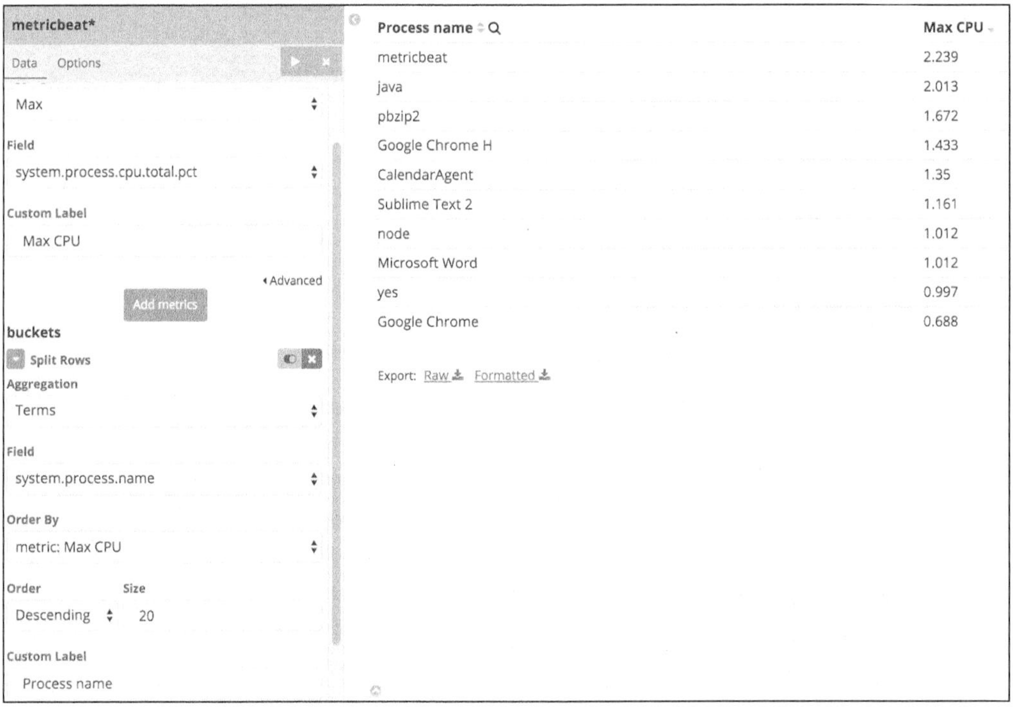

metricbeat*

Data　Options

Max

Field: system.process.cpu.total.pct

Custom Label: Max CPU

Advanced

Add metrics

buckets

Split Rows

Aggregation: Terms

Field: system.process.name

Order By: metric: Max CPU

Order: Descending　Size: 20

Custom Label: Process name

Process name	Max CPU
metricbeat	2.239
java	2.013
pbzip2	1.672
Google Chrome H	1.433
CalendarAgent	1.35
Sublime Text 2	1.161
node	1.012
Microsoft Word	1.012
yes	0.997
Google Chrome	0.688

Export: Raw　Formatted

图 8-29　创建数据表

把数据表保存起来。正如所见，最大 CPU 百分比是以小数表示的，不过 Kibana 支持数据格式的定制。进入 **management/index patterns**（管理/索引模式）部分，在 `metricbeat*` 索引模式里找到 `system.process.cpu.total.pct` 字段，如图 8-30 所示。

点击 `system.process.cpu.total.pct` 字段后的 **controls**（控制）按钮，把字段格式从默认改为百分比形式，如图 8-31 所示。

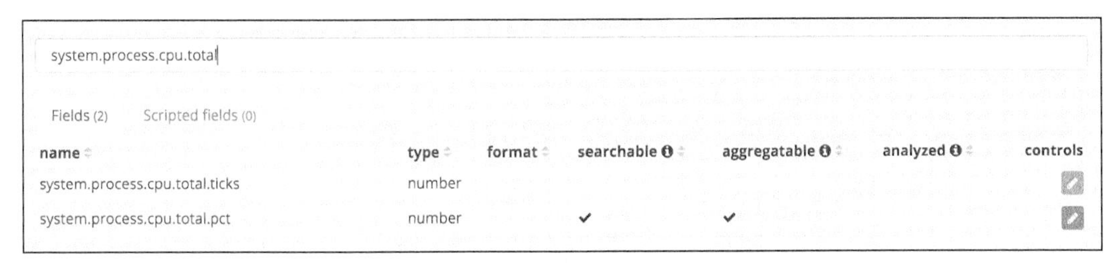

图 8-30　Kibana 索引模式字段设置

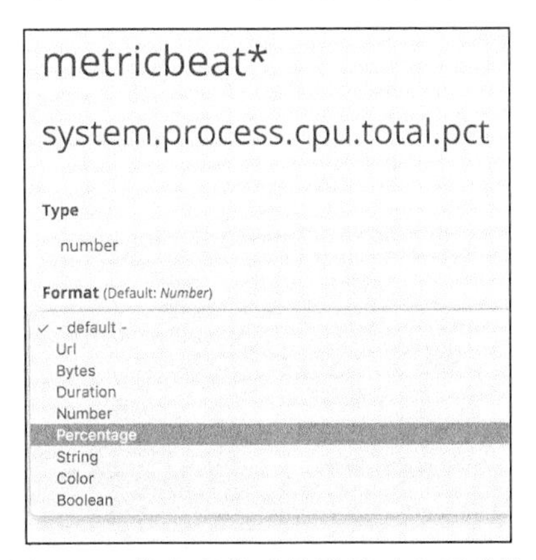

图 8-31　将字段格式从默认改为百分比

保留默认设置，并更新该字段。再回到新创建的仪表板里，添加数据表。你就能看到字段被格式化成百分比的仪表板了，如图 8-32 所示。

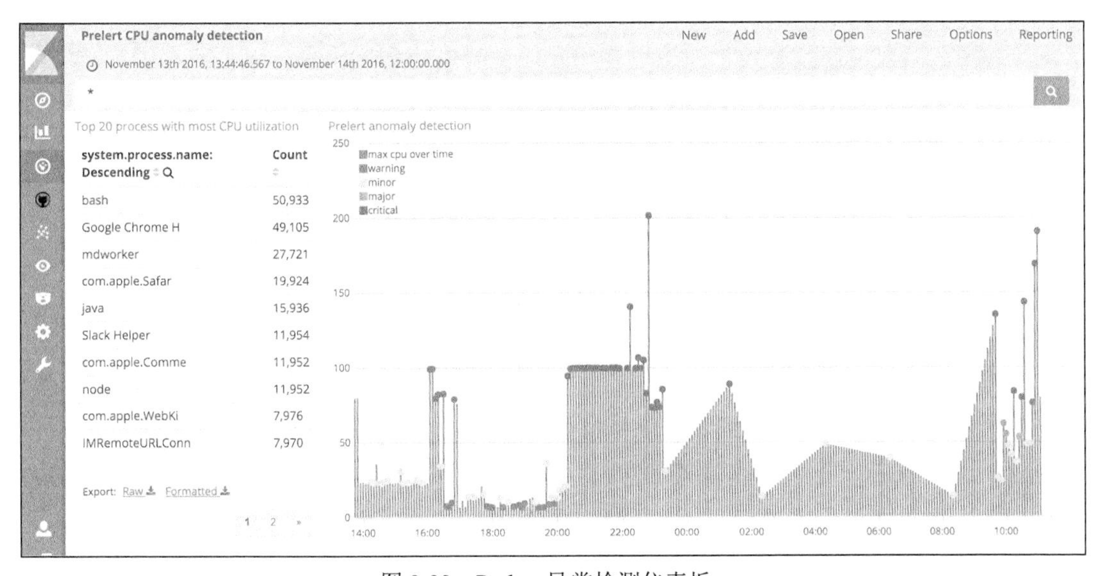

图 8-32　Prelert 异常检测仪表板

现在你可以在图表上选择一个部分，精确地查看在给定的时间段里哪些进程消耗了的 CPU 最多。在本例中，我用 yes 命令行玩了一点儿小把戏，它大体上是 OS X 上的一个压力工具。你可以运行以下命令，然后看到 CPU 使用率大幅上升：

```
yes > /dev/null
```

我在一个随机的时间点执行了这个命令，显然 Prelert 很好地完成了检测不寻常的情况的作业，如图 8-33 所示。

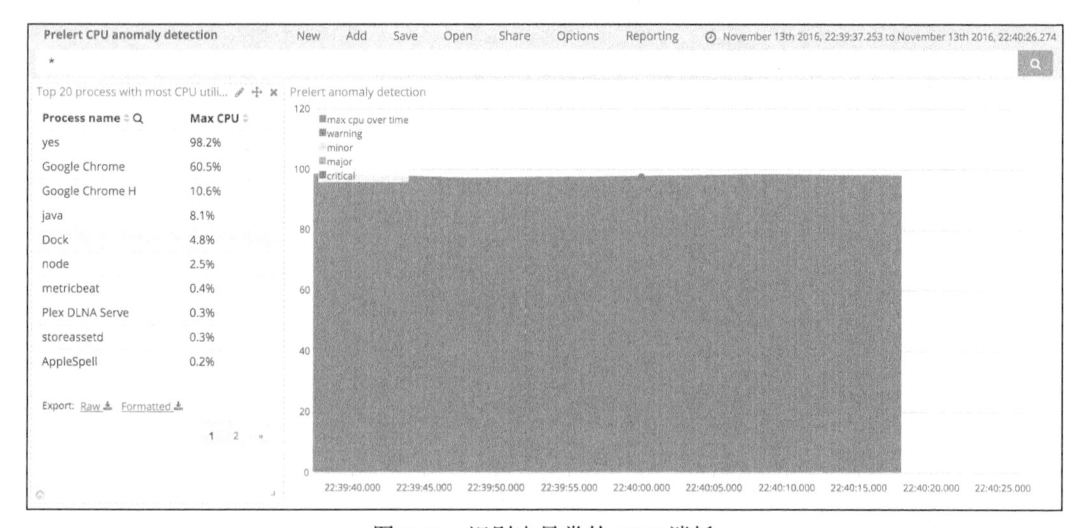

图 8-33　识别出异常的 CPU 消耗

这样，只要使用仪表板，就可以基于发现的异常点识别出哪个进程正在消耗 CPU。

在实践中，当出现问题时，运维人员通常会浏览此仪表板，不过这类情况在一整天的时段里可能只是偶发。因此，对异常情况进行打分，然后主动接收提示，或至少收到关于当前状况的常规报告，似乎是一个更好、更现实的选择。

8.3.2　采用报告功能调度异常检测报告

在 Kibana 5.0 中，用户已经可以将仪表板手工导出成 PDF 格式的文档，方法是点击 **Reporting**（报告）按钮，或直接在仪表板中完成，如图 8-34 所示。

单击 **Printable PDF**（可打印的 PDF）按钮后，报告会被添加到生成队列中，可以在 **Management/Reporting** 部分进行访问，可以从这里下载报告，如图 8-35 所示。

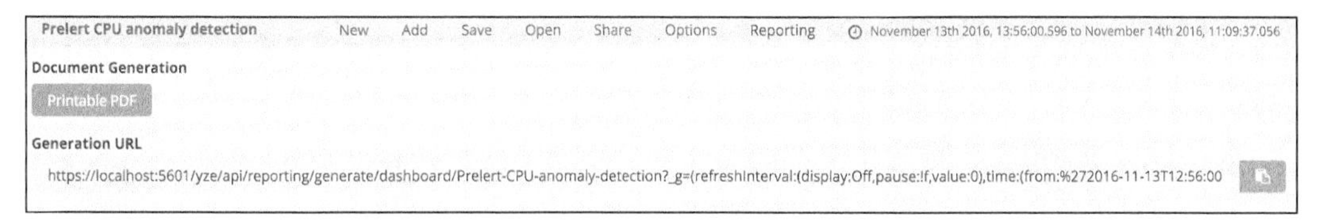

图 8-34 生成新报告

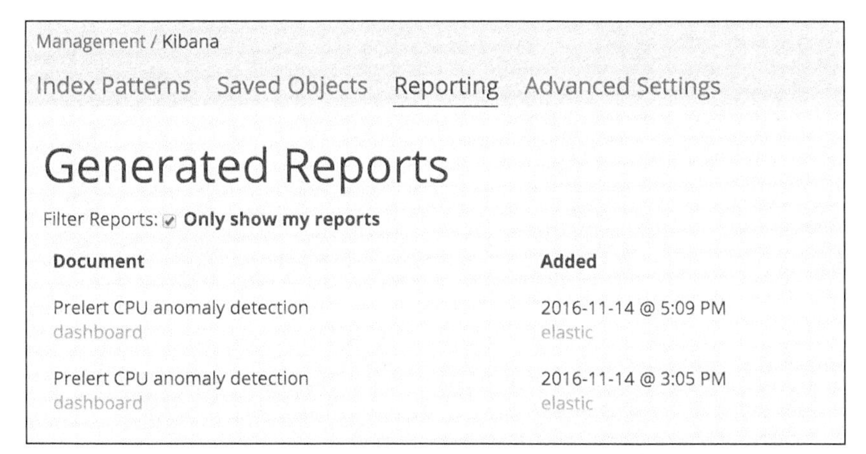

图 8-35 报告生成队列

另一种生成报告的方法是使用 URL，单击仪表板中的 **Reporting** 按钮，即可生成。下面是这样一个 URL 的示例：

```
https://localhost:5601/yze/api/reporting/generate/dashboard/Prelert-CPU-anomal
y-detection?_g=(refreshInterval:(display:Off,pause:!f,value:0),time:(from:%272
016-11-13T12:56:00.596Z%27,interval:auto,mode:absolute,timezone:Europe%2FBerli
n,to:%272016-11-14T10:09:37.056Z%27))&_a=(filters:!(),options:(darkTheme:!f),p
anels:!((col:1,id:Prelert-warning-anomalies,panelIndex:3,row:1,size_x:3,size_y
:2,type:visualization),(col:4,id:Prelert-minor-anomalies,panelIndex:4,row:1,si
ze_x:3,size_y:2,type:visualization),(col:7,id:Prelert-major-anomalies,panelInd
ex:5,row:1,size_x:3,size_y:2,type:visualization),(col:10,id:Prelert-criticalan
omalies,panelIndex:6,row:1,size_x:3,size_y:2,type:visualization),(col:1,id:Top
-20-process-with-most-CPU-utilization,panelIndex:1,row:3,size_x:3,size_y:5,typ
e:visualization),(col:4,id:Prelert-anomaly-detection,panelIndex:2,row:3,size_x
:9,size_y:5,type:visualization)),query:(query_string:(analyze_wildcard:!t,quer
y:%27*%27)),title:%27Prelert+CPU+anomaly+detection%27,uiState:(P-1:(vis:(param
s:(sort:(columnIndex:!n,direction:!n))))))&sync
```

上面的命令可以手工简化成如下最短建议形式：

```
https://localhost:5601/yze/api/reporting/generate/dashboard/Prelert-CPU-anomaly-
detection?sync.
```

注意，sync 参数是生成 PDF 所必需的。在那里，我们可以把警报和报告结合起来调度每日报告。你首先需要添加一些配置到自己的 `elasticsearch.yml` 文件中，以便能够访问电子邮件服务器，具体参见在 https://www.elastic.co/guide/en/x-pack/current/actions-email.html#configuring-email 找到的文档。

接下来，在 Kibana 的开发工具里执行以下命令来创建警报：

```
PUT /_xpack/watcher/watch/cpu_anomaly_detection_report?pretty
{
  "trigger": {
    "schedule": {
      "interval": "1d"
    }
  },
  "actions": {
  "send_email": {
    "email": {
      "to": "recipient@email.com",
      "subject": "CPU anomalies daily report",
      "body": "Please find attached the report",
      "attachments": {
        "cpu_anomalies.pdf": {
          "http": {
            "content_type": "application/pdf",
            "request": {
              "method": "POST",
              "headers": {
                "kbn-xsrf": "reporting"
              },
              "auth": {
                "basic": {
                  "username": "elastic_username",
                  "password": "elastic_password"
                }
              },
              "read_timeout": "300s",
              "url":
                "https://localhost:5601/yze/api/reporting/generate/dashboard/Prelert-CPU-
                  anomaly-detection?sync"
              }
            }
          }
        }
      }
    }
  }
}
```

上面的命令使用一个简单的调度器来每天触发警报，然后采取某项措施，在本例中，措施就是发送一封附有 PDF 的电子邮件。我们使用由 Kibana 提供的 URL 来生成报告，采用相应的凭据来调用 API。一旦警报被创建，就可以从`.watcher-history*`索引中查看到被创建的历史文档，也可以每天在收件箱中获取异常检测的 PDF 报告。

8.4 小结

在本章中，我们了解了为什么异常检测的传统方法已经达到了它们的极限，不管是从人类的视角来看（因为有太多的信息需要发掘），还是从技术角度来看，传统统计方法容易产生假阳性或真阴性。然后我们应用上一章中的数据集和用例，来说明 Kibana 如何基于无监督机器学习特征来进行异常检测，这种机器学习的特征是 Prelert 带给 Elastic Stack 的。

在接下来的最后一章，我们将研究如何创建 Kibana 自定义插件，先是设置开发环境，然后实现插件。

第 9 章 为 Kibana 5.0 开发自定义插件

在本书前面几章中，我们学习了如何对现有的 Kibana 插件（也就是 Timelion）进行扩展，还试着扩展可视化调色板，以及向 Kibana 仪表板添加自己的可视化。

现在，在本书最后一章，我们将学习如何利用 Kibana 提供的堆栈管理架构来创建新的插件，以扩展现有的功能。

更具体一点来说，本章将讨论以下主题。

- 开发一个插件，并研究如何设置开发插件的环境，这与之前我们研究 Timelion 时所做的类似，只是在代码结构上有些差异。
- 一旦准备好了环境，我们将深入研究实现“拓扑浏览器”插件，它能用来可视化 Elasticsearch 集群的拓扑。

9.1 从零开始创建插件

说从零开始其实并不完全准确，因为我们会用到一个由 Kibana 团队自己开发的插件生成器。

在本节中，我们将首先使用 **Yeoman** 来生成插件，并分析其结构。

9.1.1 Yeoman——插件脚手架

要着手开发 Kibana 并不是件容易的事，特别是在你根本就不清楚项目结构看起来是什么样、需要的依赖项是什么或者该如何构建它的时候。Yeoman 能帮你解决这些问题。

Yeoman 是一个实用工具软件，可以帮你创建诸如 Kibana 插件这样的项目的大体框架。

从 Yeoman 官方网站可以访问更多的文档，特别是关于生成器发现的部分，在

http://yeoman.io/generators/可以搜索到许多Yeoman生成器，如图9-1所示。

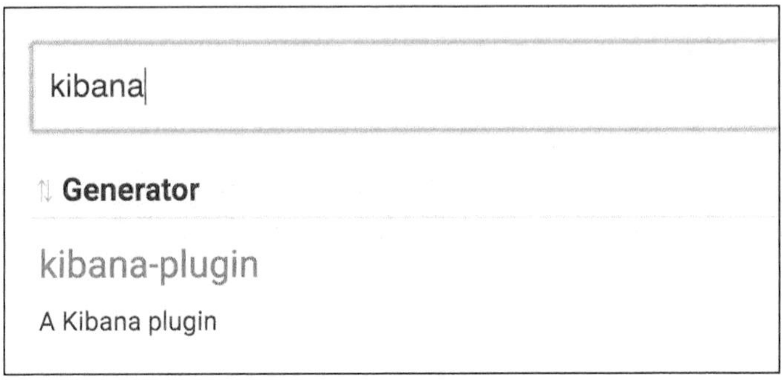

图9-1 Yeoman生成器发现

要使用Yeoman，必须先使用Node.js来进行安装，只要执行如下命令：

```
npm install -g yo
```

我们还必须安装Kibana插件生成器，源代码可以在https://github.com/elastic/generator-kibana-plugin找到。

安装命令如下：

```
npm install -g yo generator-kibana-plugin
```

安装好Yeoman和生成器之后，创建一个文件夹，用来保存你的Kibana插件，然后用如下命令来生成一个插件：

```
yo kibana-plugin
```

这个命令将启动一个向导，提出如下问题，我的回答用加粗字体表示：

```
? Your Plugin Name topology
? Short Description a cluster topology explorer plugin
? Target Kibana Version 5.0.0
```

生成器将创建一个通用的代码模板，并安装要使用该插件所需的最小依赖包。在新建插件的目录下列出文件，结果如下：

```
$ ls -l
README.md
index.js
node_modules
package.json
public
server
```

在第 7 章里，我们通览了 Kibana 插件每个部分的描述，参考相应内容做进一步了解。这里更重要的是，我们要实现两个服务器端的代码——从 Elasticsearch REST API 抓取数据的代码，以及将被存储在公共文件夹里，主要使用服务器端 API 来渲染页面的前端代码。

生成一个空白插件是很简单的，只需要按照说明即可，也可参考第 7 章中关于如何设置开发 Kibana 的环境的相关内容。唯一的区别在于生成的插件中没有提供用来编译链接和同步插件到 Kibana 的 Gulp 文件。而关键点在于我们要使用相同的同步机制，将开发期间所做的所有更改全都同步到 Kibana 安装目录中。

这就是我们必须创建自己的编译链接配置文件的原因。我在本书的资源包里提供了一个示例，希望有所帮助参见本书源代码中的 chapter9/topology/gulpfile.js。

如果你采用这个文件来同步插件，记得把路径修改为 Kibana 的安装目录，参见本书源代码中的 chapter9/topology/gulpfile.js。

你在插件代码里会看到如下路径，这和我的环境一致：

```
dvar kibanaPluginDir = path.resolve(__dirname,
'/Users/bahaaldine/Dropbox/elastic/plugins/kibana/kibana5.0.0/plugins/' +pkg.name);
```

9.1.2 验证安装

现在要验证一下我们创建的空白插件结构和编译链接配置是否正常。可以按照以下步骤来对安装进行验证。

插件被生成后，Gulp 文件被复制到插件目录下，再修改好 Kibana 的安装路径，就可以对插件进行同步，这和第 7 章中解释过的一样。首先启动 Kibana：

```
npm start
```

然后执行如下命令对插件进行同步：

```
gulp sync
```

最后，在开发模式下启动 gulp 命令，所有的改动都会被自动同步，命令如下：

```
gulp dev
```

至此，如果在 Kibana 里运行最新生成的插件，你就能在侧边条里看到新的拓扑插件，打开它，进入它的主页，如图 9-2 所示。

图 9-2 展示了其主页，这是基于新插件提供的默认模板生成的，它保存在 public/templats/index.html 文件里，其内容如下：

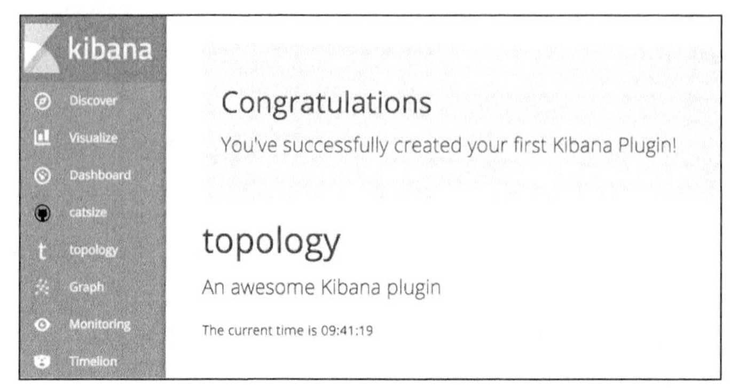

图 9-2　拓扑插件的主页

```
<div class="container" ng-controller="testHelloWorld">
<div class="row">
<div class="col-12-sm">
<div class="well">
<h2>Congratulations</h2>
<p class="lead">You've successfully created your first Kibana Plugin!</p>
</div>
<h1>{{ title }}</h1>
<p class="lead">{{ description }}</p>
<p>The current time is {{ currentTime }}</p>
</div>
</div>
</div>
```

至此，为实现拓扑插件所需环境的每个方面都已经就绪。在下一节中，我将开始介绍如何实现该拓扑插件，对它的每个组成部分都会进行讲解。

9.2　一个渲染 Elasticsearch 拓扑的插件

我在本章中准备创建一个插件，它为了解 Elasticsearch 集群的拓扑提供一个更好的方法，特别是关于数据如何被分布式地存储于索引、分片甚至分段中。

拓扑插件将会用到一个开源可视化框架——ECharts 3，它由百度公司提供，可以在 http://echarts.baidu.com 获得。这个可视化框架提供了一个非常大的调色板，特别是其中一种能非常方便地展现集群中的数据——树状图可视化，如图 9-3 所示。

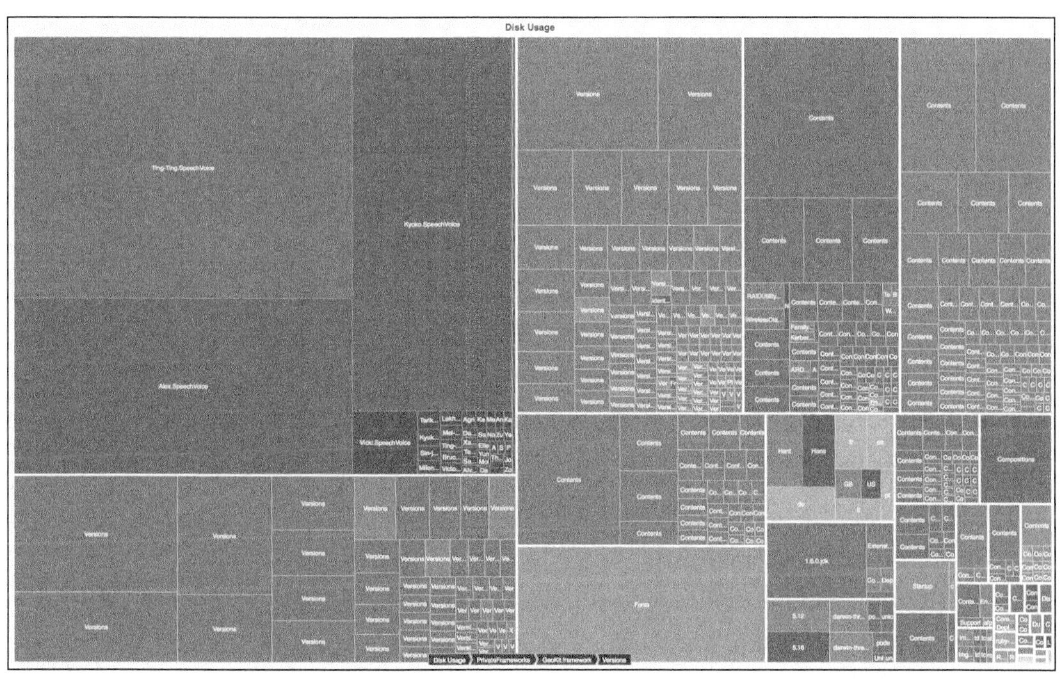

图 9-3 树状图可视化展示集群里的数据

图 9-3 中的示例数据可以从 http://echarts.baidu.com/demo.html#treemap-disk 获取。

正如所见，数据是以多级集群的形式组织的：单击其中一个集群，你就能深入到底层。每个块的大小取决于相关的值，下面是一个示例，说明在 ECharts 树状图 API 中如何描述一个块：

```
{
 "value": "1024.00",
 "name": "stackoverflow",
 "path": "stackoverflow",
 "children": [
 {
   "value": 1,
   "name": "primary",
   "path": "stackoverflow/primary",
   "children": [
   {
     "value": "1024.00",
     "name": "0",
     "path": "stackoverflow/primary/0",
     "children": [
     {
```

```
"value": 15,
"name": "_d",
"path": "stackoverflow/primary/0/_d"
```

在上面的代码中，可以看到每个元素包含一个 name、path、value 和一个 children 元素。Name 和 value 代表自己，path 是树状图中的路径，children 就是那些当你单击并向下钻取时会显示出来的块。

这是一个完美的匹配，我们正在努力实现：把索引作为第一级，看看其大小，然后进行下钻，显示分片及其大小，然后再下钻取，查看分段及其大小。

但为什么不为 Kibana 仪表板创造一个新的可视化呢？拓扑插件将利用 Elasticsearch API 提供的_cat API——一个超级强大的端点来访问集群的基本统计信息，参考 https://www.elastic.co/guide/en/elasticsearch/reference/current/cat.html。

本书中，我将实现的范围限定为渲染索引拓扑，但是采用_cat API 有很多机会对插件进行扩展，这里就留给读者去进一步思考。

如前所述，这里并不是要说明如何一行一行地实现插件，而是告诉你为了让插件能在 Kibana 里工作，哪些部分是重要的，不论是公用代码还是服务器代码。我已经把代码放在本书源代码的 chapter9/topology 中。

9.2.1　通览拓扑实现

在本节中，我们对这一代码实现的不同部分进行分析，从服务器端代码到前端代码。

1．服务器端代码

我们先从服务器端代码开始，这些代码将承载构建集群拓扑所需的 API。为此，先要检查下一些文件。index.js 文件位于这个插件的根目录，负责在 Kibana 启动后引导和加载插件。要加载该插件，读者可访问本书源代码中的 chapter9/topology/index.js。

它包含了如下命令行：

```
import topologyRoutes from './server/routes/api';
```

以上命令指向一个文件，这个文件包含了所有前端能够调用的服务 API。参考本书源代码中的 chapter9/topology/server/routes/api.js。

打开文件，你会看到可用的 API 列表如下：

```
import cat_indices from './cat_indices'
import cat_shards from './cat_shards'
import cat_segments from './cat_segments'
import get_cluster_topology from './get_cluster_topology'
```

```
export default function (server) {
  server = cat_indices(server);
  server = cat_shards(server);
  server = cat_segments(server);
  server = get_cluster_topology(server);
};
```

导出的函数中的每一行都加载一个不同的 API 到 `server` 变量中，其实就是 Kibana 服务器，我们来看其中的一个文件，它在本书配套的源代码文件夹中，即 chapter9/topology/server/routes/cat_indices.js。

`cat_indices.js` 文件中包含的内容如下：

```
import { catIndices } from './helpers';
import Promise from 'bluebird';
export default function (server) {
  server.route({
    path: '/topology/indices',
    method: 'GET',
    handler: function (req, reply) {
      Promise.try(catIndices(server, req))
      .then(function(indices) {
        reply({indices: indices});
      });
    }
  });

  return server;
}
```

上面的函数描述了一个能在`/topology/indices` 端点中访问的 API，它使用 `catIndices` 辅助函数，参见本书源代码中的 chapter9/topology/server/routes/helpers.js。它的实现用到了 Elasticsearch 的 `cat` API，节选代码如下：

```
function catIndices(server) {
  const client = server.plugins.elasticsearch.client;
  return function() {
    return client.cat.indices({format: 'json'});
  }
}
```

上面的代码产生的结果就是，你会发现一个 Elasticsearch 客户端可以作为 Kibana 服务器 API 的组成部分来使用，它在插件里可以被用来执行任何操作，只要不超过内部 Kibana 服务器角色所拥有的权限范围。例如，你无法用这个客户端创建索引或者模板。想完成这些功能，必须按如下命令创建一个新的客户端实例：

```
new elasticsearch.Client(
  { host, ssl, plugins, keepAlive, defer, log}
);
```

如果要把前面的服务器端 API `catIndices` 包含到新创建的插件中，并在 `https://localhost:5601/ujl/topology/indices` 上调用，会得到如下输出结果：

```
{
  "indices": [
    ...
    {
      "health": "green",
      "status": "open",
      "index": "stackoverflow",
      "uuid": "GPR8PhlwQwO9CLzf0pBSkA",
      "pri": "1",
      "rep": "0",
      "docs.count": "11192635",
      "docs.deleted": "0",
      "store.size": "1.8gb",
      "pri.store.size": "1.8gb"
    }
    ...
  ]
}
```

上面的 API 会输出一个 JSON 格式的 `_cat` API 应答。如果你把这个 API 包含到插件中，它也可以被前端所用。请注意，因为 Kibana 是运行在开发模式下的，它会在 URL 里随机添加字符串，所以在本例中，你会在路径里看到与 `/ujl/` 不同的东西。

以下策略将被用于构建集群拓扑对象。

- 我们在客户端完成此功能，也就是说，我们连续调用 `_cat/indeices`、`_cat/shards` 和 `_cat/segmetns` 等 API，把想要的文档构建起来，把它传递给 ECharts，渲染树状图。
- 我们通过结合 API 调用、映射数据并返回适当的树状图文件给前端，在服务器端生成文档。

我认为把这个职责分配给服务器端是更好的方法，因为我们需要降低在前端实现的复杂度。如果需要，这个 API 也能够重复使用。

和 `catIndices` API 一样，`getClusterTopology` API 也有它自己的文件（参

见本书源代码中的 chapter9/topology/server/routes/get_cluster_topology.js），并使用 getCLusterTopology 辅助函数来构建集群索引拓扑，参见 本书源代码中的 chapter9/topology/server/routes/helpers.js。

现在来剖析一下这个函数。

首先，它使用了_cat/indices API 来抓取所有的索引，代码如下：

```
return client.cat.indices({format: 'json'}).then(function(catIndicesResponse) {
  catIndicesResponse.map(index => {
    topology.indices[index.index] = { ...index };
    topology.indices[index.index].shards = { p:{} , r:{} };
});
```

接着，它构建一个由逗号分隔的字符串，其中包含了所有索引的名字，用来查询随后的 _cat/shard 和_cat/segment API，代码如下：

```
const indexNames = catIndicesResponse.map(index => {
  return index.index;
}).join(',');
```

然后，它根据主拓扑变量所需加入分片 API，代码如下：

```
return  client.cat.shards({format:  'json',  index:  indexNames}).then(function
(catShardsResponse) {
  catShardsResponse.map(shard => {
    topology.indices[shard.index].shards[shard.prirep][shard.shard] = { ...shard };
    topology.indices[shard.index].shards[shard.prirep][shard.shard].segments = {};
  });
});
```

对于分段也有同样的处理，代码如下：

```
return client.cat.segments({format: 'json', index:
  indexNames}).then(function(catSegmentsResponse) {
  catSegmentsResponse.map(segment => {
    if ( typeof topology.indices[segment.index].shards[segment.prirep] [segment.
    shard] != "undefined" ) {
      topology.indices[segment.index].shards[segment.prirep][segment.shard]
        .segments[segment.segment] = { ...segment };
  }
});
```

分片被添加到与其相关的索引，分段被添加到与其相关的分片，它们的方法都只是采用_cat/shards 和_cat/segements 返回的索引名、分片名和分段名，代码如下：

```
{
```

```
    "shards": [
      ...
      {
        "index": "stackoverflow
        "shard": "0",
        "prirep": "p",
        "state": "STARTED",
        "docs": "11192635",
        "store": "1.8gb",
        "ip": "127.0.0.1",
        "node": "Ju_HqBW"
      }
      ...
    ]
  } {
    "segments": [
      ...
      {
        "index": "stackoverflow",
        "shard": "0",
        "prirep": "p",
        "ip": "127.0.0.1",
        "segment": "_d",
        "generation": "13",
        "docs.count": "73700",
        "docs.deleted": "0",
        "size": "15.1mb",
        "size.memory": "94765",
        "committed": "true",
        "searchable": "true",
        "version": "6.2.0",
        "compound": "false"
      }
      ...
    ]
  }
```

接下来，举例来说，要对索引的分片产生影响，就要基于 API 响应值来构建路径，代码如下：

```
topology.indices[shard.index].shards[shard.prirep][shard.shard] = { ...shard };
```

至此，我们已经构建完了一个拓扑文档，其内容如下：

```
{
  "indices": {
```

```
"stackoverflow": {
"health": "green",
"status": "open",
"index": "stackoverflow",
"uuid": "GPR8PhlwQwO9CLzf0pBSkA",
"pri": "1",
"rep": "0",
"docs.count": "11192635",
"docs.deleted": "0",
"store.size": "1.8gb",
"pri.store.size": "1.8gb",
"shards": {
  "p": {
    "0": {
      "index": "stackoverflow",
      "shard": "0",
      "prirep": "p",
      "state": "STARTED",
      "docs": "11192635",
      "store": "1.8gb",
      "ip": "127.0.0.1",
      "node": "Ju_HqBW",
      "segments": {
        "_d": {
          "index": "stackoverflow",
          "shard": "0",
          "prirep": "p",
          "ip": "127.0.0.1",
          "segment": "_d",
          "generation": "13",
          "docs.count": "73700",
          "docs.deleted": "0",
          "size": "15.1mb",
          "size.memory": "94765",
          "committed": "true",
          "searchable": "true",
          "version": "6.2.0",
          "compound": "false"
```

然而，这与我们想要的还有差别，这时候就该 `buildChartData` 参加进来了（参见本书源代码中的 chapter9/topology/server/routes/helpers.js）。

它应用了一系列的映射函数到 `topology` 文档上，用来创建之前展示过的树状图文档。

这里我只用分段的 children 对象作为示例来说明这个过程，代码如如下：

```
children: _.map(shardItem.segments, (segmentItem, segmentName) => {
  return {
    value: toMB(segmentItem['size']),
    name: segmentName,
    path: indexName + "/" + shardTypeName + "/" + shardName + "/" + segmentName
  }
})
```

每个父叶节点（索引和分片）都有一个 `children` 嵌套文档，子对象都在其中。每个叶节点（父或子）有一个以兆字节计的值、名字（对应于前面示例中的段名）以及由索引名、分片名和段名组成的路径。

至此，我们已经构建好树状图文档，现在要做的就是从前端公用代码那里调用这些 API。

2. 公用代码

这个应用只有一个页面，即主页面，可以从本书源代码中的 chapter9/topology/public/views 找到。

这有以下 3 个文件。

- `index.html`：实际的 HTML 模板。
- `index.js`：JavaScript 文件，包含了 Angular 代码（控制器和指令）。
- `index.less`：包含了样式表的文件。

之前提到过，Angular 是 Kibana 采用的框架，我尽量限制使用 Angular 特性的数量。实际上，我只用到了 Angular 指令（https://docs.angularjs.org/guide/directive）的概念，基本上就是允许创建可复用组件的内容。很快我们会再讲到。

还有一个很重要的文件，即 `topology` 类（参见本书源代码中的 chapter9/topology/public/common/Topology.js），这个类为前端提供了服务器端的 API，代码如下：

```
class Topology {
  constructor() {
  }
  getClusterTopology() {
    return $http.get(chrome.addBasePath('/topology/cluster'));
  }
}
```

这个实现很简单，就是公开一个默认的 `constructor` 方法和一个用来调用服务器端的 `/topology/cluster` 端点的 `getClusterTopology` 方法。

现在，看一下 index.html 文件（参见本书源代码中的 chapter9/topology/

public/views/index.html），你会发现它很简单，只包含了很少量的 HTML 代码，主要的部分是下面这样的 HTML 标签：

```
<div cluster-topology flex style="width: 100%; min-height: 250px; height: 650px"
flex class="cluster-topology"></div>
```

这其中包括了属性值 cluster-topology，它在 index.js 里触发执行 clusterTopology，参见本书源代码中的 chapter9/topology/public/views/index.js。

指令实例化一个 topology 对象，接着调用服务器端 API，然后传递响应来构建树状图序列数据，代码如下：

```
$scope.topology = new Topology();
$scope.topology.getClusterTopology().then( response => {
...
series: [{
  name: 'Topology',
  type: 'treemap',
  data: response.data,
  leafDepth: 1,
  levels: [ ...]
...
```

9.2.2　安装插件

在前面几节里，我们已经了解过如何在以下两者的帮助下在开发模式下运行插件。

- gulp sync：这个命令将插件同步到 Kibana 安装目录下。
- gulp dev：这个命令将插件开发过程中所做的所有改动都同步过去。

所以在开发过程中，无论何时点击 **Save** 按钮，刷新浏览器，都可以看到插件的最新版本。

在生产环境中，情况稍有不同，插件需要手动进行构建和部署，也可以使用你惯用的持续集成工具。

在本节中，我们将介绍构建和安装该插件的所有详细步骤。首先，要通过一个终端来访问插件目录并运行如下命令：

```
gulp package
```

编译链接目录里包含着插件所需的编译链接文件，如果存在这个目录，这个命令将先删除该目录。

然后它会在目标目录中编译所有的代码，生成作为 Kibana 插件编译链接的最终包。

执行这个命令之后，会在目标目录中得到新的拓扑链接文件，以插件版本作为后缀，如 topology-5.0.0.tar.gz。

现在我们需要在 Kibana 的生产环境实例中安装这个插件，基本操作步骤就是在 Kibana 安装目录中运行如下命令：

```
bin/kibana-plugin install file:///path/to/the/plugin/build
```

你要做的就是把这个命令中的最后一个参数替换成自己的插件编译链接目录。

安装插件，运行 Kibana 实例，就能得到图 9-4 所示的结果。

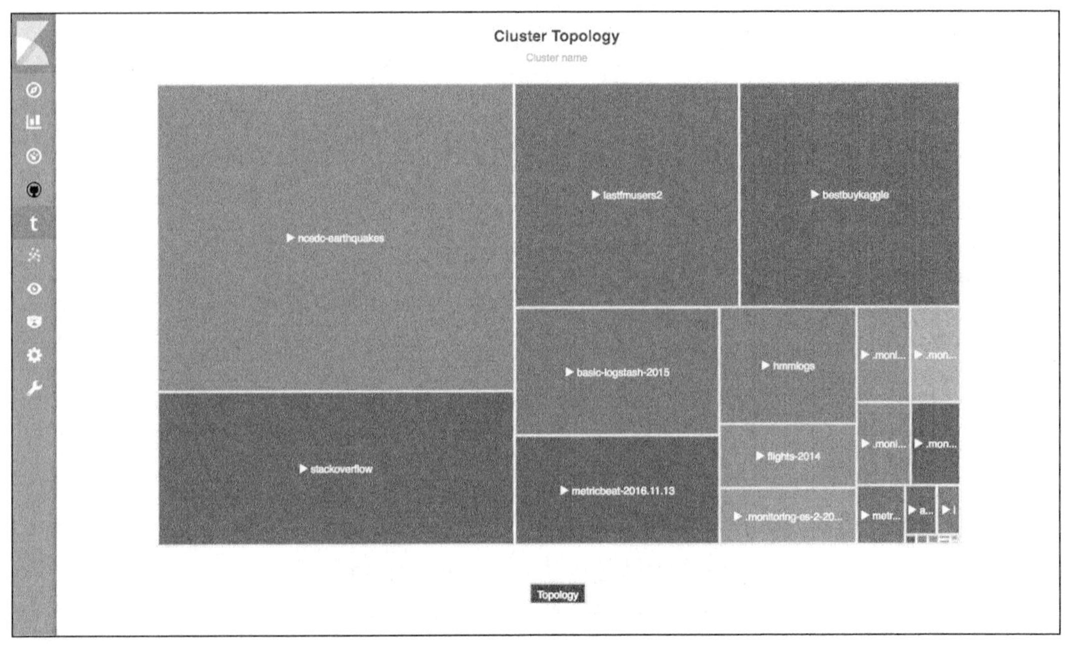

图 9-4　集群拓扑

选择 **stackoverflow** 索引，就能获取到索引的大小，如图 9-5 所示。

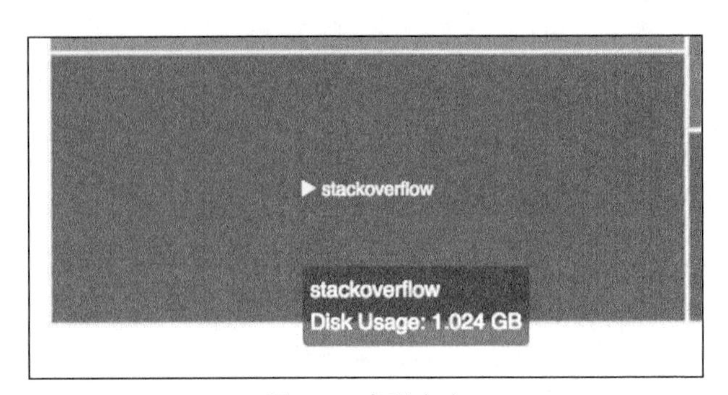

图 9-5　索引大小

接着，进一步下钻到分段，可以看到所有的分段及其占用的磁盘大小，如图 9-6 所示。

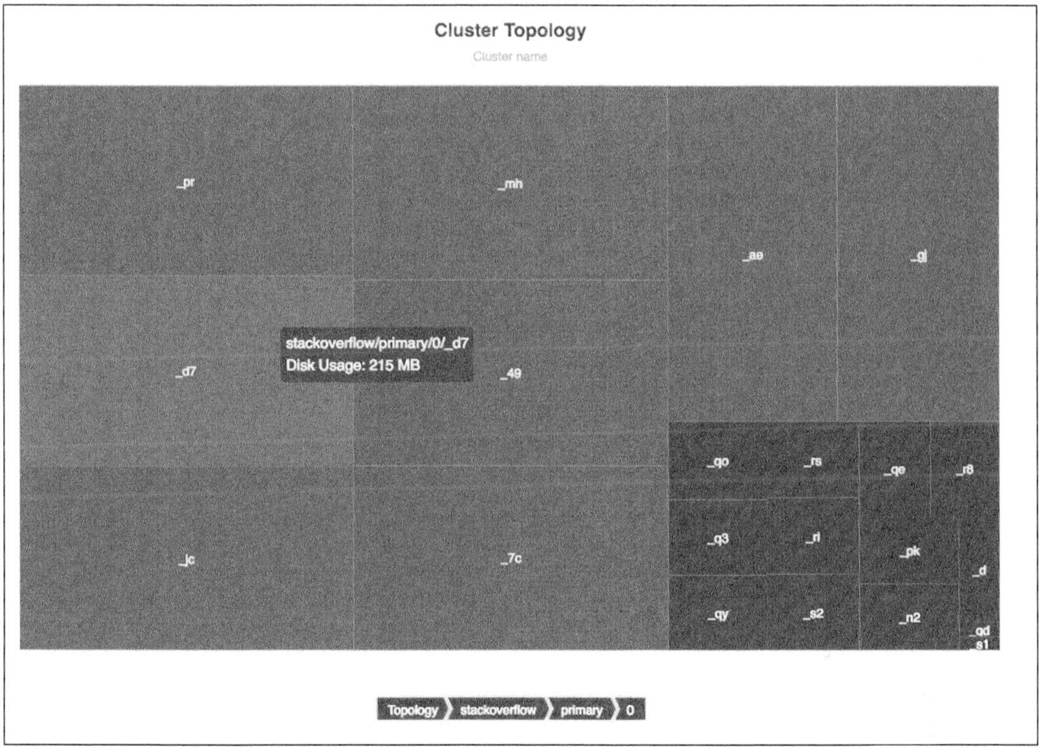

图 9-6　分段及其大小

9.3　小结

至此，我们已经完成了在 Kibana 中实现自定义插件。

我们先通览了生成空白 Kibana 插件的过程：插件如何结构化，以及如何准备环境以适合自定义插件的实现需要。我们也了解了服务器端代码和前端代码如何协同工作，如何在目标环境中编译链接和安装插件。

最后，在面对交错于所有索引上的数据分布式存储问题时，希望这个拓扑插件能帮助你获得更清晰的思路。

总体来说，本书探索了令人兴奋的 Kibana 的所有新特性，我希望读者有良好的阅读体验，并能很好地理解 Kibana 如何为大量的用例提供服务。